I0033795

HISTOIRE DES CHAMPIGNONS

COMESTIBLES ET VÉNÉNEUX

PAR

G. SICARD

PRÉFACE PAR Ad. CHATIN DE L'INSTITUT

PARIS

LIBRAIRIE CH. DELAGRAVE

HISTOIRE NATURELLE

CHAMPIGNONS

COMESTIBLES ET VÉNÉNEUX

4°S.

HISTOIRE NATURELLE

DES

CHAMPIGNONS

COMESTIBLES ET VÉNÉNEUX

PAR

G. SICARD

Préface par Ad. CHATIN, de l'Institut

OUVRAGE ACCOMPAGNÉ DE SOIXANTE-QUINZE PLANCHES COLORIÉES

PARIS

LIBRAIRIE CH. DELAGRAVE

15, RUE SOUFFLOT, 15

1883

PRÉFACE

———

Longtemps délaissées du botaniste et de l'amateur, que n'attirait pas à elles l'éclat des fleurs, apanage des phanérogames, les plantes cryptogames, commencèrent seulement à fixer l'attention lorsque l'étude paléontologique du terrain houillier, y montrant l'existence presque exclusive de leurs débris fossiles, vint apporter un éclatant témoignage de la prééminence qu'elles occupèrent dans la végétation aux premières époques géologiques.

Mais ce n'est que dans la seconde moitié du siècle actuel que les cryptogames cellulaires, et spécialement les Champignons — quoique beaucoup fussent anciennement connus — s'imposèrent réellement à l'attention générale, prenant dès lors, dans les travaux des botanistes, une place qui grandit chaque jour.

Le moment de la faveur qui s'attache aujourd'hui à l'étude des cryptogames était d'ailleurs comme marqué par les progrès réalisés dans la botanique phanérogamique.

Pour celle-ci, en effet, abstraction faite de la physiologie, de l'histologie et de la philosophie taxinomique qui, durant de longues années encore, solliciteront les recherches des savants, on est arrivé, pour la connaissance des espèces, et surtout des espèces indigènes, à acquérir des notions si précises, si étendues, que de nombreux adeptes de Flore, n'ayant plus à espérer d'observations nouvelles, se sont mis, croyant être dans la voie du progrès, à démembrer les vieux genres, les anciennes espèces, en fragments infinis, tellement multiples et ténus, qu'ils deviennent souvent méconnaissables, même pour leurs créateurs.

Mieux valait — et c'est la voie où beaucoup, et des plus sages, se sont engagés — se tourner vers les cryptogames, étudier les merveilleux phénomènes qui, dominant leur existence, se trouvaient cependant naguère encore complètement ignorés. A cette introduction biologique succéda naturellement la description de nombreuses espèces, restées jusque là inconnues, et, par une marche inverse de celle qui avait guidé trop de phanérogamistes, on se trouva conduit à ramener, par l'observation, à un même type générique ou spécifique, des Champignons considérés d'abord comme distincts, parce qu'ils n'avaient pas été suivis dans le cycle évolutif de leurs différents âges.

C'est ainsi que furent révélés ces curieux polymorphismes, par lesquels passe la rouille du Berberis lorsque, changeant d'hôte, elle va se fixer sur les graminées, ou le *Posidonia* du Sabinier, devenant le *Rœstellia* du Poirier, etc.

RESPIRATION DES CHAMPIGNONS. — Les expériences de Th. de SAUSSURE ayant montré que les Champignons absorbent constamment de l'oxygène et rejettent dans le milieu ambiant de l'acide carbonique, on avait regardé le fait comme exceptionnel, conformément à la croyance généralement admise et suivant laquelle les végétaux eussent du posséder une respiration « inverse » de celle des animaux ; les délicates recherches de M. GARREAU ont fait justice de cette prétendue dualité fonctionnelle. Nous savons maintenant que la respiration est toujours identique dans les deux règnes et s'y traduit par une absorption d'oxigène et une exhalation d'acide carbonique ; nous ne songeons plus à la confondre avec la fonction chlorophyllienne, s'exprimant par une décomposition d'acide carbonique, une fixation de carbone et une exhalation d'oxygène, véritable acte nutritif limité aux parties vertes et se manifestant seulement sous l'action de la lumière. Chez les Champignons, la chlorophylle faisant défaut, la respiration n'est pas masquée par la fonction chlorophyllienne ; mais il ne serait pas plus légitime de séparer les Champignons des autres végétaux que de retirer de la série zoologique les animaux qui, comme l'Euglène ou, comme divers Cœlentérés et Turbellariés, possèdent de la chlorophylle.

REPRODUCTION. — La reproduction des cryptogames forme l'un des chapitres les plus intéressants de leur histoire, étant données les découvertes inattendues auxquelles son étude a donné lieu en ces dernières années.

On sait aujourd'hui que beaucoup de ces plantes possèdent, pour une même espèce, des moyens de reproduction variés, dont l'un procède d'une véritable fécondation.

Naguère encore, avant les belles recherches de M. G. THURET,

recherches qui, limitées d'abord aux algues, ne tardèrent pas
à recevoir une rapide extension et dont le résultat immédiat
fut de modifier totalement les idées antérieurement admises
sur le mode de reproduction des divers cryptogames, nul n'eut
pensé pouvoir admettre une fécondation dans ces végétaux, désignés souvent par le nom d'*Agames,* ce qui impliquait la néga-
tion de toute fécondation.

Et cependant, qu'y a-t-il de mieux étudié, d'aussi certain, de
plus admirable que cette fécondation aux manifestations variées :
tantôt produite par le développement, sur la même plante, de
deux cellules mâle et femelle qui se mettent en contact, ailleurs
par le mouvement, réciproque, de deux individus d'abord écartés ;
tantôt assurée par ces merveilleux anthérozoïdes, sortes de grains
de pollen qui empruntent aux infusoires, avec leurs appendices,
leur motricité, pour aller à la recherche des archégones au fond
desquelles le germe femelle attend d'eux son imprégnation afin
d'évoluer en une plante nouvelle.

Moins bien partagés que la plupart des autres cryptogames, les
Champignons n'ont guère, jusqu'à ce jour, offert de fécondation
que dans leurs petites espèces ; cependant ce phénomène, qui
n'a jamais été encore observé dans les Basidiosporés (Agarics,
Bolets, etc.), a été constaté, par divers observateurs (DE BARY,
TULASNE, etc.), chez des Pezizes ; c'est aussi sur une de ces plantes
(*Peziza nigra*) qu'il a été constaté par M. SICARD.

GERMINATION. — La germination des cryptogames, celle des
Champignons en particulier, entre pour une part importante dans
les recherches auxquelles se livrent les botanistes depuis 30 ans.

C'est en suivant la germination de leurs spores que l'on a surpris, disséminés sur les prothalles des Fougères, des Equisétacées, etc., les archégones et les anthéridies. C'est aussi sur le mycélium naissant des *Bulgaria, Peziza*, etc., qu'on a vu se produire les cellules fécondatrices.

M. Sicard a compris toute l'importance qui s'attache, dans les Champignons, à l'étude de leur germination ; il y consacre, dans son deuxième volume, de nombreuses planches.

Aussi facile à observer que rapide à se produire dans beaucoup de Champignons, la germination se montre réfractaire (dans nos expériences, du moins) chez d'autres, dans la Truffe notamment, où, malgré de multiples recherches, elle n'a pas encore été constatée.

Transformisme. — Certes, quand on se reporte à certains Champignons, si différents entre eux suivant l'âge, l'organe reproducteur qui leur a donné naissance, l'hôte qui fournit à leur subsistance, on peut être conduit à se demander s'il n'y a pas là des faits que le transformisme soit en droit d'invoquer.

Mais, quand on considère que ces formes si diverses se reproduisent suivant un cycle constant pour la même espèce, on est immédiatement mis en garde contre le courant auquel se laissent aller de nos jours tant de naturalistes — les jeunes surtout — qui se passionnent pour une hypothèse, rajeunie par Darwin, mais qui date de Lamarck et d'Etiennne Geoffroy-Saint-Hilaire, et fut déjà si victorieusement combattue, de leur temps, par Cuvier, de Blainville et le collaborateur en botanique de Lamarck lui-même, Pyrame de Candolle, qu'on aurait pu la croire abandonnée pour toujours.

Malgré les assertions des savants paléontologistes qui voient partout des formes *ancestrales* successivement modifiées par le temps et les milieux, le transformisme n'est pas mieux établi par les faits géologiques que par les observations contemporaines.

Il suffit, pour s'en convaincre, de rappeler que son action eût dû s'exercer sur tous les êtres des premiers âges de notre planète, de telle sorte qu'il n'existât aujourd'hui que des êtres perfectionnés, sans nulle trace, nul reste des premières espèces.

Et cependant, que voyons-nous? des Conifères, des Fougères, des Lycopodes, même des Champignons et des Algues, ces représentants les plus inférieurs de l'échelle végétale, encore organisés comme leurs congénères enfouis dans les terrains les plus anciens; et dans le règne animal, encore des Reptiles, des Poissons, des Mollusques, des Arthropodes, des Vers et des Protozoaires, comme à l'époque de ces formations géologiques, sur lesquelles ont passé tant de siècles et de cataclysmes planétaires.

Les conséquences de ces faits, qu'il serait facile de multiplier, se déroulent d'elles-mêmes, pleines de force et d'enseignements, s'imposant à tout esprit non prévenu.

L'hypothèse du transformisme — car ce n'est qu'une hypothèse — suppose que, toutes les espèces créées à l'origine devaient, par mutations et, dit-on, sélections successives, donner naissance à tous les êtres, aux formes encore représentées dans la nature actuelle comme aux formes éteintes avec les époques antérieures; on serait donc forcé d'admettre que certaines espèces privilégiées n'ont cessé d'être soumises à des perfectionnements progressifs dont la période actuelle ne constitue qu'une simple phase, tandis que d'autres espèces, initialement semblables aux êtres perfectibles, sont condamnées, par suite d'une déchéance originelle, à demeurer stationnaires dans leur infériorité primitive.

Modifiant profondément le principe même de leur doctrine, les transformistes sont ainsi conduits à assigner aux premières créations une double destinée capable d'expliquer comment, auprès de l'Homme et des Singes anthropomorphes, ses ancêtres immédiats, on trouve encore des Protozoaires, des Articulés, des Mollusques et des Poissons, tandis que dans le règne végétal coexistent, avec les Gamopétales hypogynes aux brillantes corolles, des Fougères, des Mousses, des Algues, des Champignons réduits parfois à une seule cellule ou même à un simple globule de protoplasma.

Rappelons, enfin, que les plus fervents adeptes du transformisme ne peuvent parvenir à se mettre d'accord sur le sujet, cependant bien limité, que nous examinons en ce moment. Dès qu'on les invite à faire connaître l'ancêtre probable de nos Champignons, ils formulent des conclusions absolument dissemblables ; les uns croient pouvoir placer cet ancêtre dans le groupe des Siphonées ; pour d'autres, il résiderait parmi les Monères archégoniques ; enfin, quelques auteurs, désespérant de pouvoir le trouver dans aucun des groupes connus, n'hésitent pas à considérer la classe des Champignons « comme un troisième règne intermédiaire aux « deux règnes organisés ».

De telles divergences suffisent à faire apprécier la doctrine transformiste : sachons-lui gré des travaux qu'elle provoque, des recherches qu'elle inspire, mais gardons-nous de partager ses séduisantes illusions, ses dangereuses erreurs.

CHIMIE DES CHAMPIGNONS. — Nous ne saurions suivre l'auteur de l'*Histoire des Champignons alimentaires et vénéneux* dans les vues qu'il développe sur la chimie de ces végétaux; quelques mots cependant sur ce sujet:

Considérés au point de vue de leur constitution chimique, les Champignons présentent, à côté de faits bien établis, des inconnues qui sollicitent les travailleurs, leur promettant, au delà de difficultés qui en doubleront le prix, des découvertes utiles, peut-être brillantes.

Ce que l'on sait bien, depuis les analyses de Vauquelin, c'est que les Champignons sont assez azotés pour qu'on puisse les regarder comme formés par une sorte de chair végétale, analogue aux substances protéiques, ce que justifient leurs qualités alimentaires, appréciées et utilisées dans beaucoup de pays, où ils sont une ressource de premier ordre.

Mais ce que nous connaissons encore mal, malgré les recherches de savants chimistes, c'est la nature du — ou mieux — des principes actifs des espèces vénéneuses. On a bien indiqué un alcaloïde, l'*amanitine*, mais ce corps, dont la composition élémentaire, les caractères chimiques et les propriétés toxico-physiologiques n'ont jamais été contradictoirement établies, ne paraît pas être le même pour tous les chimistes.

D'ailleurs, les Champignons de genres et d'espèces divers renferment-ils tous le même poison? N'existe-t-il pas plusieurs matières toxiques, les unes fixes, les autres volatiles et se dissi-

pant par la chaleur? Avec des alcaloïdes fixes, comme la stry-
chnine et la morphine, ne s'en trouve-t-il pas dont la volatilité
rappelle la cicutine et la nicotine? Les Lactaires n'ont-elles pas
pour principes vénéneux des résines ou des huiles en suspension
dans le suc cellulaire, tandis qu'ailleurs existerait un composé
albuminoïde que la coction neutralise en le coagulant? Peut-être
encore les Champignons vénéneux renferment-ils de ces corps
qui, comme l'acide prussique du Laurier-Cerise et des amandes
amères ou l'essence sulfo-azotée du Raifort ne se forment qu'au
moment du contact de sucs d'abord enfermés dans des cellules
différentes ?

Culture des Champignons. — Un mot, pour terminer, sur la
culture des Champignons.

M. Sicard, à qui la culture, si développée dans la banlieue de
Paris et jusque dans l'enceinte de la capitale, du Champignon
de couche (Agaricus campestris) est familière, l'a traitée de main
de maître. Ce qu'il en dit sera un guide sûr, comme les belles
planches de son livre, dessinées par lui-même et coloriées d'après
ses types, rendront faciles à tous la connaissance des Champignons, de ceux surtout que chacun doit et veut connaître en
raison de leurs qualités, ou nocives, ou alimentaires.

En quelques pays on cultive, mais par des pratiques assez peu
assurées, divers Agarics et même, assure-t-on, la Morille. Il en
est autrement de la Truffe (Tuber cibarium) dont la production
a pris de grands développements, surtout dans la région du
Mont-Ventoux, à l'aide des glands tombés sur les truffières
et semés dans les terres calcaires des régions propres à la matu-

ration du raisin. Les importantes cultures de Truffes de M. Rous-
seau, qui s'étendent sur plus de 20 hectares aux portes de
Carpentras, seront toujours citées comme des modèles à suivre.

L'observation suivante établit, entre cent autres, la nécessité
pour la Truffe des sols calcaires.

Quand on se rend de Poitiers à Périgueux en passant par
Limoges, on voit la Truffe disparaître vers Montmorillon, à
l'entrée dans le massif granitique, pour ne plus se montrer qu'à
Thiviers, après que celui-ci a été franchi.

Etant données ainsi ses conditions biologiques, on voit quels
vastes territoires sont réservés à la production de la Truffe,
appelée à suivre celle de la vigne sur tous les sols calcaires,
comme déjà elle l'accompagne en Provence, Dauphiné, Quercy,
Périgord, Poitou, Anjou, etc. Dans la Champagne et la Bourgogne
en particulier, l'introduction de l'excellente Truffe noire *(Tuber
cibarium* ou *melanosporum)* est tout indiquée pour remplacer les
médiocres *Tuber brumale* et *T. mesentericum* qui y croissent.

Ces considérations suffisent à faire apprécier la haute valeur
qui s'attache à l'étude des Champignons. Par les phénomènes
qui caractérisent leur biologie, ils s'imposent tout particulièrement à l'attention du naturaliste; mais on se tromperait étran-
gement si l'on regardait leur histoire comme purement spéculative.
Nul chapitre, au contraire, de la Botanique générale n'offre
d'aussi nombreuses, d'aussi fréquentes applications. Dans ce
groupe se succèdent, presque sans interruption, des espèces
tantôt utiles, tantôt nuisibles, que rapproche la plus intime

parenté. Pour les bien connaître, pour éviter ces déplorables méprises qui se renouvellent trop souvent, il importe de les soumettre à un examen rigoureux et pour lequel le beau livre de M. Sicard constituera le guide le plus sûr. Grâce à lui, on parviendra facilement à poursuivre des études fructueuses entre toutes, puisqu'elles nous apprennent à distinguer quelques-uns des auxiliaires et des adversaires que nous rencontrons journelle-ment dans cette incessante lutte pour l'existence qui résume la vie de l'homme comme celle de tous les organismes.

AD. CHATIN.

HISTOIRE NATURELLE

DES

CHAMPIGNONS

COMESTIBLES ET VÉNÉNEUX

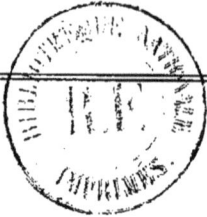

(cachet de bibliothèque)

PREMIÈRE PARTIE

CHAPITRE PREMIER

DISPOSITION DU LIVRE

L'étude des Champignons, qui paraît si difficile et si peu attrayante, ne tarde pas à séduire ceux qui s'y livrent. Nous savons tous que ces êtres bizarres, à plus d'un titre, sont universellement appréciés du riche comme du pauvre; ils sont le condiment indispensable d'une infinité de mets servis journellement sur nos tables, et même au temps de disette, l'homme trouve encore dans les champignons une véritable ressource.

Mais combien de fois n'a-t-on pas vu ces cryptogames si estimés, si recherchés, porter le deuil et la mort au sein des familles, par suite d'une méprise faite en cueillant dans les bois ou dans nos prairies des Champignons vénéneux pour des comestibles. Ces malheurs, trop fréquents, sont dus à l'extrême ressemblance que présentent entre elles une foule d'espèces, ce qui rend leur détermination aride et difficile; aussi le but de ce livre est-il de populariser la connaissance des Champignons, et de donner l'habitude et la pratique nécessaires pour distinguer une espèce comestible d'une espèce vénéneuse.

Mais, indépendamment des caractères communs qui leur assignent une place parmi les végétaux, les Champignons en ont de particuliers qui les différencient entre eux, et les rendent susceptibles de subdivisions nombreuses. Depuis Théophraste jusqu'à Pline, on ne trouve que l'indice vague de quatre sortes de champignons, non compris les Agarics, qu'on regardait comme des excroissances d'arbres ; de Pline à Tournefort, à peine y a-t-il trace de quelques genres convenablement caractérisés. On les considérait comme des végétaux imparfaits, privés de feuilles et de racines. Nous développons, du reste, ce passage de l'antiquité à nos jours au chapitre II, *Considérations générales*.

Les Champignons sont tellement multipliés, et de natures si diverses, soit par leur taille, la conformation de leurs parties essentielles et accessoires, leurs manières d'être particulières, le degré de consistance du réceptacle, la nature du tissu hyménial, leur couleur, leur odeur, etc., que j'ai dû exposer, au chapitre troisième, les diverses classifications proposées par les savants, et celles que la plupart des mycologues modernes ont adoptées, avec les modifications exigées par la connaissance plus parfaite et toute récente des organes de la fructification.

C'est au quatrième chapitre que le lecteur trouvera la méthode rationelle de LÉVEILLÉ, qui divise les Champignons en six classes, et permet, en un instant, d'embrasser et de comprendre les relations naturelles qui existent entre tous les groupes.

La manière dont les Champignons se reproduisent, a été longtemps, même chez les savants les plus distingués, un problème difficile à résoudre, bien qu'il fût naturel de penser que ces plantes doivent comme les autres se reproduire de graines. Mais il y a dans cet acte essentiel des phénomènes si singuliers, les spores ou semences sont si difficiles à apercevoir, qu'on ne doit point être surpris que les anciens botanistes aient laissé indécise la question de savoir si la reproduction des cryptogames est l'effet de la fermentation ou de la germination. Cette question importante est résolue au cinquième chapitre.

La fécondation *sexuée* et *asexuée*, le polymorphisme et les générations alternantes forment trois paragraphes ; la respiration, la nutrition, le développement du tissu cellulaire, nous apprennent comment vivent, respirent et se développent les Champignons : c'est l'objet du chapitre sixième.

Le difficile, dans un livre de la nature de celui-ci, n'est pas d'étonner les esprits, ni de les entraîner pour un moment ; c'est de les attacher à l'étude par la solidité des principes, par le nombre et l'évidence des preuves ; c'est surtout de le faire si clairement, qu'ils puissent voir tous les objets, et chacun d'eux en particulier, avec les caractères qui lui sont propres. Pour atteindre à ce but, j'ai cru nécessaire de décrire séparément les divers organes qui composent les Champignons, et d'étudier ces mêmes organes par rapport à leur forme, leur nombre et leurs situations, comme caractères distinctifs des genres et des espèces. En conséquence, les chapitres septième, huitième, neuvième, sont consacrés à l'organisation, à la structure interne et externe de ces plantes.

Le genre Agaric est le plus intéressant pour nous ; c'est celui que l'on consomme le plus communément, que nous devons par conséquent le mieux connaître, et comme les espèces en sont très nombreuses, qu'elles se ressemblent par certains points, mais diffèrent par d'autres, il faut les classer suivant des caractères définis qui permettront de se rappeler leur place et de les trouver facilement. Pour distinguer deux Champignons de diverses espèces on devra donc les connaître tous ou presque tous, et dans tous les détails de leur organisation ; alors seulement nous pourrons les grouper de manière à en former un ensemble, un plan naturel tel que les plus dissemblables soient éloignés les uns des autres.

Au chapitre dix, les grands Agarics sont divisés, selon la méthode de LÉVEILLÉ, en onze sous-genres. Dans ce groupement, l'étude d'un caractère unique ne suffit point, car elle mène aux erreurs inséparables des systèmes. L'étude de plusieurs caractères ne suffit pas non plus ; seule la considération de tous les caractères pourra conduire à une classification avouée par la méthode naturelle ; c'est celle que je suivrai dans ce livre. Au chapitre suivant, le onzième, je décris 87 genres et 415 espèces les plus utiles à l'homme et aux animaux. Ces genres, ces espèces sont dessinés en grandeur naturelle et coloriés d'après nature, sur soixante-quinze planches soigneusement numérotées en chiffres romains. Les espèces sont numérotées en chiffres ordinaires, afin d'éviter toute confusion. Les comestibles sont précédées de la majuscule C, les vénéneuses de la lettre V, les suspectes se désignent par un S.

DEUXIÈME PARTIE

Dans le premier chapitre de la Deuxième partie, essentiellement consacré aux données chimiques, je montre comment la nature opère ses diverses transformations. Après quelques observations sur les champignons comestibles et vénéneux, et les influences que ces cryptogames exercent sur l'homme et les animaux, j'indique un moyen presque infaillible de remédier aux accidents produits par ces poisons redoutables et redoutés ; moyen que j'ai eu l'occasion d'expérimenter souvent sur les animaux.

Les chapitres cinq, six, sept, sont réservés à la culture des Champignons, qui a pris de nos jours un immense développement. Presque toutes les carrières et les Catacombes de Paris renferment des couches artificielles de Champignons qu'on exporte en partie au Havre et dans le centre de la France ; exemple remarquable et peut-être unique d'une substance alimentaire qui sort de Paris au lieu d'y être apportée. Après avoir indiqué pour différents pays, la manière de construire les couches à l'air libre et dans les caves, j'ai montré comment on prépare le fumier, puis j'ai dessiné une planche spéciale afin que l'on comprît bien les diverses phases de ces opérations (voyez planche LXXV, fig. 406 à 411). Ce simple exposé prouvera que j'ai cherché à faire un livre utile, et à la portée de tous. Je l'ai soumis du reste au jugement de M. Ad. Chatin, professeur de botanique, directeur de l'Ecole de pharmacie et membre de l'Institut, dont les bienveillants conseils et les excellents encouragements ne m'ont jamais fait défaut ; et je croirai avoir atteint mon but, si je parviens à rendre moins fréquentes les méprises, à éviter les empoisonnements, et à faire adopter comme alimentaires un grand nombre d'espèces réputées dangereuses.

Noisy-le-Sec, près Paris, Décembre 1882.

CHAPITRE II

CONSIDÉRATIONS GÉNÉRALES

Les anciens botanistes ne connaissaient guère que les Truffes, les Oronges, quelques Bolets, qu'ils employaient comme aliments et comme médicaments. Toutes les autres espèces paraissent leur avoir été à peu près étrangères. PLINE, rapporte que, de son temps on faisait déjà une grande consommation de Champignons, et que souvent même on avait de nombreux accidents à déplorer. Les anciens définissaient vaguement ces cryptogames; ils comprenaient quelquefois plusieurs espèces en une seule, et les réunissaient, d'après leurs caractères communs et suivant leurs propriétés alimentaires et médicinales. Nous devons traverser une longue suite de siècles, jusque vers l'an 1550, avant de rencontrer des ouvrages de quelque importance sur l'ensemble des Champignons.

A la renaissance des lettres, tandis qu'on croyait devoir tout découvrir dans les livres des auteurs *grecs* et *latins,* on n'y trouva que de longs et pénibles commentaires sur cette question. Les naturalistes du xvie siècle, en multipliant les espèces, en créant des genres nouveaux sans ordre et sans suite s'égarèrent dans une voie fausse et bientôt le moment arriva où l'encombrement, la diversité de tous ces mots nouveaux dépassèrent les forces de la mémoire humaine. Il fallut lui venir en aide, et établir un certain ordre dans cet amas confus.

MICHELI, le premier, dans son *Genera Plantarum,* publié en 1729, réunit en une espèce tous les Champignons semblables entre eux. Il examina, il chercha pour les grouper sous une définition commune, toutes les espèces qui offraient entre elles une certaine ressemblance par rapport aux autres.

Ce fut le professeur LINK qui, avec sa grande patience et sa sagacité, fit de ces unités nommées espèces par MICHELI, des unités d'un ordre plus élevé auxquelles il donna le nom de genres. Quelques naturalistes, comme MEDICUS, MAERKLIN, ACKERMANN, KAELER, HABERLE, ne virent dans ces productions que le résultat d'une combinaison et d'un mélange des sucs pituiteux de plantes, modifiées par l'influence de l'air et des agents extérieurs. Comme les Champignons n'ont ni feuilles ni racines, et qu'ils n'en connaissaient pas les moyens de reproduction, ces auteurs les considéraient comme des productions fortuites dues à la pituite des arbres, au limon de la terre, où à des phénomènes atmosphériques, comme le tonnerre. Ils ont même attribué la Truffe du cerf à certaines humeurs que le cerf, le lynx, le tigre répandaient sur le sol.

Marsili, dans la lettre qu'il écrivit à Lancini, reconnut le premier que les Champignons commencent par une petite moisissure. Il ne s'agissait plus alors que de savoir si cette moisissure appartenait à une génération spontanée, à une transformation des substances animales et végétales, ou à des graines qui échappaient aux moyens d'investigation des observateurs de cette époque. Vers la fin du xviiie siècle, Necker, dans un ouvrage qu'il publia à Manheim, sous le titre de Traité sur la *Mycetologie,* crut voir le tissu cellulaire et parenchymateux des plantes se transformer en un corps radiculaire auquel il donna le nom de carcithe, et qui est le blanc de Champignon proprement dit. Cette opinion n'a été adoptée par personne.

Il était réservé à Micheli de prouver que les cryptogames, comme toutes les autres plantes, proviennent de germes ; la découverte des spores ou organes reproducteurs et les expériences qu'il fit dans le bois de *Boboli,* aux environs de *Florence,* présentaient alors toutes les garanties que l'on pouvait exiger pour établir la nature des Champignons. Mais l'opinion de Micheli ne fut pas admise, et l'on vit Buttner, Wilke, Weiss, Otto de Manchausen et même Linné les considérer comme des Polypiers. Néanmoins Weisse et Linné n'ont pas osé, dans leurs ouvrages, les séparer des végétaux.

Muller seulement plaçait les Clavaires dans le règne animal, parce qu'il avait aperçu du mouvement dans les spores. Enfin Trattinnick, en nous faisant connaître les propriétés et le mode de formation du Mycelium, a confirmé l'opinion que Micheli avait émise, et, à partir de cette époque, les Champignons n'ont plus cessé de faire partie du règne végétal.

Parmi les nombreux auteurs qui ont depuis étudié les Champignons au même point de vue et desquels on consultera toujours les travaux analytiques avec fruit, je citerai Schmiedel, Gleditsch, Tode, Hedwig, Bulliard, Paulet, Schmidt, Nees d'Esenbeck, Dittmar, Persoon, Link, Fries, Ehrenberg, Kunze, Ad. Brongniart, Corda, Schlechtendal, Montagne, Chevallier, Kickx, Desmazière et surtout Greville dont les analyses surpassent en fidélité et en exécution tout ce qui a été fait jusqu'à ce jour. Malgré ces nombreux travaux représentant parfois plusieurs années d'expériences et d'observations, on n'avait pas encore une idée exacte et bien arrêtée des organes de la fructification.

Lorsque le 12 mars 1837, le docteur Léveillé lut à la Société Philomatique de Paris un mémoire ayant pour titre : Recherches sur l'*Hymenium* des *Champignons,* il y déclarait que l'opinion sur l'organisation de la membrane fructifère de tous les vrais Champignons, universellement admise par Hedwig était complètement erronée dans la plupart des genres, et particulièrement chez les *Agarics,* les *Bolets,* les *Clavaires,* etc., genres qui ont toujours été considérés comme devant former le type essentiel de cette famille, et qui en renferment la majorité des espèces.

Cette opinion était tellement nouvelle, tellement en contradiction avec tous les travaux récents des auteurs les plus justement estimés par l'exactitude de leurs recherches, que la Société Philomatique dut employer une grande réserve avant de l'approuver ou de la rejeter. Les commissaires chargés de faire les rapports, MM. Ad. Brongniart et Guillemin, demandèrent à vérifier sur des espèces de Champignons aussi variées que possible les observations de Léveillé. Ils prièrent Decaisne, aussi exercé dans l'emploi du microscope qu'habile à figurer ce qu'il y observait, d'examiner, de son côté, toutes les espèces qu'il rencontrerait, et c'est après avoir rapproché ces dessins faits séparément, que la commission crut pouvoir établir son opinion sur des bases assez solides pour la soumettre à la Société. Je donne à lire les conclusions du rapport de Ad. Brongniart.

« Après les vérifications nombreuses et très attentives faites
« pendant tout l'été et l'automne par vos commissaires et par
« M. Decaisne, la commission ne peut conserver aucun doute
« sur l'exactitude des observations de M. Léveillé, dans tous les
« genres qui ont été soumis à leurs observations, dans un grand
« nombre d'espèces différentes d'Agarics et de Bolets, dans

« plusieurs Théléphores, dans des Chanterelles, dans des
« Clavaires, et même dans des Trémelles, ils ont reconnu la
« structure signalée par M. Léveillé.

« Ils ont vu presque constamment les sporules fixées à l'extré-
« mité de quatre pointes coniques plus ou moins allongées qui
« terminent chacune des cellules de l'hyménium ; ils ont reconnu
« ces sporules ainsi quaternées à différents âges depuis leur
« première jeunesse jusqu'à leur état adulte, sans jamais les avoir
« vues dans l'intérieur des cellules qui leur servent de base. En
« examinant cette membrane fructifère perpendiculairement à sa
« surface, la disposition quaternée des sporules est facile à recon-
« naître, et on voit qu'elle est presque constante, les cas où les
« sporules sont simplement ternées étant très rares, mais se
« rencontrant accidentellement sur les mêmes feuillets ou les
« mêmes tubes. La disposition géminée des spores dans les
« Clavaires et leur disposition solitaire dans les Trémelles, ont
« également été constatées ; enfin ils ont reconnu que dans le
« *Cantharellus cibarius* les sporules sont ordinairement réunies
« six par six ou rarement par cinq ou par sept.

« La généralité de cette structure, et le soin que vos commis-
« saires ont mis à la vérifier ne leur laissent aucun doute sur
« l'exactitude des observations de Léveillé, et sur les déductions
« qu'il en a tirées relativement à la classification des Cham-
« pignons à membrane fructifère en deux ordres, les *Helvellées*
« *thécasporées* et les *Agaricinées basidiosporées.* »

Ce rapport dû à la plume d'un éminent botaniste , Ad.
Brongniart, qui a bien voulu m'honorer de son amitié, eut
un grand retentissement. Des observations sur le même sujet,
publiées en Allemagne par M. Ascherson d'une part et par
M. Corda de l'autre, vinrent confirmer la découverte de Léveillé.

BIBLIOGRAPHIE

Depuis une cinquantaine d'années, les Champignons sont
beaucoup mieux connus qu'ils ne l'étaient auparavant, quoique le
nombre des espèces ait prodigieusement augmenté. On pourrait
croire que cet avantage doit être rapporté aux ouvrages qui ont

été publiés ; la littérature y a contribué certainement pour beaucoup, mais il est dû principalement à PERSOON. Ce célèbre botaniste, on peut l'affirmer sans crainte, est le père de la mycologie ; il en a semé le germe dans tous les pays. Plein de zèle, studieux, doué d'une vue perçante, d'un jugement sain, bon, modeste, obligeant envers tout le monde, il était en relations avec tous les savants de son époque, et chacun d'eux voulait avoir son avis ; des envois de cryptogames lui étaient faits de tous pays, et sa collection précieusement conservée au musée de Leyde augmente incessamment par les soins des professeurs.

La mycologie possède de nombreux matériaux ; malheureusement leur prix et leur dissémination les rendent difficiles à consulter, et, pour étudier cette science avec fruit, il faut avoir recours aux livres descriptifs, surtout à ceux qui sont accompagnés de figures, les unes noires, les autres coloriées. Dans les premiers on trouve STERBEECK, CLUSIUS, MICHELI, GLEDITSCH, BATTARA, etc., dans les seconds, KRAPF, SCHÆFFER, BULLIARD, PAULET, BOLTON, PERSOON, SOWERBIJ, VITTADINI, ROQUES, KROMBHOLTZ, BERKELEY, etc. Avec ces ouvrages, en comparant les individus vivants aux figures qui les représentent, on parvient à les reconnaître assez facilement. Quelques auteurs, abstraction faite de l'ensemble des Champignons, ont publié des traités particuliers sur ceux qui sont comestibles ou vénéneux ; leur nombre est très considérable. PAULET, BULLIARD et PERSOON, en commençant leurs ouvrages avaient principalement ce but ; mais plus tard ils n'ont pu s'empêcher d'y ajouter des genres et des espèces qui sortaient du cadre tracé. Les autres, au contraire, comme KERNER, DUCHANOY, LENZ, FRIES, LETELLIER, KROMBHOLTZ, ROQUES, DESCOURTILS, NOULET, CORDIER, DASSIER, etc., sont demeurés fidèles au titre qu'ils avaient adopté. Les docteurs MOUGEOT et QUELET on rendu un véritable service à la science, en publiant les Champignons qui croissent dans la Meurthe, la Moselle, le Jura ; M. BARLA a représenté les Champignons des environs de Nice ; et ce qui augmente leur valeur, en a désigné les espèces par leur véritable nom. M. GILLET publie les Champignons de la Normandie, plusieurs fascicules ont déjà paru. En Angleterre, SAUNDERS, BERKELEY, COOK et WORTHINGTON SMITH ont réuni en deux feuilles les figures coloriées des Champignons comestibles et vénéneux les plus communs. Outre les ouvrages déjà cités, on pourra consulter avec avantage le grand ouvrage de CORDA, sous le titre d'*Icones Fungorum,* dans lequel on trouve l'analyse d'un grand nombre de genres. Ce travail recommandable à bien des titres sérieux révèle aux botanistes la structure intime de beaucoup de Champignons. MM. TULASNE, en publiant le *Selecta Fungorum Carpologia*, et de nombreux articles dans les *Ann. des Sciences Nat.* ont fait faire un grand pas à cette partie de la botanique ; le Manuel de Mycologie de BONORDEN est à lire, QUELET, BOUDIER, DE SEYNE, CORNU, ROZE, RICHON, CORDIER, etc. ; en France, DE BARY, etc., en Allemagne, ont écrit des travaux remarquables. Il existe encore beaucoup d'autres livres et des collections qui sont moins connues. La bibliothèque de la rue de Richelieu en possède une superbe qui provient de M. ROUSSEL, ancien fermier-général. On en voit à la bibliothèque du Jardin des Plantes de Paris une autre non moins curieuse, et dont PERSOON a de beaucoup augmenté la valeur en désignant par leur véritable nom un grand nombre d'espèces. M. WALLAYS, de Courtray, a étudié les Champignons de la Belgique ; M. KICKX (J.), la Flore cryptogamique des Flandres ; SECRETAN, la Mycologie suisse, etc., etc. Quelques auteurs enfin ont publié des collections en cire, le Muséum d'histoire naturelle en possède deux : l'une, de TRATTINNICK, a été donnée par François II d'Autriche à Louis XVIII ; l'autre a été faite par PINÇON. Un de mes anciens collègues des hôpitaux, le docteur LEMOINE, professeur à l'École de Médecine et de Pharmacie de *Reims,* a essayé de former une nouvelle collection de ce genre ; le peu que j'en ai vu était parfaitement exécuté ; M. BARLA, de Nice, vient d'offrir à M. Chatin, pour l'École de Pharmacie de Paris, une fort belle collection en cire de Champignons grandeur naturelle.

CHAPITRE III

DES CLASSIFICATIONS

Mon livre ne saurait être complet sans quelques notions sur l'arrangement systématique ou classification que ces plantes ont reçu des botanistes. Les Champignons sont, comme les animaux et les autres végétaux, soumis à la loi générale de la nature ; aussi veux-je mettre le lecteur en état de comprendre la valeur et la relation des différents groupes dans lesquels les Champignons ont été répartis. Nous savons déjà que les botanistes qui ont précédé PERSOON comprennent, et cela pour ainsi dire sans exception, dans un genre unique, le genre *Agaricus*. PERSOON a le premier distingué, avec sa sagacité ordinaire, un certain nombre de séries, de formes analogues, qu'il trouve cependant naturel de séparer les unes des autres sous des dénominations spéciales. En 1797, parut son *Tentamen Dispositionis methodicæ Fungorum (Lipsiæ)*. Quatre ans après, en 1801, le *Sinopsis methodica Fungorum (Gottingæ)*. Il établit trois grandes divisions dans les espèces alors connues du genre *Agaricus*. Ce sont les genres *Amanita, Agaricus* et *Merulius*; le genre *Agaricus* se subdivise lui-même en plusieurs sous-genres qu'il appelle *Lepiota, Cortinaria, Gymnopus, Mycena, Coprinus, Pratella, Lactifluus, Russula, Omphalia* et *Pleuropus*. La création de ces groupes est si naturelle que la plupart d'entre eux sont encore conservés, et que les parties modifiées ont servi elles-mêmes de point de départ à des sections nouvelles.

En 1817, F. G. NEES D'ESENBECK fit paraître son *System der Pilze und Schwaemme*; les fondements de cette classification ne sont pas assez solides. Elle est censée reposer sur les principes réels et déduite de l'analyse des caractères. En l'étudiant avec attention on reconnaît qu'il n'en est pourtant pas toujours ainsi. L'auteur puise dans les ouvrages ce qu'il y trouve de mieux, il en fait un corps sans jambes ; il n'a pas vérifié les observations et plusieurs sont fautives. Cependant son travail renferme des considérations mycologiques élevées, des rapprochements extrê-

mement ingénieux, un nombre immense d'observations fines et
délicates.

Rien d'étonnant donc à ce qu'il ait été pris pour modèle par les
auteurs modernes qui ont écrit sur les Champignons. Le professeur
FRIES notamment, pour établir son *Systema Mycologicum* lui a
emprunté des matériaux précieux.

NEES D'ESENBECK divise ces végétaux en trois familles :

1re *Famille, Coniomycètes*, renferment trois divisions et cinq
subdivisions ;

2me *Famille, Hyphomycètes*, quatre divisions et huit subdivisions ;

3me *Famille, Gasteromycètes*, six divisions et huit subdivisions.

On reconnaîtra sans peine que cette classification en trois
familles, treize divisions et vingt-trois subdivisions était tout au
moins l'œuvre d'un esprit véritablement classificateur, et qui,
pour l'époque, avait réussi à créer un très utile et très ingénieux
système artificiel.

En 1825, M. Ad. BRONGNIART proposait, dans un livre bien
connu, ayant pour titre : *Essai d'une nouvelle classification naturelle des Champignons*, de diviser cette classe en cinq tribus, les
Urédinées, les *Mucédinées*, les *Lycoperdacées*, les Champignons
proprement dits et les *Hypoxylon*. En 1843, dans son *Énumération Générale* des plantes cultivées au Muséum d'histoire naturelle, M. BRONGNIART décrit et adopte le système de FRIES, sauf
quelques modifications; il divise les Champignons en quatre ordres
comprenant neuf tribus :

1° *Hyphomycées*, Mycelium filamenteux produisant directement
sur une partie de ses rameaux les spores ou les vésicules qui les
renferment. *Mucédinées, Mucorées* et *Urédinées ;*

2° *Gastéromycées*, Mycelium donnant naissance à des excroissances fongueuses dont la partie externe forme une enveloppe,
Péridium, contenant dans son intérieur les utricules productrices
des spores (*Sporanges* ou *Basides*). *Tubéracées, Lycoperdacées* et
Clathracées ;

3° *Hyménomycées*, Mycelium produisant des excroissances
fongueuses dont une partie de la surface (*Hymenium*), est formée
par les utricules productrices des spores (*Basides* ou *Thèques*) :
Agaricinées et *Pezizées ;*

4° *Scléromycées*, Mycelium produisant des excroissances fongueuses, contenant un ou plusieurs conceptacles durs renfermant des *Thèques : Hypoxilées*.

Persoon avait d'abord été tenté de diviser les Agarics en plusieurs genres, mais il a reculé devant cette innovation ; nous savons trop peu de chose, disait-il, sur la structure et les organes de la reproduction, sur la structure et les fonctions des différentes parties, pour établir des genres véritables. Ce que Persoon n'avait osé, M. Fries le fit dans un ouvrage extrêmement remarquable, publié en 1821 sous le titre de *Systema Mycologicum*. Il présenta une nouvelle distribution du genre *Agaricus*, basée principalement sur la couleur des spores, ce qui lui permit d'établir six classes, savoir :

1° *Coniomycètes*, Champignons qui envahissent les végétaux vivaces : *Epiphytes* et *Endophytes* : genres *Æcidium, Uredo, Puccinia, Ustilago ;*

2° *Hyphomycètes*, Champignons qui se développent sur les substances en moisissure : les *Mucorées* et les *Mucédinées ;*

3° *Gasteromycètes*, Champignons dont les organes de reproduction sont renfermés dans des cavités sinueuses : *Tubéracées, Lycoperdacées, Clathracées*, etc. ;

4° *Pyrenomycètes*, Champignons dont les corps reproducteurs se forment dans un nucléus : *Sphériacées ;*

5° *Discomycètes*, Champignons dont les corps reproducteurs sont portés par une sorte de disque plan ou en coupe : *Pezizées* et *Phacidiées (Hypoxilées)* de de Candolle ;

6° *Hymenomycètes*, Champignons à hyménium : *Agaricinées, Polyporées, Auricularinées, Clavarinées* et *Tremellinées*.

Son sous-genre *Agaricus* comprend à lui seul presque toutes les espèces d'*Agaricinées* connues. Ces espèces sont réparties en plusieurs groupes ou sous-genres secondaires dans cinq sections, et d'après la coloration des spores, comme je l'ai fait remarquer plus haut. Toutefois, M. Fries ne devait pas s'en tenir là. Assez heureux pour consacrer une longue et laborieuse existence à l'étude des Cryptogames (cinquante-trois ans), dans un dernier volume qu'il vient de faire paraître (*Hymenomycetes Europœi, sive Epicriseas systematis Mycologici editio altera*, Upsalæ, 1874), il divise les *Agaricinées* en vingt genres, et subdivise les *Agaricus* en trente-cinq sous-genres, rassemblés en cinq sections d'après la coloration des spores.

Division du genre **Agaricus**, de FRIES

A. Leucospori *(Sporis albis)* : *Amanita, Lepiota, Armilaria, Tricholoma, Clitocybe, Collybia, Mycena, Omphalia, Pleurotus ;*

B. Hyporhodii *(Sporis roseis)* : *Volvaria, Annularia, Pluteus, Entoloma, Clitopilus, Leptonia, Nolanea, Eccilia, Claudopus ;*

C. Dermini *(Sporis ochraceis)* : *Pholiota, Inocybe, Hebeloma Flammula, Naucaria, Pluteolus, Galera, Tubaria, Crepidotus ;*

D. Pratelli *(Sporis atro-purpureis)* : *Chitonia, Psalliota, Stropharia,* **Hypholoma,** *Psilocybe, Psathyra ;*

E. Coprinarii *(Sporis atris)* : *Panœcolus, Psathyrella.*

Dans cette nouvelle classification, l'illustre Fries dégage de son ancien genre *Agaricus,* des groupes indépendants : *Cortinarius, Hygrophorus, Gomphidius, Russula, Lactarius,* etc., qu'il soustrait ainsi à la caractéristique primordiale de la coloration des spores. Il en résulte, je ne dirai pas de la confusion, mais un bouleversement général dans cette partie de la mycologie.

Que vont faire les disciples du maître, ceux surtout qui aiment la clarté et la simplicité des méthodes et des dénominations ? Je crois que les savants cryptogamistes, MM. Quelet, Boudier, Richon, Cornu, Roze, etc., constitueront une sorte de famille dont les sous-genres de Fries deviendront des genres principaux.

En réalité mon avis est, qu'il ne doit plus exister qu'un seul grand genre : les Agarics, dont le nom typique *Agaricus* n'a plus besoin d'être accouplé avec un nom générique de section, suivi d'un terme spécifique pour désigner une espèce connue en Europe. La classification de Léveillé, que j'expose plus loin, a l'avantage de grouper les genres dans un ordre systématique où l'importance de tous les caractères différentiels sont pris en considération. M. Bonorden, en 1864 (*Abhandlungen aus dem Gebiete der Mykologie*), admet douze ordres :

1° *Coniomycètes ;* 2° *Hyphomycètes ;* 3° *Mucorini ;* 4° *Mycelini, Tubercularini, Stilbini, Hymenularii, Isariei, Trichodermacei ;* 5° *Tremellini;* 6° *Hymenomycètes ;* 7° *Discomycètes ;* 8° *Myxomy-*

cètes ; 9° *Gasteromycètes* ; 10° *Cryptomycètes (Nemasporei* et *Pseadiei)* ; 11° *Sphœronemei, Asterinei, Thyrcomycètes, Excipulini, Leptosporici, Podosporiacei, Sporocadei, Cryptotrichei, Sympixidei* ; 12° enfin les *Pyrenomycès* ou *Sphœriacei* commençant par les *Erysiphei* et finissant par les *Tuberacei*.

Dans la préface de son *Handbuch der Physiologischen Botanik*, 1866, M. de BARY, *un mycologiste* allemand des plus distingués, établit quatre ordres subdivisés en treize familles :

1° *Physcomycètes* ou Champignons algues, *Saprolegnicés, Peronosporées, Mucorinées* ; 2° *Hypodermès* ou Champignons enthophytes, *Urédinées, Æcidiées* ; 3° *Basidiomycètes* ou Champignons à basides, *Tremellinés, Hymenomycètes* et *Gasteromycètes* ; 4° *Ascomycètes* ou Champignons à thèques (*Protomycètes, Tubéracés, Onygénés, Pyrenomycètes* et *Discomycètes*).

M. J. BERKELEY, dans ses *Outlines of a British Fungologie*, suit à peu de chose près la classification de FRIES. Après les *Hyménomycètes*, les *Gastéromycètes*, les *Coniomycètes* et les *Hyphomycètes*, il adopte un cinquième ordre sous le nom d'*Ascomycètes (Ascithecœ)*, Champignons à *thèques, Thécasporées*, répondant à la division des *Endosporées* de M. TULASNE, et dans lequel il comprend les *Helvellacées*, les *Tubéracées*, les *Phacidiées*, les *Sphériacées*, les *Perisporiacées* et les *Onygénées*, plus un sixième ordre, les *Physcomycètes* pour les *Antennariées* et les *Mucorinées*.

, M. BERTILLON, dans le *Dict. encyclopédique des Sciences médicales*, a proposé des modifications sur divers genres. Un savant mycologue anglais, M. WORTHINGTON SMITH, dans le *Journal of Botany*, London 1871, eut l'heureuse idée de publier des tableaux synoptiques dans lesquels, en alliant naturellement les divers sous-genres du genre Agaricus de FRIES, il se contente de les grouper d'après deux nouveaux caractères, mais il accepte lui, avec empressement, l'*émancipation* que lui a léguée son maître FRIES, et sans se laisser arrêter par une autorité dont il ne connaît plus la voix, il pénètre partout ; à l'aide du microscope il cherche à reviser les sous genres, à les faire concorder avec la méthode naturelle.

Un autre ouvrage intéressant, c'est le volume intitulé : *Les Champignons de la France*, 1869, qu'a publié avant sa mort mon regretté ami M. CORDIER, et dans lequel il a cherché, en fervent disciple de Persoon, à subordonner le système de Fries à celui de son savant maître.

M. C. Cooke, savant botaniste bien connu, dans son livre sur les Champignons, Paris 1875, et surtout dans son Manuel des Champignons de la Grande-Bretagne, adopte et suit la classification de M. J. Berkeley. M. Ernest Roze, dans les séances des 11 février et 10 mars 1876, présenta à la Société Botanique de France son essai d'une classification nouvelle des *Agaricinées*.

Mais toutes ces classifications sont artificielles et arbitraires. Il n'en est aucune, quelles que soient ses prétentions, qui mérite, quand on veut la prendre dans son ensemble, le titre de classification naturelle.

En cryptogamie, tout reste à faire. On ne connaît pas même les fonctions du Champignon, on ignore à quoi servent les éléments qui les composent ; on discute fort sur les organes et sur leur importance, et bien peu pourraient dire ce qu'ils sont et à quoi ils concourent. Comme l'appât d'une gloire vaine a porté bien des cryptogamistes à démembrer des espèces et des genres pour leur imposer leur nom, on devra, ce me semble, réagir de toutes ses forces contre cette tendance, n'admettre des espèces qu'à bon escient et ne point faire des genres de complaisance. Il faudra se rappeler que la classification parfaite présente pour caractère essentiel, une disposition de tous les êtres par passage insensible, les groupements naturels, quelque petits qu'ils soient, contribuant à simplifier et réunir : tel est le but.

Les descriptions devront être claires, précises, nettes, dégagées de ces termes barbares, dont on s'est plu à encombrer le langage du mycologiste, comme pour rebuter les commençants et les dégoûter de sa science dès les premiers pas.

CHAPITRE IV

DIVISION DES CHAMPIGNONS

Par J.-H. LÉVEILLÉ

Les Champignons se divisent en six classes :

1° Les *Basidiosporés* renferment les Champignons les plus connus. Leur réceptacle est très variable dans ses formes et sa structure. Les organes de la fructification, qui se composent de basides, sont situés sur sa face externe ou dans son parenchyme, et quelquefois dans des conceptacles particuliers ;

2° Les *Thécasporés,* très variables aussi dans leur structure, se reconnaissent aux utricules ou thèques, dans lesquelles les spores sont renfermées. Ces petits appareils peuvent être placés à l'extérieur ou dans l'intérieur du réceptacle ;

3° Les *Clinosporés* sont extrêmement nombreux et ordinairement volumineux, les spores se fixent sur un clinode, et le clinode est tantôt nu, tantôt renfermé dans l'intérieur d'un réceptacle le plus souvent corné ;

4° Les *Cystisporés* sont caractérisés par des réceptacles filamenteux, simples ou rameux, le plus souvent cloisonnés, terminés par des sporanges vésiculeux dans lesquels les spores sont enfermées ;

5° Les *Trichosporés* ont des réceptacles simples ou rameux, continus ou cloisonnés, recouverts en tout ou en partie de spores nues. Dans certains genres, elles sont fixées à l'extrémité des rameaux, et, dans d'autres, distribuées plus ou moins régulièrement sur un ou plusieurs points de leur surface ;

6° Les *Arthrosporés* se distinguent à la disposition des spores qui sont articulées ensemble et placées bout à bout, comme les grains d'un collier ou d'un chapelet. Le réceptacle qui les supporte est quelquefois si court que ces champignons semblent n'être formés que des spores.

Les trois premières classes se partagent en deux grandes sous-divisions, la première de chacune d'elles renferme tous les genres qui ont les spores à la surface du réceptacle, et la seconde ceux qui les ont dans des conceptacles particuliers. Pour exprimer ces deux sous-divisions, et prenant la partie pour le tout, afin d'avoir des noms moins longs et plus doux à l'oreille, je distingue : 1° les *Basidiosporés* en *Entobasides* et *Ectobasides ;* 2° les *Thecasporés* en *Endothèques* et *Ectothèques ;* 3° les *Clinosporés* en *Endocline* et *Ectoclines.* J'ai cru devoir appeler tribus et sections les divisions qui suivent ; elles comprennent l'énumération des genres. Le nom de famille m'a paru trop élevé et trop bien défini en botanique pour le donner à ces petitsgroupes ; je conserve donc la famille des Champignons dans le même sens que A.-L. de JUSSIEU l'a établie.

Pour mettre les lecteurs en état de comprendre la valeur et la relation des différents groupes formés par LÉVEILLÉ, j'ai tenu à la donner textuellement, afin que chacun par une lecture attentive pût bien se pénétrer de l'idée de l'auteur, car il est impossible de juger le classement sans avoir l'ensemble complet. Nous pouvons dire seulement que ses groupes semblent plus naturels et mieux liés entre eux que ceux des autres classifications.

DISTRIBUTION MÉTHODIQUE DES CHAMPIGNONS

DIVISION I. — **BASIDIOSPORÉS** (1)

Réceptacle de forme variable. Spores supportées par des basides qui recouvrent sa surface, ou qui sont renfermés dans son intérieur.

Sous-division I. — ECTOBASIDES.

Basides recouvrant une partie seulement ou la totalité du réceptacle.

Tribu I. — **Idiomycètes.**

Réceptacle charnu, coriace ou trémelloïde, pédiculé, sessile ou résupiné, nu ou renfermé dans une volve ; face basidiophore lisse ou garnie de lames, de veines, de pores ou d'aiguillons.

(1) Extrait du *Dictionnaire universel d'Histoire naturelle,* par M. C. d'Orbigny, tome 8, p. 486 et suivantes.

Section I. — AGARICINÉS.

Réceptacle nu ou renfermé dans une volve. Basides situés sur des lames.

A. Lames disposées en rayons ou en éventail.

Genres : *Amanita*, Lam.; *Agaricus*, L.; *Lentinus*, Fr.; *Montagnites*, Fr.; *Pterophyllus*, Lév.; *Héliomyces*, Lév.; *Panus*, Fr.; *Xerotus*, Fr.; *Trogia*, Fr.; *Schizophyllum*, Fr.; *Cantharellus*, Adans.; *Lenzites*, Fr.

B. Lames concentriques.

Genre : *Cyclomyces*, Klotzsch.

Section II. — PHLÉBOPHORÉS.

Réceptacle charnu ou trémelloïde, membraneux ou épais, sessile ou pédiculé; face basidiophore parcourue par des plis ou par des veines irrégulières, simples, dichotomes.

Genres : *Phlebophora*, Lév.; *Phlebia*, Fr.; *Xylomyzon*, Pers.

Section III. — POLYPORÉS.

Réceptacle charnu, coriace, subéreux, épais, membraneux, sessile, pédiculé ou résupiné, nu ou renfermé dans une volve. Pores lamelleux, anastomosés, parallèles, anfractueux, alvéolés, discrets ou réunis, dans lesquels sont renfermés des basides tétraspores avec ou sans cystides.

A. Réceptacle charnu. Pores parallèles, distincts, séparables, tubuleux.

Genres : *Boletus, Fistulina*, Bull.

B. Réceptacle charnu. Pores anfractueux inséparables.

Genres : *Secotium*, Kze.; *Polyplocium*, Berk.

C. Réceptacle coriace, subéreux. Pores allongés, formés par des lames sinueuses anastomosées.

Genres : *Hymenogramme*, Mntg et Berk.; *Dœdalea*, Pers.

D. Réceptacle coriace, subéreux. Pores parallèles, tubuleux, inséparables.

Genres : *Polyporus, Trametes, Glœoporus*, Mntg.

E. Réceptacle coriace. Pores parallèles, inséparables, grands, anguleux, alvéoles.

Genres : *Junguhnia*, Cord.; *Favolus*, P. B.; *Hexagona*, Fr.

Section IV. — HYDNÉS.

Réceptacle charnu ou coriace, épais ou membraneux, pédiculé, sessile ou résupiné. Basides situés sur des aiguillons ou des papilles fortement prononcées.

Genres : *Hydnum*, L.; *Hericium*, Pers.; *Irpex*, Fr.; *Radulum*, Fr.; *Sistotrema*, Pers.; *Grandinia*, Fr.; *Odontia*, Fr. = *Cymatoderma*, Jnghn. *Kneiffia*, Fr.

Section V. — THÉLÉPHORÉS.

Réceptacle coriace, subéreux ou charnu, pédiculé, sessile ou résupiné.

Face fertile, lisse ou recouverte de petites soies, ou de petites cupules membraneuses.

Genres : *Craterellus*, Fr.; *Thelephora*, Ehrbg.; *Leptochœte*, Lév. = *Hymmochœte*, Lév.; *Coniophora*, DC.; *Hypochnus*, Ehrbg.; *Cladoderris*, Pers.; *Cora*, Fr.; *Cyphella*, Fr.

Section VI. — CLAVARIÉS.

Réceptacle charnu, rarement coriace, rameux ou en forme de massue, recouvert de basides sur toute sa périphérie.

Genres : *Sparassis*, Fr.; *Gomphus*, Pers.; *Clavaria*, L.; *Lachnocladium*, Lév. = *Eriocladus*, Lév.; *Calocera*, Fr.; *Merisma*, Pers.; *Crinula*, Fr.; *Pterula*, Fr.; *Pistillaria*, Fr.; *Typhula*, Fr.

Section VII. — TRÉMELLÉS.

Réceptacle gélatineux, sessile, rarement pédiculé. Surface fertile, humide, glabre, unie ou plissée, couverte de basides monospores.

Genres : *Tremella*, L.; *Nœmatelia*, Fr.; *Myxacium*, Wallr.; *Dacrymyces*, Nees; *Exidia*, Fr.; *Guepinia*, Fr.; *Tremiscus*, Pers.; *Laschia*, Fr.; *Lemalis*, Fr.?; *Hirneola*, Fr.?; *Phyllopta*, Fr.; *Pyrenium*, Tode?

Tribu II. — **Asérosmés.**

Réceptacle pédiculé, renfermé dans une volve, campanulé, arrondi ou divisé en étoile, alvéolé ou sinueux. Surface fertile recouvrant toute la surface du réceptable ou située à la partie interne et à la base de ses divisions, se réduisant en un liquide fétide. Pédicule simple, lacuneux ou divisé en différentes parties qui s'anastomosent et forment un treillage à mailles plus ou moins grandes.

Section I. — PHALLOÏDÉS.

Réceptacle campaniforme, libre ou adhérent, alvéolé ou lisse. Basides situés à la périphérie. Pédicule simple lacuneux, nu ou garni d'un réseau.

Genres : *Dictyophora*, Desv.; *Sophronia*, Pers.?; *Phallus*, Mich.; *Cynophallus*, Fr.; *Simblum*, Klotzsch; *Fœtidaria*, Mntg.?

Section II. — CLATHRACÉS.

Réceptacle globuleux, muni d'une volve et placé au centre d'un pédicule divisé et anastomosé en forme de treillage.

Genres : *Clathrus*, L.; *Ileodictyon*, Tul.; *Coleus*, Cav. et Sech.; *Laternea*, Turp.; *Aserophallus*, Mntg.?

Section III. — LYSURÉS.

Réceptacle pédiculé, charnu, enfermé dans une volve, divisé en lanières du sommet à la base. Surface fertile située en dedans et à la base des divisions.

Genres : *Lysurus*, Fr.; *Aseroë*, Labill.; *Calathiscus*, Mntg.; *Staurophallus*, Mntg.?

Sous-division II. — ENTOBASIDES.

Basides situés dans le parenchyme même du réceptacle, ou dans des sporanges particuliers qui y sont renfermés.

Tribu I. — **Coniogastres.**

Réceptacle globuleux, ovale ou allongé, membraneux, charnu, papyracé, nu ou enfermé dans une volve, sessile ou supporté par un pédicule qui le traverse quelquefois en tout ou en partie sous forme d'axe. Parenchyme spongieux, compacte ou mou, se réduisant en poussière et en filaments. Basides tétraspores, discrets, tapissant les vacuoles ou pressés les uns contre les autres.

Section I. — Podaxinés.

Réceptacle rond, ovale ou allongé, charnu ou mou, nu, traversé en tout ou en partie par un axe central.

Genres : *Podaxon,* Desv.; *Cauloglossum,* Grev.; *Hyperrhiza,* Bosc.; *Cycloderma,* Klotzsch; *Stemonitis,* Pers.; *Diachea,* Fr.

Section II. — Battarrés.

Réceptacle presque globuleux, enfermé dans une volve se réduisant en spores et en filaments à sa partie supérieure. Pédicule long et fibreux.

Genre : *Battarrea,* Pers.

Section III. — Tylostomés.

Réceptacle globuleux, déprimé en dessous, papyracé, enveloppé dans une volve fugace, s'ouvrant par un pore régulier, cartilagineux ou se déchirant irrégulièrement. Pédicule allongé, fibreux, plein ou fistuleux.

Genres : *Tylostoma,* Pers.; *Schizostoma,* Ehrbg.; *Calostoma,* Pers.?; *Mitremyces,* Nees?; *Riella,* Rafin.; *Suspicante,* Schweinitz?

Section IV. — Géastrés.

Réceptacle arrondi, membraneux, sessile ou pédiculé, s'ouvrant à sa partie supérieure ou sur plusieurs points de sa surface, renfermé dans une volve persistante, coriace, hygrométrique, qui se rompt du sommet à la base sous forme d'étoile.

Genres : *Myriostoma,* Desv.; *Plecostoma,* Desv.; *Geaster,* Mich.; *Disciseda,* Czern.; *Actinodermum,* Nees? *Diploderma,* Lk.

Section V. — Brooméiés.

Réceptacles globuleux, sessiles, s'ouvrant irrégulièrement à la partie supérieure, et plongés en partie dans une base commune.

Genre : *Brooméia,* Berk.

Section VI. — Lycoperdés.

Réceptacle presque globuleux, recouvert d'un cortex verruqueux plus ou moins fugace s'ouvrant à sa partie supérieure, sessile ou supporté par un pédicule celluleux en dedans et persistant. Spores sessiles ou pédicellées, glabres ou hérissées.

Genres : *Lycoperdon*, Mich.; *Bovista*, Pers.; *Lycogala*, Pers.

Section VII. — Hippoperdés.

Réceptacle charnu, recouvert d'un cortex fugace. Parenchyme celluleux et persistant, ne se réduisant pas en filaments. Spores rondes, sessiles, glabres ou hérissées.

Genre : *Hippoperdon*, Mntg.

Section VIII. — Phellorinés.

Réceptacle arrondi, ovale, coriace, subéreux, persistant, s'ouvrant en lanières irrégulières à sa partie supérieure.

Genres : *Phellorina*, Berk.; *Mycenastrum*, Desv.; *Endoneuron*, Czern.

Section IX. — Polysaccés.

Réceptacle arrondi ou ovale, sessile ou pédiculé, membraneux ou coriace, puis fragile, s'ouvrant irrégulièrement, divisé à l'intérieur en plusieurs loges qui renferment des conceptables particuliers arrondis ou difformes.

Genres : *Polysaccum*, DC.; *Scoleiocarpus*, Berk.

Section X. — Sclérodermés.

Réceptacle presque globuleux, sessile ou pédiculé, coriace, indéhiscent, ou se brisant au sommet. Parenchyme compacte, enfin pulvérulent. Basides pressés les uns contre les autres.

Genres : *Scleroderma*, Pers.; *Goupilia*, Mér.?

Section XI. — Trichodermés.

Réceptacle arrondi ou en forme de coussin, sessile ou pédiculé, partie supérieure filamenteuse et disparaissant spontanément pour donner issue aux spores.

Genres : *Trichocoma*, Jnghn.; *Pilacre*, Fr.; *Trichoderma*, Pers., *Ostracoderma*, Fr.; *Institale*, Fr.; *Hyphelia*, Fr.?

Section XII. — Réticulariés.

Réceptacle arrondi ou en forme de coussin, d'abord mou, diffluent, puis pulvérulent.

Genres : *Reticularia*, Bull.; *Æthalium*, Lk.; *Lignidium*, Lk.; *Diphtherium*, Ehrbg.; *Enteridium*, Ehrbg.; *Lachnobolus*, Fr.?; *Ptycogaster*, Cord.?

Section XIII. — Spumariés.

Réceptacles nombreux, fixés à une membrane muqueuse commune, recouverte d'une enveloppe molle, diffluente comme de l'écume, et qui se réduit enfin en poussière.

Genres : *Spumaria*, Pers.; *Pittocarpium*, Lk.?

Section XIV. — Physarés.

Réceptacles de forme variable, sessiles ou pédiculés. Parenchyme formé par un réseau solide, sans élasticité et naissant des parois du réceptacle.

Genres : *Physarum*, Pers.; *Didymium*, Schrad; *Tricamphora*, Jnghn; *Cupularia*, Lk.; *Tripotrichia*, Cord.; *Craterium*, Trentp.; *Diderma*, Pers.; *Cionium*, Lk.; *Leocarpus*, Lk.; *Leangium*, Lk.; *Polychysmium*, Cord.; *Angioridium*, Griv.; *Stegasma*, Cord.; *Cylichnium*, Wallr.? *Trichulius*, Schmid.?

Section XV. — Trichiacés.

Réceptacle ovale ou arrondi, sessile ou pédiculé. Réseau élastique.

Genres : *Trichia*, Hall.; *Arcyria*, Hall.; *Cirrholus*, Mart.?

Section XVI. — Cribrariés.

Réceptacle globuleux, ovale, pédiculé. Réseau solide, persistant, et dépourvu d'élasticité.

Genres : *Dictydium*, Schrad.; *Cribraria*, Schrad.

Section XVII. — Licés.

Réceptacle de forme variable, sessile. Parenchyme sans texture manifeste, et ne présentant à l'époque de la dispersion des spores que peu ou point de filaments.

Genres : *Perichæna*, Fr.; *Licea*, Schrad.; *Tubulina*, Pers.; *Phelonitis*, Chev.; *Tipularia*, Chev.; *Dichosporium*, Nees?; *Clissosporium*, Fr.?; *Asterothecium*, Wallr.?; *Amphisporium*, Lk.?

Tribu I. — **Cyophorés.**

Réceptacle sessile ou pédiculé, subglobuleux ou urcéolé, floconneux, membraneux ou fibreux, renfermant dans son intérieur un ou plusieurs sporanges. Ouverture irrégulière, circulaire ou en lanières, nue ou munie d'un épiphragme. Sporanges sphériques, ovales, sessiles ou attachés à un funicule, quelquefois lancés au loin avec élasticité.

Section I. — Polygastrés.

Réceptacle arrondi, sessile, floconneux ou subéreux, s'ouvrant irrégulièrement. Sporanges nombreux et sessiles.

Genres : *Polygaster*, Fr.; *Endogone*, Lk.; *Gemmularia*, Rafin.?; *Arachnion*, Schweinz; *Myriococcum*, Fr.; *Polyangium*, Lk.; *Ciliciocarpus*, Cord.

Section II. — Nidulariés.

Réceptacle arrondi ou urcéolé, coriace; ouverture irrégulière ou orbiculaire, nue ou munie d'un épiphragme. Sporanges superposés, le plus souvent lenticulaires, sessiles ou attachés à un funicule élastique.

Genres : *Crucibulum*, Tul.; *Cyathus*, Pers.; *Cyathea*, Br.

Section III. — Carpobolés.

Réceptacle arrondi ou urcéolé, sessile; ouverture simple, orbiculaire ou divisée en lanières. Sporange unique, sessile, ovale ou arrondi, lancé quelquefois avec élasticité.

Genres : *Atractobolus,* Tode; *Thelebolus,* Tode; *Carpobolus,* Mich.

Tribu III. — **Hystérangiés.**

Réceptacle globuleux ou difforme, charnu, indéhiscent. Parenchyme compacte ou spongieux, homogène ou veiné. Basides libres ou pressés les uns contre les autres.

Genres : *Gauthiera,* Vitt.; *Splanchnomyces,* Cord.; *Hymenangium,* Klotzsch.; *Octaviana,* Tull.; Melanogaster, Cord.; *Hyperrhiza,,* Bosc?; *Hydnangium,* Wallr.; *Hysterangium,* Vitt.; *Bromicolla,* Eichwald.?

DIVISION II. — **THÉCASPORÉS.**

Réceptacle de forme variable. Spores renfermées dans des thèques avec ou sans paraphyses, situées à sa surface ou dans l'intérieur du réceptacle.

Sous-division I. — ECTOTHÈQUES.

Réceptacle charnu, coriace ou trémelloïde, sessile ou pédiculé, capitulé, membraneux et plié, en forme de massue ou de cupule, lisse, sinueux ou alvéolé.

Tribu I. — Mitrés.

Réceptacle charnu, allongé, en forme de langue, de massue, capitulé, membraneux, sinueux, alvéolé, ou plié.

Section I. — Géoglossés.

Réceptacle charnu, pédiculé, lisse, en forme de massue ou capitulé. Genres : *Spathularia,* Pers.; *Geoglossum,* Pers; *Leotia,* Pers.; *Mitrula,* Fr.; *Heyderia,* Fr.; *Vibrissea,* Fr.

Section II. — Morchellés.

Réceptacle pédiculé, charnu ou trémelloïde, sphérique, campanulé ou conique, sinueux ou alvéolé.

Genres : *Morchella,* Pers.; *Eromitra,* Lév. = *Mitrophora,* Lév.; *Gyrocephalus,* Pers.; *Verpa,* Pers.

Section III. — Helvellés.

Réceptacle pédiculé, membraneux, divisé en lobes pliés et rabattus, libres ou adhérents au pédicule.

Genre : *Helvella,* L.

Tribu II. — **Cyathydés.**

Réceptacle sessile ou pédiculé, charnu, coriace ou trémelloïde, en forme de cupule.

Section I. — Cyttariés.

Réceptacle sessile ou pédiculé, trémelloïde, présentant à sa périphérie un plus ou moins grand nombre de cellules dans lesquelles les thèques sont renfermées.

Genre : *Cyttaria,* Berk.

Section II. — Pézizés.

Réceptacle charnu, rarement coriace, sessile ou pédiculé, en forme de cupule plus ou moins profonde, ou de disque convexe.

Genres : *Peziza,* L.; *Ascobolus,* Pers.; *Bulgaria,* Fr.; *Rhizina,* Fr.; *Patellaria,* Fr.; *Helotium,* Pers.

Section III. — Agyriés.

Réceptacle charnu, sessile, convexe ou plat.

Genres : *Agyrium,* Fr., Cord.; *Pyronema,* Carus; *Cryptomyces,* Grev.; *Propolis,* Fr., Cord.; *Xylographa,* Fr.?; *Sarea,* Fr.?

Section IV. — Cénangiés.

Réceptacle sessile, rarement pédiculé, coriace, déprimé ou concave; ouverture nue ou munie d'un voile membraneux fugace.

Genres : *Cénangium,* Fr.; *Tympanis,* Tode; *Dermea,* Fr.?

Section V. — Stictés.

Réceptacle sessile, membraneux; ouverture entière ou divisée en lanières.

Genres : *Stictis,* Pers.; *Cryptodiscus,* Cord.; *Godronia,* Moug. et Lév.; *Melittosporium,* Cord.

Sous-division II. — ENDOTHÈQUES.

Réceptacle sessile ou pédiculé, charnu, coriace, subéreux ou charbonneux, nu; conceptacles isolés ou réunis en plus ou moins grand nombre, sphériques, ovales ou déprimés, s'ouvrant en une ou plusieurs fentes, ou par un pore.

Tribu I. — **Rhegmostomés.**

Conceptacles sessiles, cornés; ouverture linéaire ou radiée.

Section I. — Hystériés.

Conceptacles sessiles, cornés, saillants ou déprimés, orbiculaires, ovales ou linéaires; ouverture longitudinale, linéaire.

Genres : *Glonium,* Muhlenb.; *Hystérium,* Pers.; *Hysterographium,* Cord.; *Lophium,* Fr.; *Aylographum,* Libert; *Dichœna,* Fr.; *Ostropa,* Fr.; *Sporomega,* Cord.; *Endotrichum,* Cord.; *Schizothecium,* Cord.; *Cheilaria,* Libert; *Rhytisma,* Fr.

Section II. — Cliostomés.

Conceptacles sessiles, cornés, déprimés, s'ouvrant en plusieurs fentes du centre à la circonférence.

Genres : *Phacidium*, Fr.; *Actidium*, Fr.; *Cliostomum*, Fr.; *Pilidium*, Kz.

Tribu II. — Stégillés.

Conceptacles sessiles, cornés, aplatis, la partie supérieure se détache en forme d'opercule ou d'écaille, et met à découvert les thèques.

Genres : *Stegilla*, Rchb.; *Schizoderma*, Ehrbg.

Tribu III. — Sphériacés.

Conceptacles globuleux, ovales, aplatis, coriaces ou cornés, isolés ou réunis en grand nombre, libres ou supportés par un réceptacle allongé, pulviné ou étalé, charnu, subéreux, carbonacé ou composé de fibres rayonnantes, indéhiscent, ou s'ouvrant par un pore en forme de papille, ou situé à l'extrémité d'un col ou bec plus ou moins prononcé.

Genres : *Hypocrea*, Fr.; *Hypoxylon*, Bull.; *Acrosphæria*, Cord.; *Acroscyphus*, Lév.; *Thamnomyces*, Ehrbg.; *Chænocarpus*, Rebent.; *Cordyceps*, Mntg., Fr.; *Bacillaria*, Mntg.; *Sphæria*, L.; *Podostrombium*, Kz. = *Hypolyssus Montagnei*, Berk.; *Aposphœria*, Berk.; *Depazea*, Fr.; *Stigmea*, Fr.; *Sporotheca*, Cord.; *Dotidea*, Fr.; *Pyrenochium*, Link.; *Polystigma*, Pers.; *Saccothecium*, Mntg.; *Melanospora*, Cord.; *Splanchnonema*, Cord.; *Asterina*, Lév.; *Pisomyxa*, Cord.?; *Lembosia*, Lév.; *Meliola*, Fr.?; *Microthyrium*, Desmaz.; *Micropeltis*, Mntg.; *Pemphydium*, Mntg.; *Hypospila*, Fr.?; *Perisporium*, Fr.

Tribu IV. — Angiosarques.

Réceptacles charnus, arrondis ou tubéreux, sessiles, pédiculés ou placés sur une base filamenteuse, le plus souvent indéhiscents; parenchyme uniforme ou veiné; spores au nombre de six à huit, renfermées dans des thèques arrondies ou ovales, rarement cylindriques.

Section I. — Tubéracés.

Réceptacle hypogé, arrondi, tubéreux, lisse ou verruqueux à sa surface; spores lisses ou hérissées, renfermées dans des thèques arrondies, ovales ou cylindriques.

Genres : *Tuber*, Mich.; *Choiromyces*, Tul.; *Pachyphlæus*, Tul.; *Hydnobolites*, Tul.; *Delastria*, Tul.; *Sphærosoma*, Klotzsch; *Elaphomyces*, Nees; *Balsamia*, Vitt.; *Genea*, Vitt.; *Picoa*, Vitt.

Section II. — Onygénés.

Réceptacle sphérique ou en forme de capitule, charnu, compacte, indéhiscent, supporté par un pédicule plein, charnu; spores renfermées dans des thèques ovales ou arrondies.

Genres : *Onygena*, Pers.; *Spadonia*, Fr.?; *Hypochæna*, Fr.?

Section III. — Érysiphés.

Réceptacle charnu, sphérique, le plus souvent indéhiscent, supporté par une base floconneuse superficielle ou cachée; spores au nombre d'une à huit, renfermées dans des thèques arrondies ou ovoïdes.

Genres : *Erysiphe,* Hedw. fils; *Lasiobotrys,* Kze.

DIVISION III. — **CLINOSPORÉS.**

Réceptacle de forme variable, recouvert par le clinode ou le renfermant dans son intérieur.

Sous-division I. — ECTOCLINES.

Clinode charnu recouvrant en tout ou en partie la surface du réceptacle.

Tribu I. — **Sarcopsidés.**

Réceptacle charnu, mou, en forme de capitule, de coussin, sessile ou pédiculé.

Section I. — Tuberculariés.

Réceptacle charnu, sessile ou pédiculé; spores déliquescentes.

Genres : *Tubercularia,* Tode; *Ditiola,* Fr.; *Ceratopodium,* Cord.; *Cilicipodium,* Cord.; *Hymenula,* Fr.; *Ægerita,* Pers.; *Epicoccum,* Lk.; *Conisporium,* Cord.; *Sphærosporium,* Schweinz.; *Chromostroma,* Cord.; *Crocisporium,* Cord.; *Fusarium,* Lk.; *Sphacelia,* Lév.; *Selenosporium,* Cord.; *Stromateria,* Cord.; *Seimatosporium,* Cord.; *Sphærosporium,* Schwnz.; *Chroostroma,* Cord.; *Coccularia,* Cord.; *Gymnosporium,* Cord.?; *Chromosporium,* Cord.?; *Amphisporium,* Lk.?; *Echinobotryum,* Cord.?; *Coniothecium,* Cord.?; *An status abortivus variatum Sphæriarum? Blennoria,* Fr.?

Section II. — Stilbés.

Réceptacle pédiculé, terminé en tête, mou, déliquescent, enfin pulvérulent.

Genres : *Hyalopus,* Cord.; *Stilbum,* Tode; *Graphium,* Cord.; *Melanostroma,* Cord.; *Gloiocladium,* Cord.

Section III. — Excipulés.

Réceptacle membraneux, excipuliforme, sessile ou pédiculé; clinode convexe, déliquescent; spores continues, cloisonnées, avec ou sans appendices filiformes.

Genres : *Excipula,* Cord.; *Dinemasporium,* Lév.; *Polynema,* Lév.; *Chætostroma,* Cord.

Section IV. — Mélanconiés.

Réceptacle charnu, plat, simple ou lobé, caché sous l'épiderme; spores continues ou cloisonnées, mélangées avec une matière gélatineuse, et sortant sous forme de masses, de fils ou de rubans.

Genres : *Stegonosporium,* Cord.; *Asterosporium,* Kze.; *Didymosporium,*

Nees; *Stilbospora*, Pers.; *Cryptosporium*, Kze.; *Dictyosporium*, Cord.; *Fusi-coccum*, Cord.; *Næmaspora*, Pers.; *Libertella*, Desmaz.; *Myxosporium*, Lk.; *Dicoccum*, Cord.?; *Fusoma*, Cord.?; *Aptenoum*, Cord.?

Section V. — MYROTHÉCIÉS.

Réceptacle membraneux, sessile, superficiel, marge nue ou formée par des poils dressés.

Genres : *Myrothecium*, Tode; *Psilonia*, Fr.; *Myrosporium*, Cord.; *Tricho-leconium*, Cord.; *Scolicotrichum*, Kze.?; *Ascimotrihum*, Cord.?; *Volutella*, Tode?

Tribu II. — Coniopsidés.

Réceptacle charnu, coriace, trémelloïde, pulviné, convexe, ou lingui-forme, d'abord caché, puis saillant; spores caduques pulvérulentes, sim-ples ou cloisonnées, sessiles ou pédiculées.

Section I. — URÉDINÉS.

Réceptacle charnu, en forme de coussin ou subulé; spores rondes ou ovales, continues, sessiles ou pédiculées.

Genres : *Uredo*, Pers.; *Cronartium*, Fr.; *Spilocea*, Fr.?; *Papularia*, Fr.?; *Phyllædium*, Fr.?; *Physoderma*?; *Protomyces*, Ung.?

Section II. — USTILAGINÉS.

Réceptacle filamenteux, fugace, caché; spores situées dans l'épaisseur des tissus qu'elles détruisent pour se répandre au dehors sous forme de poussière.

Genres : *Polycystis*, Lév.; *Ustilago*, Dittm.; *Sporisorium*, Ehrbg; *Testicu-laria*, Klotzsch.

Section III. — PHRAGMIDIÉS.

Réceptacle charnu, coriace ou trémelloïde; spores pédicellées et cloi-sonnées.

Genres : *Puccinia*, Pers.; *Rhopalidium*, Motg. = *Puccinia brassicæ*, Mntg.; *Solenodonta*, Castg. = *Puccinia coronata*, Cord.; *Melampsora*, Castg.; *An status abortivus Pucciniæ? Polythrincium*, Kze; *Phragmidium*, Fr.; *Xenodo-chus*, Schlect.; *Triphragmium*, Lk.; *Gymnosporangium*, Lk.; *Podisoma*, Lk.; *Coryneum*, Nees; *Sporidesmium*, Lk.; *Ceratosporium*, Schweinz.; *Clasteros-porium*, Schweinz.; *Hymenopodium*, Cord.; *Didymaria*, Cord.; *An Puccinia in statu juvenili? Entomyclium*, Wallr.? *Bryomyces*, Miq.; *An germinatio muscorum?*

Sous-division II. — ENDOCLINES.

Réceptacles coriaces ou cornés, sessiles ou pédiculés, renfermant le clinode et les spores dans leur intérieur.

Section I. — ACTINOTHYRIÉS.

Réceptacle sessile, adné, se séparant sous forme d'écaille.

Genres : *Actinothyrium*, Kze.; *Leptostroma*, *Leptothyrium*, Kze.; *Parmularia*, Lév.; *Coniothyrium*, Cord.; *Lichenopsis*, Schweinz.

Section II. — LABRELLÉS.

Conceptacle corné, sessile, s'ouvrant par une fente longitudinale.
Genres : *Labrella*, Fr.?; *Endotrichum*, Cord.; *Phragmotrichum*, Kze.;
Strigula, Fr.?

Section III. — ASTÉROMÉS.

Conceptacles hémisphériques, cornés, et s'ouvrant par un pore au
sommet, supporté par un réceptacle composé de fibres solides, rayonnantes et adnées.
Genres : *Asteroma*, DC., Libert; *Ypsilonia*, Lév.; *Dendrina*, Fr.

Section IV. — PESTALOZZIÉS.

Conceptacle nu, hémisphérique, corné, s'ouvrant par un pore; spores
cloisonnées, pourvues d'appendices filiformes.
Genres : *Pestalozzia*, Dntrs. = *Robillarda*, Castg.; *Discosia*, Libert; *Dilophospora*, Desmaz.; *Neottiospora*, Desmaz.; *Seiridium*, Nees; *Phlyctidium*,
Wallr., Dntrs.; *Prosthemium*, Kze.

Section V. — SPHÉRONÉMÉS.

Conceptacle libre, rarement supporté par un réceptacle, globuleux,
conique, cylindrique, aplati, corné ou membraneux; spores simples ou
cloisonnées, sortant sous forme de tache ou de globule.
Genres : *Zythia*, Fr.; *Sphæronæma*, Fr.; *Hercospora*, Fr.; *Ascospora*,
Libert; *Septoria*, Fr.; *Phoma*, Fr.; *Melasmia*, Lév.; *Ceuthospora*, Grev.;
Stigmella, Lév.; *Sporocadus*, Cord.; *Couturea*, Castg.; *Cryptosporium*, Kze.;
Hendersonia, Berk.; *Acrospermum*, Tode; *Micropera*, Lév.; *Cytispora*, Fr.;
Polychæton, Pers.; *Fumago citri*, Pers.

Section VI. — SPHÉROPSIDÉS.

Conceptacle corné, charbonneux, globuleux, ovale, hémisphérique,
isolé ou supporté sur un réceptacle commun, uniloculaire, indéhiscent,
ou s'ouvrant par un pore en forme de papille ou situé à l'extrémité d'un
col plus ou moins allongé; spores continues ou cloisonnées.
Genres : *Acrosphæria*, Cord.? *Phylacia*, Lév.; *Corynelia*, Fr.? *Sphæropsis*,
Lév.; *Piptostomum*, Lév.; *Sphinctrina*, Fr.; *Scopinella*, Lév. = *Scopulina*,
Lév.; *Diplodia*, Fr.; *Apiosporium*, Kze.; *Microthecium*, Cord.; *Gibbera*, Fr.;
Spilobolus, Lk.; *Coccobolus*, Wallr.; *Pyrenotrichum*, Mntg.; *Selerococum*, Fr.;
Chætomium, Kze.; *Myxotrichum*, Kze.; *Angiopoma*, Lév.; *Vermicularia*, Fr.;
Schizothecium, Cord.; *Apiosporium*, Kze.; *Dryophilum*, Schweinz.; *An incunabula insectorum* ?

DIVISION IV. — **CYSTOSPORÉS.**

Réceptacles floconneux, cloisonnés, simples ou rameux ; spores continues ; renfermées dans un sporange terminal, membraneux, muni ou non d'une columelle centrale.

Tribu I. — **Columellés.**

Sporange renfermant une columelle à l'intérieur, se déchirant irrégulièrement ou circulairement au-dessous.

Section I. — CRATÉROMYCÉS.

Sporange vésiculeux, terminal ou latéral, ouvert à sa partie supérieure.

A. *Sporange sans opercule.*

Genres : *Calyssosporium*, Cord.; *Hemiscyphe*, Cord.; *Crateromyces*, Cord.; *Didymocrater*, Mart.; *Zygosporium*, Mntg.?

B. *Sporange operculé.*

Genre : *Diamphora*, Mart.

Section II. — ASCOPHORÉS.

Sporange vésiculeux, s'ouvrant irrégulièrement ou circulairement au-dessous.

Genres : *Ascophora*, Tode; *Rhizopus*, Ehrbg.; *Mucor*, Mich.; *Sporodinia*, Lk.; *Cystopora*, Rabenh.?

Tribu II. — **Saprophilés.**

Sporanges terminaux ou latéraux, isolés ou conjugués, continus ou operculés, sans columelle à l'intérieur.

Section I. — MUCORINÉS.

Sporange vésiculeux, sans columelle à l'intérieur, s'ouvrant au sommet.

Genres : *Hydrophora*, Tode; *Melidium*, Eschw.; *Helicostylum*, Cord.; *Theleactis*, Mart.; *Acrostalagmus*, Cord.; *Azygites*, Fr.; *Cephaleuros*, Kze.?; *Endodromia*, Berk.?

Section II. — PILOBOLÉS.

Sporange vésiculeux, terminal, recouvert d'un opercule.

Genres : *Pilobolus*, Tode; *Pycnopodium?*, Cord.; *Chordostylum?*, Tode; *Caulogaster?*, Cord.?

Section III. — SYZYGITÉS?

Réceptacle floconneux ; sporange résultant de la conjugaison des rameaux latéraux.

Genres : *Syzygites*, Ehrbg.; *An alga aerea?*

DIVISION V. — **TRICHOSPORÉS.**

Flocons du réceptacle isolés ou réunis en un seul corps, simples ou rameux; spores extérieures fixées sur toute la surface ou sur quelques points seulement.

Sous-division I. — ALEURINÉS.

Réceptacles isolés ou formés de plusieurs flocons réunis, allongés, membraneux ou capitulés; spores situées sur toute leur surface ou seulement à la partie supérieure.

Tribu I. — Isariés.

Réceptacle composé, solide, capitulé ou allongé.

Genres : *Isaria*, Pers.; *Amphichorda*, Fr.; *Peribotryon*, Fr.?; *Triclinium*, Fée?

Tribu II. — Scoriadés.

Réceptacle membraneux, cupuliforme ou rameux, diffluent ou persistant, recouvert de spores.

Genres : *Ceratium*, Alb. et Schweinz.; *Dacrina*, Fr.; *Epichysium*, Tode?

Tribu III. — Périconiés.

Réceptacle composé, plein ou cloisonné, subuliforme, terminé en un capitule arrondi, ovale ou allongé, couvert de spores.

Genres : *Periconia*, Tode; *Sporocybe*, Fr.; *Pachnocybe*, Berk.; *Cephalotrichum*, Lk.; *Doratomyces*, Cord., *an genus distinctum?*

Tribu IV. — Sporotrichés.

Réceptacles floconneux, rameux, recouverts de spores sur toute leur surface.

Genres : *Sporotrichum*, Lk.; *Fusidium*, Lk.; *Aleurisma*, Lk.; *Asterophora*, Dittam; *Mycogone*, Pers.; *Sepedonium*, Lk.; *Nematogonium*, Desmaz.; *Colletosporium*, Cord.; *Acrothamnium*, Nees?; *Plecotrichum*, Cord.?; *Mainomyces*, Cord.; *Chrysosporium*, Cord.?; *Chromosporium*, Cord.?; *Myxonema*, Cord.?; *Melanotrichum*, Cord.?; *Memnonium*, Cord.?; *Artotrogus*, Mntg.?

Tribu V. — Ménisporés.

Réceptacles floconneux, simples, cloisonnés, obtus ou aigus au sommet; spores nombreuses, simples ou cloisonnées, ovales, allongées, courbées ou anguleuses, terminales et verticillées.

Genres : *Menispora*, Pers.; *Rhinotrichum*, Cord.; *Camptoum*, Lk.; *Arthrinium*, Kze.; *Gonatosporium*, Lk.; *Psilonia*, Fr.?; *Medusula*, Tode?, *Balanium*, Wallr.; *Spondycladium*, Mart.; *Cœlosporium*, Lk.; *Ospriosporium*, Cord.?; *Trichostroma*, Cord.?; *OEdemium*, Lk.

Sous-division II. — PHYCOCLADÉS.

Réceptacles simples ou rameux, cloisonnés; spores simples ou cloisonnées, fixées sur une vésicule terminale, ou isolées à la pointe des rameaux.

Tribu I. — **Céphalosporés.**

Réceptacles simples ou rameux; spores continues ou cloisonnées, fixées
à la surface des vésicules.

· A. *Spores continues.*

Genres : *Phycomyces*, Kze.; *Acmosporium*, Cord.; *Cephalosporium*, Cord.;
Myriocephalum, Dntrs.; *Rhopalomyces*, Cord.; *Choretopsis*, Cord.; *Haplotri-
chum*, Cord.; *Haplaria*, Lk.; *Gonatobotrys*, Cord.; *Desmotrichum*, Lév.;
Chlonostachys, Cord.; *Myotrichum*, Kze.; *Gonytrichum*, Nees; *Ramulia*,
Ung?; *Actinocladium*, Ehrbg.?; *Capillaria*, Pers.?; *Chionypha*, Thien?;
Schinzia, Nag.?; *Naegelia*, Rabenh.?

B. *Spores cloisonnées.*

Genres : *Arthrobotrys*, Cord.?; *Strachybotrys*, Cord.; *Diplosporium*, Lk.

Tribu II. — **Oxyclades.**

Réceptacles simples ou rameux, cloisonnés; spores continues ou cloisonnées, fixées en plus ou moins grand nombre, ou solitaires à l'extrémité des rameaux terminés en pointes.

Section I. — CLADOBOTRYÉS.

Spores plus ou moins nombreuses à l'extrémité des rameaux.

A. *Spores continues.*

Genres : *Polyactis*, Lk.; *Cladobotryum*, Nees; *Stachylidium*, Cord.

B. *Spores cloisonnées.*

Genres : *Trichothecium*, Lk.; *Cephalothecium*, Cord.; *Dactylium*, Nees;
Mystrosporium, Cord.; *Stachybotrys*, Cord.

Section II. — BOTRYTIDÉS.

Réceptacles simples ou rameux, cloisonnés; spores simples ou cloisonnées, solitaires à l'extrémité des rameaux.

A. *Spores continues.*

Genres : *Botrytis*, Lk.; *Peronospora*, Cord.; *Verticillium*, Nees; *Acremo-
nium*, Lk.; *Pterodinia*, Chev.; *Streblocaulium*, Chev.; *Amphiblistrum*, Cord.;
Geotrichum, Lk.?; *Zygodesmus*, Cord.

B. *Spores cloisonnées.*

Genres : *Blastotrichum*, Cord.; *Brachycladium*, Cord.; *Triposporium*, Cord.;
Acrothecium, Cord.; *Anodotrichum*, Cord.

Sous-division III. — SCLÉROCHÉTÉS.

Réceptacles pleins ou cloisonnés, formés d'un seul rang de cellules ou de plusieurs réunis ensemble, simples ou rameux; spores isolées répandues çà et là, ou réunies en plus ou moins grand nombre à la base ou au sommet.

Tribu I. — Hélicosporés.

Spores filiformes, cloisonnées, tournées en hélice, fixées sur toute la surface des réceptacles.

Genres : *Helicotrichum*, Nees; *Helicoma*, Cord.

Tribu II. — Gyrocérés.

Réceptacles composés, simples ou rameux; rameaux stériles plus ou moins courbés; spores fixées en grand nombre autour de la base.

Genres : *Gyrothrix*, Cord.; *Gyrocerus*, Cord.; *Chætopsis*, Grev.; *Streptothrix*, Cord.; *Ceratocladium*, Cord.; *Circinotrichum*, Nees.

Tribu III. — Helminthosporés.

Réceptacles solides ou cloisonnés, simples ou rameux; spores cloisonnées, solitaires, fixées à l'extrémité des rameaux ou sur différents points.

Genres : *Helminthosporium*, Lk.; *Podosporium*, Schweinz.; *Soredospora*, Cord.; *Azosma*, Cord.; *Mitrosporium*, Cord.; *Macrosporium*, Fr.; *Coccosporium*, Cord.; *Midonotrichum*, Cord.; *Septosporium*, Cord.; *Stemphylium*, Cord.; *Triposporium*, Cord.; *Trichægum*, Cord.; *Macroon*, Cord.; *Amphitrichum*, Nees?; *Midonosporium*, Cord.?

DIVISION VI. — ARTHROSPORÉS.

Réceptacles filamenteux, simples ou rameux, cloisonnés ou presque nuls; spores disposées en chapelet, terminales, persistantes ou caduques.

Sous-division I. — PHRAGMONÉMÉS.

Réceptacles rameux; spores ou articles persistants.

Tribu I. — Antennariés.

Réceptacles rameux, étalés, rarement dressés, cloisonnés et atténués de la base au sommet, articles persistants; spores.....

Genre : *Antennaria*, Lk.

Tribu II. — Alternariés.

Réceptacles simples, dressés; spores continues ou cloisonnées, séparées par un étranglement bien marqué.

Genres : *Alternaria*, Nees; *Phragmotrichum*, Kze.

Sous-division II. — HORMISCINÉS.

Réceptacle formé d'un seul rang de cellules ou de plusieurs réunies ensemble, solide ou cloisonné, simple ou rameux, capitulé ou allongé; spores caduques, continues ou cloisonnées, terminales ou fixées au capitule.

Tribu I. — Corémiés.

Réceptacle plein, renflé à son extrémité supérieure en forme de capitule ou de massue.

Genres : *Coremium*, Lk.; *Stysanus*, Cord.

Tribu II. — Aspergillés.

Réceptacle floconneux, simple ou rameux; spores fixées sur une vésicule arrondie ou ovale terminale.

Genres : *Aspergillus*, Mich.; *Monilia*, Hill.; *Penicillium*, Lk.

Tribu III. — Oidiés.

Réceptacles simples ou rameux, floconneux; spores terminales, faisant suite aux rameaux ou verticillées.

A. *Spores à l'extrémité des rameaux.*

Genres : *Oidium*, Lk.; *Rhodocephalus*, Cord.; *Dematium*, Pers.; *Cladosporium*, Lk.; *Chloridium*, Lk.?

B. *Spores disposées en verticilles.*

Genres : *Sporodon*, Cord.; *Gonatorrhodon*, Cord.

Tribu IV. — Septonémés.

Réceptacles floconneux, simples ou rameux; spores cloisonnées.

Genres : *Dendryphium*, Cord.; *Solenosporium*, Cord.; *Cladotrichum*, Cord.; *Trimmatospora*, Cord.; *Septonema*, Cord.; *Bispora*, Cord.

Tribu V. — Torulacés.

Réceptacle floconneux, nul ou presque nul; spores continues.

Genres : *Torula*, Pers.; *Tetracolium*, Kze.; *Cylindrosporium*, Grév.; *Sporendonema*, Desmaz.; *Speirea*, Cord.; *Gongylocladium*, Wallr.?; *Helicomyces*, Lk.

Doué d'une intelligence supérieure et d'un esprit juste, LÉVEILLÉ n'oublia point la marche suivie avant lui pour arriver à grouper les Champignons; il remarqua que ces groupes avaient été classés d'après leurs formes extérieures, et comprit tout de suite que les nouvelles divisions, les sous-divisions, les tribus, les sections et les genres doivent être faites d'après l'organisation microscopique des espèces. Il résolut donc de les étudier tous, dans tous les genres, dans toutes les espèces. C'était un travail gigantesque, mais il sentait qu'il lui deviendrait facile ensuite d'établir les affinités de ces cryptogames en comptant le nombre des caractères semblables et en jugeant leur valeur ; LÉVEILLÉ se mit donc à l'œuvre, résolûment ; après plus de vingt années d'un labeur assidu, il publia sa Méthode, qui fut adoptée par le docteur MOUGEOT, dans l'énumération des Champignons des Vosges (1).

M. Ad. de JUSSIEU la suivit dans son *Cours élémentaire de botanique*, page 412, chapitre 545 ; PAYER, professeur de botanique à la Faculté des sciences, l'accepta dans sa *Botanique cryptogamique*, 1850. •

Les découvertes récentes qui permettent d'établir chez une même espèce de Champignons la faculté de développer dans le cours de son existence plusieurs systèmes de reproduction, nous font encore prévoir la possibilité de séries nouvelles. En effet, chez les *Clinosporés*, les Champignons varient, l'espèce n'est pas fixe, et cette variété fixée d'une manière durable, constituera une nouvelle série d'êtres avec des caractères anatomiques et physiologiques qui la différencieront de l'espèce mère. Dans quelques tribus de la division des *Clinosporés*, l'espèce première se trouvera donc démembrée et divisée ; mais il reste à les étudier espèce par espèce et à les classer ; aujourd'hui on ne saurait présumer, même approximativement, ce que pourra être un jour le nombre des genres, qui deviendra certainement considérable et dont par suite le classement sera excessivement laborieux.

----

(1) *Statistique du département des Vosges*, partie botanique.

CHAPITRE V

GERMINATION DES SPORES

Les organes reproducteurs des Champignons ont reçu le nom collectif de spores. Ce sont des cellules simples, formées généralement de deux enveloppes et d'un contenu protoplasmique ; elles sont le résultat d'une production cellulaire ou d'une reproduction sexuelle. Lorsque la spore porte des appendices locomobiles, on la désigne sous le nom de *zoospore*; si elle en est dépourvue, elle garde sa qualification de spore. On trouve aussi, chez les Champignons, d'autres cellules reproductrices, avec ou sans appendices locomobiles, qui se montrent analogues aux précédentes mais sont le résultat d'une reproduction sexuelle, et ont reçu souvent des noms particuliers rappelant leur origine

Enfin, il existe encore dans un grand nombre de Champignons plusieurs sortes de petits corps susceptibles de germination, ainsi que d'autres dont le rôle n'est pas suffisamment connu ; tous se montrent indépendamment d'une génération sexuelle, qui, si elle existe, n'a pu du moins être constatée. Ceci posé, étudions la germination des spores dans les Champignons à chapeau.

En beaucoup d'espèces, il n'y a pas de dificulté à étudier la germination des spores, tandis que chez d'autres le succès est fort incertain. Toutefois, la germination s'effectue sous l'influence des mêmes agents qui agissent sur les graines; l'eau, l'oxygène et la chaleur. On obtient quelquefois la germination de spores sous l'eau. Les températures extrêmes entre lesquelles peut se produire la germination varient suivant l'espèce ; elles sont en général comprises entre six et quarante degrés. M. Hoffmann s'est livré à de nombreuses expériences portant sur quarante-huit espèces, et il en a consigné les résultats dans le *Pringsheim Jahrbuch*. de 1860, page 267. M. de Seynes, qui a fait des *Basidiosporés* un objet spécial d'études, ne donne aucun renseignement sur la germination et l'accroissement de la spore.

Jusqu'ici on ne sait presque rien de positif; la plus grande spore de Champignon est microscopique, la plus petite est à peine visible avec un grossissement de trois cents diamètres, la planche II, fig. V, sp., représente les spores de l'Agaric mouche, *Amanita muscaria* grossies de six cents diamètres. La forme de la spore toujours sphérique dans le principe, persiste ainsi tant que la spore est attachée aux basides. Dans les Amanites, les Lépiotes, les spores sont ovoïdes, plus ou moins allongées ou atténuées à partir du hile, qui se distingue par sa transparence. D'autres fois les spores affectent l'aspect fusiforme, avec des extrémités ou régulièrement atténuées comme dans l'Agaric couleuvré, *Agaricus procerus*, planche VII, fig. 21, ou obtuses, comme dans l'Agaric nu, *Agaricus nudus*, planche XII, fig. 43. Elles sont assez irrégulières, réniformes ou comprimées dans l'Agaric conique, *Ag. conicus*, planche XXXIV, fig. 178. Tous les Coprins ont les spores ovales-ovoïdes, plus ou moins allongées ou atténuées à partir du hile, planche XL, fig. 209. L'exospore est quelquefois rugueux, parsemé de verrues plus ou moins proéminentes, ainsi qu'on peut le voir dans les *Russules*, planche XLVI, fig. 244, ou dans les *Lactaires*, planche XLIII, fig. 230. Chez l'Agaric nain, *Ag. nanus*, il y a un commencement de forme polygonale, planche XXVII, fig. 143, mais les angles sont fort arrondis, et c'est dans l'Agaric satiné, *Ag. sericeus*, planche XXVIII, fig. 151. L'Agaric velu, *Ag. ephebeus*, planche XXXIV, fig. 181, que la forme polygonale devient le plus distincte.

Les spores des Champignons sont des cellules qui diffèrent des cellules végétatives, comme nous venons de le voir, par leur forme, leur dimension, leur couleur, la structure de leur membrane d'enveloppe et leur mode d'accroissement. Les trois spores les mieux déterminées sont les plus rares, la *zoospore*, cellule d'origine agame ou masse de protoplasma nu se mouvant avec des cils vibratiles, après avoir pris naissance à l'intérieur d'une cellule mère nommée *sporange;* l'*oospore*, née aussi à l'intérieur d'une cellule mère nommée *oogone* et se développant à la suite d'une fécondation ; la *zygospore* résultant de la conjugaison de deux cellules qui vont au-devant l'une de l'autre, puis s'accolent par leur sommet, et dont le protoplasma se confond en une seule masse après la résorption de la double paroi mitoyenne. Ordinairement simple, la spore se cloisonne chez certaines espèces et paraît multiple.

Le protoplasma qui la remplit est tantôt finement granuleux, tantôt condensé en une masse très réfringente, homogène ; parfois il présente une, deux ou plusieurs gouttelettes huileuses isolées, à forme de nucléoles, qui doivent dans les premiers temps de la germination servir d'aliment aux jeunes filaments mycéliens. Les enveloppes des spores varient en épaisseur, et le plus souvent il y en a deux ; l'endospore intérieurement, l'épispore extérieurement.

Celle-ci, presque toujours colorée et dont les nuances sont aussi variables que la forme, offre les teintes les plus sombres ou les plus délicates ; rose, isabelle, jaune, violet, gris cendré, chamois, orangé, olive, cannelle, rouge brique, rouge brun, noir sépia, etc. L'examen de ces colorations constatées sous le champ du microscope par la transparence dans une goutte de glycérine, prouve que la membrane extérieure ne peut pas être modifiée par l'huile, assez souvent colorée, qui s'incorporerait au protoplasma, comme on le prétend sans se rendre compte des teintes vraies de la membrane et du nucléus.

La coloration des spores est un fait physiologiquement intéressant, et sur lequel repose la division du genre *Agaricus* du professeur FRIES ; mais elle n'est point permanente.

Dans les Agarics à feuillets blancs, les spores sont blanches, et chez tous les individus, dans les Agarics à feuillets colorés, la membrane externe de la spore prendra la même coloration que les feuillets ; la couleur du chapeau peut subir des variations comme les plantes phanérogames. Il n'est pas nécessaire de signaler ici en détail toutes les modifications que subissent la forme et la couleur des spores chez les différents groupes. Le fait est indiqué en particulier pour chaque espèce.

Quand un Agaric ou un Bolet est mûr, si l'on coupe la tige au niveau des feuillets tournés en bas, sur une feuille de papier noir, et qu'on le laisse pendant quelques heures dans cette position, on trouvera, imprimée sur le papier, l'image du chapeau, avec ses feuillets rayonnants ; c'est que les spores se sont répandues de l'hyménium sur le papier, et en grand nombre. Cette petite expérience montre la facilité avec laquelle les spores se disséminent.

Les tubes des Bolets, les pores des Polysporées, les épines des Hydnées, sont des modifications de l'hyménium produisant un résultat semblable.

Pour déterminer les spores ou semences de Champignons qui germent sous nos yeux, il faut les placer dans des conditions convenables de chaleur, d'humidité, et sous une température toujours constante de 15 à 25 degrés, selon les espèces. Ces germinations artificielles qu'on peut suivre pas à pas sous le champ du microscope se produisent dans des cupules de verre imaginées par le professeur Van-Thieghem.

J'ai reconnu que le purin obtenu en faisant bouillir pendant cinq minutes trente grammes de crottin de cheval dans cent grammes d'eau distillée, puis filtrant le liquide chaud au travers du papier joseph pour avoir trente grammes de liqueur, donne des résultats satisfaisants ; mais avant d'en faire usage, on le soumet à l'ébullition afin de détruire les bactéries qui existent toujours et détruiraient les germinations. J'ai semé plusieurs fois avec une goutte de ce liquide, sur le disque de verre mince n° 2, qui doit être fixé sur la cupule, trois spores d'Agaric champêtre, trois ou quatre d'Agaric sauvage, trois d'Agaric des champs, deux d'Agaric comestible. Tout d'abord, le contenu de ces spores semblait formé de deux parties distinctes, il y avait une grosse goutte d'huile chamois, de la même forme que les spores, et l'espace compris entre elles et la paroi de l'endospore était occupé par un liquide clair plus fluide et moins réfringent, sans être incolore. Dix heures après, à mesure que la membrane absorbait la liqueur environnante, cette quantité de liquide augmentait ; au bout de vingt heures, tout le contenu de sept spores, qui jusque-là était resté partagé en deux parties, présentait un aspect homogène ; il n'y avait que des granulations nombreuses, presque de même taille, le remplissant complètement, et atteignant la paroi de l'endospore ; la fig. 408, 409, de la planche LXXV, rend compte du développement. Après trente-cinq heures, et sous une température constante de vingt-deux degrés, les sept spores s'accroissent rapidement, devenant parfois irrégulières, et le volume se double, planche LXXV, fig. 410. Dix heures plus tard, se montre à la surface, généralement à un des sommets de l'ellipse, une petite proéminence avec une membrane extrêmement fine, qui ne paraît pas se séparer de l'enveloppe sporale ; il est difficile de dire si c'est un prolongement de l'*exospore* passant au travers de l'*endospore*, ou simplement un appendice formé par une continuation de l'*endospore*.

Quelquefois on aperçoit, au point où le premier filament mycélien sort de la spore, une marque circulaire semblant indiquer la rupture de l'exospore. Dès lors, un autre changement survient dans le contenu ; le protoplasma qui paraissait huileux, réfringent et liquide, intervertissant les situations, occupe maintenant la position extérieure, avec quelques parcelles au centre ; les autres spores restent immobiles, ne changent ni de forme, ni de couleur ; elles seront stériles, car celles qui doivent germer commencent à le faire rapidement. Petit à petit, le mycélium ou blanc de champignons forme à droite et à gauche des ramifications ayant même diamètre que le filament principal.

Il se produit alors une germination dont certaines branches s'étendent les unes à la surface du disque de verre, les autres dans le vide de la cupule. Souvent plusieurs d'entre elles cheminent côte à côte, et s'unissent en forme d'écheloir par des anastomoses transverses. Il y a des spores qui, en ne germant que d'un côté, produisent une seule branche de mycélium, quelquefois double ; c'est-à-dire que deux rameaux issus de deux points voisins ou séparés de la même spore se sont anastomosés; ceci est le cas le plus rare.

On observe encore que la germination peut être multiple, formée de plusieurs branches de mycélium douées d'un accroissement commun ; dans ce cas, la branche mère du mycélium émet près de sa base un rameau grêle possédant la même vigueur. Elle se compose alors de deux rameaux n'ayant ni l'un ni l'autre la forme de chaînette et ne se détachant point. Tous ces filaments sont légèrement colorés, principalement ceux qui proviennent des spores à colorations diverses et d'un purin choisi.

Si, après avoir expliqué comment les spores germent et de quelle manière elles donnent naissance au mycélium, je pousse plus loin mes observations, on assistera à ses différentes ramifications, à ses anastomoses, qui finissent par former un tissu plus ou moins épais, planche LXXV, fig. 411.

Le mycélium est la partie la plus active, la plus vivante du Champignon ; il possède une existence à lui. Sur ses filaments repose la récolte à venir; il est la souche et le tronc du Champignon (fig. 411, *m.*), qui petit à petit va atteindre son complet développement, pour servir à l'alimentation. Les Bolets, les Hydnes, les Clavaires, demandent encore à être soumis à des expériences persévérantes et à des études attentives quant à leur mode de germination, et plus spécialement quant aux conditions essentielles à la production d'un mycélium fertile.

Dans les prairies, dans les bois, ces cryptogames étant mangés par des insectes tels que les limaces, les syphildes, etc., les spores subissent dans ces estomacs une incubation, et, les insectes une fois morts, ces spores en voie de germination se trouvent disséminées çà et là. Partant de ce principe, j'ai nourri plusieurs lapins pendant quelques jours avec des chapeaux de Bolets, d'Hydnes, de Clavaires, etc., ce qui m'a conduit à des observations que je publierai un jour.

M. Tulasne a décrit la germination de la spore dans le *Tremella violacea* (*Ann. des Sc. Nat.*, 3e série XIX, p. 193), et a suivi également la germination des pseudospores des *Æcidium violæ, euphorbiæ, ranunculacerum*, et les pseudospores de celui-ci émettent trois longs filaments qui décrivent des spirales imitant les circonvolutions de la tige du liseron. M. Cornu, dans ses expériences sur les pseudospores du *Podisoma juniperi* a obtenu la germination d'un assez grand nombre d'entre elles ; ses communications à la Société Botanique de France ne laissent aucun doute à cet égard.

Dans le *Peridermium*, les pseudospores plongées dans l'eau germent à n'importe quel point de leur surface. Il en paraît être presque de même chez les Urédinées.

Les pseudospores et les spores d'un assez grand nombre de Pezizes et d'autres espèces appartenant à différents groupes, ne donnent pas directement naissance au mycélium. Si l'on met, dans des conditions propres à leur germination, d'autres sortes de Champignons Thécasporés, on voit bientôt apparaître une petite éminence qui s'allonge légèrement, se gonfle à son extrémité. Le gonflement s'accroît, devient *réniforme* comme la spore, dont cette nouvelle cellule reproduit la structure tout en restant plus petite. Une cloison la sépare du filament qui la soutient, mais auparavant le protoplasma qui remplissait la spore s'est porté en entier dans la spore secondaire ou sporidie ainsi formée qui ne tarde pas à se détacher de la spore mère. La sporidie est quelquefois beaucoup plus petite que la spore d'où elle provient, et ressemble à une spermatie.

La germination des Ustilaginées s'est enrichie grâce aux travaux du docteur FICHER de WALDHEIM (*Pringsheim Jarhbucher*, vol. VII, 1869), de nouvelles connaissances sur les Pseudospores de *Tilletia caries* avec les spores secondaires accouplées. Au bout de quelques jours, on voit un petite tube obtus passer à travers l'épispore, portant à son sommet de longs corps fusiformes, qui sont les spores de première génération. Ils s'accouplent au moyen de petits tubes transversaux, et forment de longs sporules de seconde génération portés sur de courts pédicelles ; ces sporules germent à leur tour, produisant sur de petits stérigmates des spores semblables de troisième génération.

Le professeur de BARY a observé, dans le *Cystopus candidus* (*Ann. des Sc. Nat.*, 4ᵉ série, XX, p. 5), deux sortes d'organes reproducteurs ; d'abord ceux qui se trouvent à la surface de la plante et crèvent à travers la cuticule en pustules blanches, se disposant sous forme de chaînes, et que de BARY nomme *conidies;* ensuite certains corps globuleux appelés *oogones ,* qui se développent sur le mycélium dans l'intérieur des tissus de la plante nourricière. Quand les *conidies* sont semées sur l'eau, elles absorbent rapidement l'humidité et se gonflent ; le centre de l'une des extrémités devient promptement une grande papille obtuse, semblable au col d'une bouteille. Cette partie se remplit d'un protoplasma où se forment des vacuoles.

Bientôt cependant, ces vacuoles disparaissent, et de très fines lignes de démarcation séparent le protoplasma en portions polyédriques, au nombre de cinq à huit, présentant chacune au centre une vacuole faiblement colorée. Presque aussitôt après cette séparation, la papille se gonfle à l'extrémité, s'ouvre et en même temps les cinq à huit corps formés dans l'intérieur sont chassés un à un ; ce sont des *zoospores*, qui d'abord prennent une forme lenticulaire, et se groupent devant l'ouverture de la cellule mère en une masse globuleuse. Cependant ils commencent à se mouvoir, des cils vibratiles se montrent, et au moyen de ces appendices, le globule tout entier se meut par oscillations, tandis que les *zoospores* se séparent une à une , chacune devenant isolée et nageant en liberté dans le fluide environnant. Le mouvement est précisément le même que celui des *zoospores* des *Algues*.

Le mode de germination des Mucors a été étudié par différents observateurs, en dernier lieu par MM. Van-Thieghem et Le Monnier, *Ann. des Sc. Nat.*, 1873, XVII, p. 211, et dans une des formes les plus communes, le *Phycomyces nitens*. D'après eux la germination de cette espèce n'a pas lieu dans l'eau ordinaire, mais elle se produit facilement dans d'autres milieux, tels que le jus d'orange , etc. La spore perd sa couleur, se gonfle et absorbe le fluide qui l'entoure, jusqu'à ce que son volume se double et que sa forme devienne ovoïde. Alors de l'une de ses extrémités quelquefois de deux, elle émet un fil épais qui s'allonge et porte des ramifications en forme d'ailes. On obtient ainsi des *sporanges*, tandis que chez d'autres espèces il se forme des *chlamydospores*. M. Van-Thieghem décrit pour un autre cryptogame un second procédé de reproduction, qui n'est pas rare dans les *Mucorinées*. Des fils accouplés sur la matière nourricière élaborent par degrés des *zygospores*, mais celles-ci, contrairement à ce qui se passe ailleurs, sont entourées de curieux appendices ramifiés qui émanent des cellules, arquées aux deux bouts, de la *zygospore* nouvellement développée.

Ce que j'ai dit au sujet des divers types, suffit à faire connaître la germination des spores ; les particularités spéciales à chaque forme ou aux différentes espèces seront indiquées avec tous les détails que comporte une étude pareille, dans mon second volume.

§ I

MYCÉLIUM

Nous venons de voir que le premier développement de la spore produit une sorte de filament cellulaire, de couleur variable, mais généralement blanchâtre, plus ou moins allongé, d'abord simple et qui se complique ensuite en se ramifiant et s'anastomosant. Le mycélium est la souche, le tronc des Champignons ; sans lui ils cessent d'être. La meilleure preuve que l'on puisse en donner, c'est que le mycélium a une existence propre, qu'il est annuel ou vivace, et qu'à une époque fixe, quand les circonstances sont favorables, on le voit donner naissance à des Champignons. L'époque de sa fructification écoulée, il rentre dans le repos et attend son printemps, son automne, sa saison, en un mot, pour donner de nouveaux fruits.

Tout est semblable ici à ce que l'on observe chaque jour et dans tous les végétaux ; pourquoi les Champignons s'écarteraient-ils donc de la règle générale ?

Léveillé distingue quatre formes de mycélium :

1° Le mycélium *nématoïde* ou filamenteux. C'est le plus fréquent de tous ; il consiste en filaments simples ou rameux, cloisonnés, distincts, diversement colorés, souvent anastomosés ; on le trouve assez généralement à la base du pédicelle des Champignons, sous la forme de filaments blancs ;

2° Le mycélium *hyménoïde* ou membraneux ne diffère pas sensiblement du *nématoïde* ; seulement les filaments sont plus rapprochés, plus confondus, et forment des membranes d'épaisseur variable. On le trouve principalement entre les feuilles, sous les écorces, dans les trous pratiqués par les insectes aux troncs des arbres morts ;

3° Le mycélium *scléroïde* ou tuberculeux n'est jamais primitif, il est toujours consécutif ou nématoïde. Sur différents points de celui-ci on voit naître de petits tubercules qui augmentent peu à peu de volume. Soumise au microscope, leur substance est composée de cellules étroites et anguleuses. Ces tubercules ont été décrits sous les noms de *Sclerotium, Rhizoctonia,* etc., et se font remarquer par les dégâts qu'ils causent à certaines de nos cultures ;

4° Le mycélium *malacoïde* ou pulpeux, est moins connu que les autres. Il se présente sous la forme de membrane ou de filaments charnus, mous, anastomosés. Dans le second état, c'est le *Phlebomorpha,* de Persoon, dans le premier, le *Mesenterica,* de Todf ; lorsque la saison est favorable, ce mycélium se recouvre de réceptacles de *Physariées,* de *Trichiacées,* etc.

§ II

FÉCONDATION

Les observations faites sur les Basidiosporés tendaient à démontrer la formation d'un carpogone donnant naissance par une prolifération cellulaire au réceptacle hyménié à basides sporifères ; mais l'acte fécondateur n'a pu être saisi. Dans ces dernières années, MM. Reess, Van-Thieghem, Kirchner, Karsten, Œrstedt, ont étudié cette question. Les trois premiers supposent l'existence d'un *macrocyte* qui rappelle les *macrocytes* ou les *scolecites* des *Thecasporés* ; pour MM. Karsten et Œrstedt, l'organe mâle est représenté par un ou plusieurs rameaux nés du mycélium faisant fonction d'anthéridie ; c'est une illusion qui a pour un moment paru réalité. M. de Seyne voit également chez le *Lepiota cepœstipes* une macrocyste, mais il n'a reconnu aucun organe auquel on puisse attribuer une fonction copulatrice. Dans ces dernières années M. Œrstedt, poursuivant ses recherches, aurait observé dans l'Agaric variable de Persoon, des *oocystes* ou cellules réniformes allongées, qui poussent comme des branches rudimentaires sur les filaments du mycélium, et renferment un abondant protoplasma, peut-être même un nucléus.

A la base de ces *oocystes* apparaissent, à un moment donné, les anthéridies supposées, c'est-à-dire un ou deux filaments délicats, qui généralement tournent leurs extrémités vers les *oocystes*, et viennent s'y appliquer. Dès ce moment, sans éprouver de modification appréciable, l'*oocyste* s'enveloppe d'un réseau de filaments de mycélium nés sur le filament qui la porte, et ce tissu forme les rudiments du chapeau.

Si la théorie de M. Œrstedt se confirme, naturellement la totalité du chapeau des Agaricinées sera le résultat d'une fécondation.

M. Worthington G. Smith a fait des observations sur le Coprin radies, et les a communiquées au *Woolhope Club* de *Hereford*, le 14 octobre 1875. Quand une lamelle de Coprin est placée dans l'eau, dit M. Smith, au bout de trois heures toutes les cellules sont mortes, mais les granules fécondateurs, après une couple d'heures, reprennent vie, sont doués d'un mouvement giratoire, s'attachent aux spores, en percent l'enveloppe et déchargent leur contenu dans la substance de ces organes. Trente-quatre ou quarante heures écoulées, la spore laisse échapper de son intérieur une nouvelle cellule, qui sera la première du chapeau d'une nouvelle plante. Au contraire la spore non fécondée produit un mycélium qui lui est particulier.

Nous n'avons pas à discuter toutes les autres théories, tous les prétendus faits découverts sur les organes de la fécondation des Champignons Basidiosporés. Parmi ces observations les unes sont incomplètes et sans aucun résultat définitif; quant aux faits rapportés plus haut et regardés, à tort ou à raison, comme des fécondations sexuelles, quelques-uns étonnent le naturaliste par leur étrangeté. Pourquoi cet étonnement? Est-ce parce que nous leur donnerions une fausse interprétation? Est-ce parce que ces phénomènes présenteraient une allure à laquelle nous ne sommes pas habitués? Est-ce enfin parce qu'ils n'auraient pas été étudiés avec tout le soin désirable? Mais si la fécondation n'est point encore démontrée, on ne saurait tout à fait admettre qu'elle n'existe pas.

Avant de nier absolument, examinez les œufs de tel ou tel animal dont la structure se rapproche en réalité beaucoup de la cellule qu'on a sous les yeux. Il y a plus, cette anthéridie qui fonctionne, dont le liquide fécondateur rempli de corpuscules se fond dans le protoplasma au sein duquel sont les germes, n'est-ce pas la reproduction de l'acte par lequel se fécondent eux-mêmes les animaux supérieurs.

§ III

La reproduction *sexuée* chez les Champignons est une découverte toute récente due plus particulièrement aux travaux de MM. Pringsheim, de Bary, Voronine, Cienkowski, Tulasne, Van-Thieghem, Cornu, etc. Elle a lieu par le moyen de conceptacles remplis de spores immobiles ou sexuées provenant d'une fécondation. Tantôt l'organe mâle est constitué par des branches latérales terminées par une cellule *anthéridie* qui contient des *antherozoïdes*; dans d'autres cas, il n'y a pas de branches latérales, mais des anthéridies qui diffèrent suivant les genres.

La reproduction *asexuée* s'effectue par le moyen de *zoospores*, produits dans des cellules mères spéciales qu'on nomme *sporanges*; les sporanges sont formés par le cloisonnement d'une portion terminale de l'utricule unique, diversement ramifiée, qui constitue l'espèce. Le protoplasma qui s'est accumulé en cet endroit se divise ensuite en petites masses égales, dont chacune devient une zoospore.

Prenons comme exemple le *Saprolegnia monoica*, auquel M. CORNU, en 1872, a consacré une monographie étendue. Le *Saprolegnia monoica* est monoïque comme son nom l'indique. A l'extrémité des filaments cloisonnés qui constituent ces petites plantes se développe un *sporange* sphérique ou allongé nommé *oogone*. Au-dessous de l'*oogone* une cellule présente un protoplasma plus clair qui se groupe en petits corps ovoïdes; elle s'ouvre par un pore latéral situé à la partie supérieure, et donne issue à des corps de même forme que les *zoospores*, munis comme ces derniers d'un cil vibratile ; ce sont les *anthérozoïdes*. Ils se meuvent et s'appliquent sur la paroi, puis pénètrent à l'intérieur de l'*oogone* dont l'extrémité supérieure est à ce moment largement béante; là, ils se confondent avec la masse protoplasmique de l'*oogone*, qui devient l'*oospore*.

Une seconde espèce de fécondation, dite par copulation et observée chez les *Cystopus*, les *Peronospora*, etc., s'opère ainsi : les *oogones* se développent au sommet des rameaux du mycélium, la figure 403, k, planche LXXIV, représente la plante, la lettre J, un rameau mycélien avec huit *oogones*, voy. en L″ une *oogone* grossie de neuf cents diamètres, la lettre L indique le filament mycélien producteur de l'*oogone*, en même temps se forme sur ce rameau ou sur un voisin une branche plus fine, L′, qui s'applique par son sommet L′ sur l'*oogone*, se renfle, et l'extrémité renflée s'isole par une cloison du filament qui la supporte, c'est l'*anthéridie* ; le protoplasma contenu dans l'oogone se concentre en une *gonosphère* isolée des parois, tandis que l'anthéridie pousse un prolongement tubuleux mince, qui perfore la membrane de l'*oogone* et prend l'aspect d'une sorte de bec, L′. Ce bec s'allonge dans l'intérieur de l'*oogone*, arrivée à la rencontre de l'*oosphère* : celle-ci s'enveloppe d'une membrane de cellulose et devient une *oospore*, exactement comme chez les monoblepharis, après le contact et la fusion de l'*anthérozoïde*.

Le troisième mode de fécondation, appelé par conjugaison, est le plus anciennement connu ; il fut découvert par EHREMBERG *(Silvæ mycol. Berioliense)*. Sur une moisissure primitivement appelée *Syzygites megalocarpus*, l'*oospore* appelée ici *zygospore*, par allusion à la jonction des deux rameaux dont elle est née, est une spore hibernante, protégée comme l'*oospore* par d'épaisses enveloppes.

Le phénomène se passe de la manière suivante : deux filaments se rencontrent, chacun poussant vers l'autre un processus de même diamètre que le filament et s'unissent intimement ; ils se renflent au point de contact et deviennent claviformes, émettant entre eux un corps posé en travers des filaments conjugués. Chacun des processus se crée une membrane transversale qui le sépare du corps médian et s'enrichit de protoplasma, l'un grandissant plus que l'autre. Les extrémités de ces corps ou cellules copulatives, dont les membranes formaient deux cellules, se confondent en une seule par destruction de ces membranes, et il en résulte un corps médian à cavité unique. Ce corps, résultat de la réunion des deux cellules géminées, est une spore ou, pour rappeler la manière dont il s'est fait, une *zygospore*. Cette *zygospore* prend la forme d'un petit tonneau, sa membrane s'épaissit et se compose, à la maturité, d'une épispore solide, bleu noirâtre foncé, couverte de verrues sur la surface convexe, et d'une endospore épaisse à plusieurs couches, incolore, couverte de verrues pleines entrant dans les creux internes formés sur l'épispore. Le contenu est du plasma à gros grains avec des gouttes d'un liquide oléagineux.

La famille des Mucorinées offre des exemples nombreux et diversifiés de ce mode de fécondation. D'après MM. Van-Thieghem et Le Monnier (Recherches sur les Mucorinées, 1873, in., *Ann. des Sc. Nat.*), quelquefois les deux cellules qui doivent se rencontrer s'arrêtent dans leur croissance avant de se toucher et donnent chacune naissance, par leurs extrémités qui se regardent, à une *oospore* de même forme et de même structure que la *zygospore*, d'ordinaire plus petite, susceptible de germer, et à laquelle on donne le nom d'*azygospore*.

Ces cellules sont différenciées, quoique faiblement, dans les *Phycomyces* et les *Rhizopus*, et l'on ne rencontre pas d'*azygospore* chez ces Mucorinées.

MM. de Bary et Woronine ont observé dans le *Peziza pyronema confluens*, Pers., un phénomène que M. Tulasne a vérifié et auquel il ajoute d'importants détails.

Résumons tout ce qu'on sait de certain sur la fécondation et la sexualité chez les Champignons, bien que nous n'ayions rien de précis actuellement sur les Agarics et les Bolets.

Dans les Peronosporés, la fécondation semble se rapprocher de celle des phanérogames ; l'extrémité de l'anthéridie, semblable à celle du tube pollinique, s'approche sans se rompre de la cellule à féconder.

Chez le *Syzygites megalocarpus,* le résultat de la fécondation est une *zygospore* qui germe à la vérité, mais jusqu'ici nous ne savons pas sûrement ce qu'elle donne.

Dans le *Rhizopus nigricans,* les *Syzygites,* c'est presque la production conjuguée des Algues, une sorte de greffe sur un nouveau modèle.

D'autres Champignons Thécasporés ont donné lieu à de nouvelles observations. Ainsi, chez le *Peziza Pyronema,* il se produit non pas des spores simples, non pas des sacs à spores, mais du tissu hyménial, des thèques, qui elles-mêmes donneront naissance aux spores. Dans l'*Erysiphe cichoraceum,* c'est une Thèque qui crée de toutes pièces, contenant et contenu, aussitôt que deux filaments se sont rencontrés.

Faut-il s'étonner de la multiplicité des procédés de reproduction quant on voit la multiplicité des produits ? Dans les exemples qui précèdent, chaque rapprochement amène des effets divers pour les différentes plantes.

§ IV

POLYMORPHISME. — GÉNÉRATIONS ALTERNANTES

J'ai déjà indiqué les principaux faits qui peuvent établir, chez une même espèce de Champignons, la faculté de développer dans le cours de son existence, soit simultanément, soit l'un après l'autre, plusieurs systèmes de reproduction. Deux catégories distinctes de phénomènes ont été groupées sous le nom de polymorphisme. Dans la première, deux ou plusieurs formes de fruits se présentent successivement ou ensemble sur le même individu, et dans la seconde, deux ou plusieurs formes se montrent sur des mycéliums différents, sur des parties différentes de la même plante ou sur une substance nourricière entièrement distincte.

Les cas les plus simples sont ceux où l'on n'a reconnu jusqu'ici que deux formes de corps reproducteurs, mais ce dimorphisme présente lui-même plusieurs variétés. Chez les *Basidiosporés*, M. de Seyne a observé que la Fistuline hépatique, outre les spores portées par les basides, porte des conidies à la partie supérieure du réceptacle, disséminées dans le parenchyme. Une fois développée, la conidie est un peu plus grande et plus régulière que la spore, mais elle s'en rapproche cependant beaucoup par la forme et la couleur.

M. Tulasne a prouvé que les expansions trémelloïdes connues sous le nom de *Coryne sarcoides* Pers, avec leurs fines spermaties et conidies blanches, ne sont qu'une phase reproductrice du *Peziza sarcoides* Pers.

Un des cas les plus anciens de dualisme a été observé parmi les Urédinées. Il y a plusieurs années, on croyait à une relation mystérieuse entre la rouille (*Tricobasis rubigo vera*) du blé et des graminées, et la Nielle du blé (*Puccinia graminis*) qui lui succède.

La rouille à spores simples fait d'abord son apparition ; plus tard vient la Nielle à spores biloculaires, et il n'est pas rare de trouver les deux formes dans la même pustule.

Les spores de l'Uredo, toujours simples, restent dans cet état, excepté dans l'*Uredo linearis*, où l'on a observé chaque phase intermédiaire. Les unes et les autres sont parfaites dans leur genre et capables de germination ; de plus une même espèce peut donner naissance à quatre principales formes.

Prenons comme exemple la Fumagine, qui recouvre d'une suie noirâtre les feuilles de beaucoup de plantes, principalement des orangers ; on voit la forme reproductrice conidienne, la plus répandue de toutes, représentée par un mycélium brun qui donne naissance à une grande quantité de conidies formant un chapelet de moisissure, et connue sous le nom de *Cladosporium* ou *Torula*.

Plus tard naît du même mycélium un réceptacle noirâtre, contenant des thèques à six spores. Avant l'apparition de ces réceptacles, on en rencontre qui ont l'aspect de bouteilles allongées, s'ouvrant par le sommet, ce sont des *pycnides* d'où s'échappent des stylospores allongées, cloisonnées, peu différentes des vraies spores. Le même mycélium produit parfois des réceptacles d'une forme très analogue aux pycnides et donne naissance à des spermaties linéaires, ce sont des *spermogonies*.

Enfin il existe un autre type de polymorphisme, dans lequel se rencontrent à la fois une succession de formes alternantes et un réceptacle nouveau. Lorsqu'un Champignon parasite prend toutes ces formes sur un même individu, on le qualifie de *monoxène* ou *autoïque*; lorsqu'il varie en changeant de nourriciers, il est *hétéroïque*. Je ferai remarquer que le Champignon peut offrir dans ses différents états des moyens de reproduction différents.

M. de BARY a montré comment la Puccinie des Graminées qui se montre sur le chaume des céréales, est hétéroïque. Après l'Uredo rougeâtre, que l'on appelle la Rouille du blé, du seigle, ce dimorphisme s'est compliqué par l'adjonction d'un troisième terme, l'*Æcidium berberidis*, sur les feuilles des Epines-Vinettes.

Voici comment on peut donner une idée du cycle complet de végétation de ces curieux parasites. A la fin de l'été, sur le chaume des Graminées, le même réceptacle possède deux sortes de spores : 1° des *uredospores* qui peuvent germer sur la même plante en reproduisant des *Uredo ;* 2° des corps d'une grande dimension, arrondis et plus larges vers le haut, à deux loges et prenant une teinte brune, foncée ou noirâtre ; ces corps nommés par M. de BARY *teleutospores* (spores de la fin) ou spores parfaites, pénètrent après le sommeil hibernal dans les jeunes feuilles de l'Epine-Vinette et y développent un mycélium qui donne naissance à de petites conidies transparentes, ou spores secondaires, connues sous le nom de *sporidies*.

Ce sont les sporidies issues des téleutospores qui germent sur l'Epine-Vinette et percent les cellules épidermiques pour se développer dans le parenchyme en *Æcidium berberidis*.

Qu'une spore d'*Æcidium* tombe sur une feuille de seigle ou de blé, elle y émet un filament germinatif qui pénètre par un stomate et se transforme en Uredo caractéristique de la Puccinie des Graminées, lesquels se propagent eux-mêmes sous leur forme Uredo.

C'est de même au moyen d'*uredospores* et de *téleutospores* que le *Puccinia straminis* se reproduit à l'état d'Uredo sur les Graminées, à l'état d'*Æcidium* sur les Borraginées, etc., et l'*Æcidium* fournit à son tour des spores qui engendrent l'Uredo.

Le cycle comprend quelquefois moins de formes ; tel est celui des *Æcidies* des *Pomacées*, que l'on sait aujourd'hui formées par la germination de sporidies issues des *téleutospores* des *Gymno-sporangium* et *Podissoma* gélatineux qui se développent sur les genévriers.

C'est à l'instigation du docteur Léveillé que M. DECAISNE fit venir d'Alençon un pied de Sabine couvert de *Podisoma*. Cette conifère fut placée au Jardin des Plantes dans l'école des Poiriers, arbres sur lesquels on n'avait jamais observé la présence d'*Uredo*. Peu de semaines après, toutes les feuilles des poiriers placés dans le voisinage du *Podisoma* se trouvèrent couvertes de taches orangées, premier indice de la présence du *Rœstelia*. M. DECAISNE fit enlever les Sabines; depuis cette époque on n'a plus aperçu la moindre tache de l'*Æcidium*.

M. CORNU obtenait le même résultat avec l'*Æcidium rhamni* (Société Botanique de France, séance du 25 juin 1880).

Ce chapitre doit être considéré comme donnant des aperçus et des indications, mais nullement comme traitant la question d'une manière complète.

Dans notre second volume il nous sera possible d'étendre considérablement tous les cas de polymorphisme, en y joignant nos observations, et les exemples énumérés dans les ouvrages des mycologistes d'Europe.

CHAPITRE VI

RESPIRATION DES CHAMPIGNONS

Les Champignons, en contact avec l'atmosphère par la plupart de leurs parties, sont constamment en rapport avec cette enveloppe gazeuse de notre globe. Tantôt ils absorbent les gaz qui entrent dans leur composition ; tantôt au contraire, ils exhalent des matières gazeuses de nature diverse, suivant les circonstances, et qui, en se mêlant ainsi à l'air, contribuent à modifier plus ou moins les proportions de leurs éléments essentiels. Ce sont ces rapports incessants des Champignons avec l'atmosphère, ces exhalations et ces absorptions de gaz opérées par eux qui constituent la respiration, phénomène essentiel à leur existence, entrevu depuis longtemps déjà, mais dont la connaissance exacte ne remonte pas au delà de la fin du siècle dernier.

M. de HUMBOLDT, en 1793, dans le *Flora Fribergensis*, était arrivé à cette donnée importante que l'*Agaricus edulis* respire comme les parties colorées des Phanérogames, que les Champignons vicient rapidement l'air, en lui prenant son oxygène, pour le remplacer par un autre gaz : l'acide carbonique. Le savant voyageur allemand prouva par de nombreuses expériences que les mêmes phénomènes respiratoires se manifestent avec la même intensité le jour et la nuit, et annonça le premier que les Agarics placés au soleil ou dans l'obscurité produisent un second gaz, l'hydrogène.

De CANDOLLE (*Flore Française,* tom. 11, page 2) confirma cette découverte sur des Champignons de différents genres, et ses recherches nombreuses sur la respiration des Champignons devinrent la base de la théorie moderne de ce phénomène. Au fait déjà reconnu par de HUMBOLDT et de CANDOLLE ; MARCET, (*Bibliothèque Universelle de Genève*, tom. LVII, p. 393, 1834), en ajouta plusieurs nouveaux d'une importance majeure. Ainsi des *Agaricus campestris,* plongés dans de l'eau privée d'acide carbonique, dégagent ce même acide, et diverses expériences de MARCET, faites dans des atmosphères artificielles cette fois, ont amené un égal résultat.

. Cet ingénieux observateur fit passer un courant d'air atmosphérique dans une cloche de verre contenant un kilogramme de Champignons, et obtint de l'acide carbonique, mais en moindre quantité que s'il remplaçait l'air atmosphérique par du gaz oxygène, et moins encore que s'il remplace l'oxygène par l'azote.

L'expérience a démontré que les Champignons expirent aussi de l'azote. M. GRISCHOW ayant mis dans un récipient de quinze centimètres cubes de capacité un jeune *Amanita muscaria* d'environ six centimètres cubes de volume, et l'ayant exposé au soleil pendant deux heures, après l'avoir laissé préalablement une nuit dans son récipient, remarqua que cette atmosphère limitée avait diminué de trois centimètres cubes, et qu'elle présentait la composition suivante, 0,13 d'acide carbonique, 0,05 d'oxygène, 0,82 d'azote, avec des traces d'hydrogène. Nous venons de voir chez les Champignons l'azote et l'hydrogène faire partie du gaz expiré.

M. Muntz (*Compt. rend.* Acad. des Sciences. LXXX, p. 178), en plaçant un *Agaricus campestris* dans un courant d'air continu, n'a jamais recueilli aucune trace d'hydrogène, mais en changeant l'air atmosphérique par un courant d'azote ou d'acide carbonique, il a toujours vu se produire de l'hydrogène. L'auteur en tire cette conclusion : dans le premier cas, les Champignons ont joué leur rôle ordinaire ; ils ont brûlé avec l'oxygène de l'air les matériaux dont ils disposent ; dans le second cas, cette combustion, devenue impossible, a été remplacée par une combustion intérieure, accompagnée d'un dégagement d'hydrogène dû à la fermentation de la mannite qui se décompose en acide carbonique, alcool et hydrogène. En résumé ces Cryptogames, comme les fleurs, ont une respiration analogue à celle des animaux : ils absorbent de l'oxygène et dégagent de l'acide carbonique.

§ I

DE LA NUTRITION

La nutrition constitue la manifestation la plus universelle de la vie : c'est la mutation continuelle des particules qui forment l'être vivant animal ou végétal, et la propriété commune la plus générale, la plus essentielle de tout élément organique, qui consiste, pour les êtres vivants, à puiser leurs principes nutritifs soit dans le sol, soit dans l'air qui les environne. Le Champignon se les incorpore pour un temps donné, les élabore et les élimine ensuite, ces Cryptogames ayant la propriété d'être en relation d'échange constant avec le milieu où ils vivent par un perpétuel mouvement d'assimilation ou de désassimilation ; c'est en quelque sorte une rénovation moléculaire insaisissable pour nos yeux, mais très visible au moyen d'appareils appropriés et à l'aide des instruments que la science met à notre disposition ; on constate l'entrée et la sortie des sucs nourriciers qui traversent incessamment leur organisme, le renouvellent dans sa substance et le maintiennent en sa forme.

Nous avons vu que la germination des spores de Champignons produit des filaments connus sous le nom de mycélium, ou blanc de Champignons ; dans sa jeunesse il rampe sous le sol ou sur le fumier, et vient puiser là les éléments nécessaires à son existence ; ces éléments sont gazeux, liquides ou solubles. Le premier est représenté par l'air, l'acide carbonique, l'ammoniaque, etc. ; le second par la pluie, la rosée, la neige ; le troisième par la masse de matières organiques complexes qui existent dans la terre ou à sa surface. L'acide carbonique de l'air ou du sol pénètre en même temps que l'eau, dans les cellules du mycélium sur le protoplasma qui à la propriété de décomposer une partie de l'acide carbonique, et l'eau, les deux éléments combinés l'un à l'autre forment ce que les physiologistes désignent habituellement sous le nom d'hydrate de carbone.

Les propriétaires qui cultivent artificiellement des Champignons sur couche, se servent de fumier bien préparé qui renferme une importante quantité d'acide carbonique. J'ai, par de nombreuses expériences, la preuve qu'il présente au mycélium une source alimentaire lente et continue. Dans les forêts, dans les prairies où le Champignon sort du sol spontanément, sans culture, ces substances se forment par la décomposition des feuilles, des racines, de tous les débris de végétations antérieures qui constituent ce que les agronomes nomment matière ulmique. Là tout est réuni ; l'humidité, l'air, l'azote même existant dans le sol à l'état de nitrate et de sels ammoniacaux, ou sous la forme de matières organiques complexes.

M. Boussingault est parvenu à démontrer avec une netteté parfaite que tous les végétaux trouvent dans les nitrates que renferme la terre l'azote nécessaire à la reconstitution et à l'alimentation de leur tissu. Je conclus de ceci qu'aussitôt la germination des spores, tous les éléments nutritifs viennent, pour ainsi dire, à la rencontre du mycélium, qui se développe sans efforts sous l'impulsion de ces aliments, aidé par une température appropriée.

Le protoplasma contenu dans l'intérieur des cellules mycéliales agit à son tour sur ces aliments organiques et inorganiques en produisant une action réductrice qui est la base de toute activité organique, et, en présence de tous ces éléments azotés et carbonés, le mycélium s'étend graduellement, de distance en distance, se cloisonne transversalement, puis se feutre, et à sa surface on voit apparaître de petits agrégats assez compactes semblables aux petits cônes de sapin, planche LXXV, fig. 411, *m*. C'est le premier rudiment du Champignon ; les mycologues le nomment stroma.

Après sa formation, le petit stroma subit un temps d'arrêt nécessaire à son organisation ; il vit encore aux dépens du mycélium générateur qui absorbe les aliments bruts, et les élabore, la chaleur et l'humidité du sol aidant, en sève nourricière. En observant avec le microscope, au moyen de coupes minces et longitudinales, les jeunes tissus du stroma, on constate en effet que les filaments cellulaires sont tous parallèles et qu'ils s'allongent ensemble à leur sommet, tandis que la base du cône se constitue par les filaments du mycélium qui leur sert de point d'appui et de nourriture. Remarquons en passant que les matières minérales ne sont pas étrangères à l'élaboration des principes immédiats de nature organique, par rapport au rôle physique et chimique qu'elles peuvent exercer, et que c'est dans des conditions extrêmement favorables que les jeunes stromas poursuivent leur développement.

§ II

DÉVELOPPEMENT DES TISSUS

Au point de vue chimique, les cellules du mycélium sont constituées fondamentalement par des substances albuminoïdes, de l'eau et des matières minérales, associées pour former une substance à demi solide, à laquelle on a donné le nom de protoplasma, et qui, dans toute cellule, quelle qu'en soit la complexité d'organisation, représente la seule partie douée des propriétés qui caractérisent la vie. Toute modification apportée dans la composition chimique de cette substance entraîne nécessairement une modification correspondante dans les propriétés de la cellule , et si les changements apportés à sa composition dépassent certaines limites, ces propriétés disparaissent, soit pour un temps plus ou moins long, soit d'une façon définitive.

Ainsi, qu'on enlève par la dessiccation au protoplasma contenu

dans les cellules du mycélium, l'eau qui est nécessaire à sa constitution chimique normale, et l'on verra le jeune stroma cesser de
se nourrir, cesser de se reproduire. Si, au contraire, les cellules
du mycélium sont placées dans un milieu favorable, elles s'arrondissent comme un fil, se couchent horizontalement, s'entrelacent
et se feutrent de plus en plus. Rien de plus variable que la forme,
la taille, la coloration, la structure de ces individualités anatomiques et physiologiques. Sous le champ du microscope, le tissu
primitif au sommet du cône du jeune stroma est régulier ; ses
cellules sont plates, leur direction toujours parallèle et verticale,
et plus on s'éloigne de la base du cône, plus il est facile de reconnaître ce tissu. Pour ce qui concerne la forme, la multiplication
des cellules des Champignons, nos connaissances s'appuient sur
un grand nombre de sérieuses expériences ; nous sommes beaucoup moins avancés au sujet des filaments du mycélium et de la
démarcation entre lui et la première apparition des cellules du
Champignon, et nous ne pouvons à cet égard que formuler des
hypothèses, plausibles il est vrai, mais non démontrées par des
faits positifs.

Il existe, chez le Champignon, un mode de multiplication et de
formation des cellules à l'aide de cellules préexistantes : le mycélium. Nous pouvons admettre que le protoplasma tout entier
d'une cellule se condense, sort de la membrane du mycélium qui
l'emprisonnait, et va, sous une forme nouvelle, acquérir de nou--
velles propriétés; on a désigné le phénomène sous le nom de rajeu-
nissement. En résumé, on distingue parfaitement les filaments
mycéliens des cellules du Champignon ; mais le passage de l'un à
l'autre est plus difficile à saisir et il y a là toute une série d'intéressantes recherches à faire. Reprenons l'examen de nos certi-
tudes.

Avant d'arriver à la surface du sol, le petit Champignon subit
un temps d'arrêt qui varie avec les circonstances et le milieu, et
pendant lequel les cellules du jeune cryptogame s'organisent;
elles absorbent les éléments nutritifs du mycélium dans un état
de simplicité limité mais suffisant pour le développement de
toutes les couches cellulaires. C'est la plus externe qui s'organise
la première et forme un tissu très résistant qui sera l'épiderme
planche II, fig. 7², *u'*, *u'*. Deux lacunes aérifères se sont formées,

fig. 7^1, RR, et les tissus filamenteux s'accroissent de telle façon que les parois supérieures des deux lacunes forment déjà en miniature la face inférieure du chapeau.

On observe aussi que les filaments cellulaires participant à cet allongement ont subi trois partitions principales ; la première oblique à droite, la deuxième à gauche, la troisième, qui occupe le milieu de l'espace annulaire, semble se diviser en deux parties et se sépare par une petite cloison transversale, fig. 7^1, P, située juste au centre du jeune Champignon. A mesure que le petit cône se développe, les deux premières partitions en RR forment les bords du chapeau, la troisième couche résistante et compacte devient plus manifeste ; elle s'abaisse en s'inclinant et constitue le pédicelle qui doit fixer le Champignon au lieu où il a pris naissance.

Nous avons dit plus haut qu'au moment de la séparation, il se forme un renflement en P, fig. $7'$, dans lequel s'accumule un protoplasma granuleux sans noyau ; ce renflement sépare le pédicelle du chapeau par la formation de la cloison transversale, et l'on peut admettre que cette cloison se produit au dessous de la masse de protoplasma granuleuse, qui s'accumule au-dessus de la séparation.

Vers la partie supérieure de cet amas, on trouve un protoplasma plus dense, plus incolore, plus transparent, sphérique, représentant le protoplasma de la jeune cellule ; au milieu un noyau punctiforme grossissant peu à peu, mais plus lentement, à mesure que la zone du protoplasma clair qui l'entoure s'élargit de son côté. Ce noyau, d'abord parfaitement homogène, réfracte fortement la lumière, ce qui le fait comparer à une tache d'huile, et, tandis que le protoplasma de la cellule s'accroît, il devient réticulé.

Pendant la première partie de leur existence, ces cellules sont dépourvues d'enveloppes ; c'est seulement lorsqu'elle est complètement individualisée, et lorsque la cellule arrive au contact de ses voisines, qu'un dépôt de cellulose s'effectue autour d'elle et lui constitue une membrane. Si on fait une coupe longitudinale de ce petit Champignon avant qu'il atteigne la surface du sol, on distingue à droite et à gauche des bords du chapeau, fig. 7^2, *u, u,* deux taches teintées de jaune plus ou moins foncé. Examinant sous le champ du microscope une coupe de ce tissu, on obser-

vera facilement deux espèces de cellules placées côte à
côte ; les unes sont polyédriques, les autres, en moins grand
nombre, sont sphériques ; mais les deux sortes se remplissent
exactement par un protoplasma visqueux, incolore, contenant de
petites granulations grisâtres d'autant plus nombreuses, que la
cellule jouit d'une activité plus grande.

Ces granulations que beaucoup d'auteurs tendent à considérer
comme de nature graisseuse, doivent être soigneusement distin-
guées du protoplasma lui-même, et constituent très probablement des produits de désassimilation des substances albuminoïdes.
Au centre du protoplasma granuleux de ces jeunes cellules, se
trouve un noyau volumineux, dont les contours arrondis sont
rendus très nets par l'acide acétique ; il est clair, peu granuleux,
et offre dans sa partie médiane un nucléole brillant, c'est là seulement que l'on trouve l'hyménium, et, sur ces cellules seules que
se forment les stérigmates, puis les spores nécessaires à la reproduction de l'espèce ; alors, son organisation terminée, le cryptogame perce le sol et fait son apparition à la surface.

Voilà la simple explication de faits qu'on eût longtemps peine à
comprendre. Il semblait impossible que dans les endroits où l'on
avait passé la veille sans rien apercevoir, on trouvât le lendemain
une multitude de Champignons ; le mycélium, caché à tous les yeux,
avait préparé sa progéniture, qui n'attendait sous terre qu'une
circonstance favorable pour se produire au jour.

CHAPITRE VII

STRUCTURE. — ORGANISATION DES CHAMPIGNONS

Nous venons d'étudier la première organisation d'un Champignon du genre Agaric jusqu'à la surface du sol ; pour connaître
maintenant la structure de l'ordre auquel appartient le genre
Amanite, un examen de cette espèce sera presque suffisant. Ici

nous trouverons trois parties bien distinctes à examiner ; le pédicelle, le chapeau, qui portent l'hyménium, et les feuillets insérés
à la surface inférieure du chapeau.

Prenons comme exemple l'Amanite mouche, *Amanita muscaria,* planche II, fig. 7, qui est le type le plus complet et le
mieux organisé. Lors donc que ce Champignon est arrivé presque
à maturité, le chapeau se déploie déchirant le voile du bord, qui
reste pour un certain temps en collier autour du pédicelle et prend
le nom d'anneau, fig. P. Des fragments du voile demeurent
souvent attachés sur le chapeau ou au bord, sous la forme d'une
membrane plus ou moins consistante qui contient le Champignon dans son jeune âge. Elle existe dans tous les Champignons
à chapeau, mais chez un très grand nombre sa texture est si délicate, qu'elle disparaît complètement pendant la première évolution, sans qu'on puisse en trouver la moindre trace.

On ne doit y attacher d'importance que lorsque ses débris
restent manifestes à la base du pédicelle ou sur le chapeau. C'est
la volve qui se compose de cellules allongées et rameuses
s'anastomosant entre elles, est dite complète quand elle se déchire
pour laisser passer le chapeau, le pédicelle, et qu'elle reste à la
base de celui-ci ; incomplète quand elle ne recouvre pas le Champignon en entier ; caduque ou persistante, épaisse ou mince,
ample quand elle représente un vase dont le bord est largement
ouvert, comme l'Oronge véritable, planche III, fig. 8, C, et enfin
vaginée lorsqu'elle est longue, et assez étroite, planche VI,
fig. 18 à 20.

Cette partie que l'on rejette souvent comme inutile, est au
contraire de la plus haute importance pour la distinction des
espèces ; aussi faut-il enlever un Champignon de terre avec précaution pour constater l'existence de cette membrane.

§ I

DU PÉDICELLE

Le pédicelle que certains auteurs nomment pédicule, stipe,
pied, etc., est la partie, en forme de tige, qui supporte le chapeau
et fixe le Champignon au lieu où il a pris naissance.

Selon ses divers modes d'insertion, il est dit central (cas le plus commun), excentrique, latéral ou ascendant. Sa partie moyenne est nue, souvent munie d'un anneau ou d'une cortine.

Il est court ou long, plein ou fistuleux, creux quand sa partie centrale vient à disparaître. Dans quelques espèces il est floconneux, c'est-à-dire traversé en longueur par un filament byssoïde. La forme du pédicelle, toujours très variable, est simple, rameuse, bulbeuse, fusiforme, atténuée à l'une ou à l'autre extrémité.

Dans un grand nombre d'espèces il est uni, mais chez d'autres il présente des lignes parallèles et longitudinales ; c'est le pédicelle strié. Si ces lignes sont séparées par de profonds sillons, il est sillonné ; si le pédicelle présente des éminences arrondies foncées en couleur, il est écailleux; quand les écailles s'entrecroisent en circonscrivant des enfoncements irréguliers, on le nomme écailleux, réticulé ; si ces enfoncements sont profonds, il est lacuneux. Parfois dans les endroits sombres et obscurs comme les souterrains, il s'allonge, se ramifie même, et ne produit pas de chapeau ; les Agarics ressemblent alors à des Clavaires.

§ II

DU CHAPEAU

Le chapeau, considéré d'une manière générale, forme à lui seul ce que l'on nomme un Champignon ; c'est lui qui frappe la vue et que l'on mange. Une coupe longitudinale, faite dans le chapeau et tout le long du pédicelle, donne la meilleure notion de l'arrangement des parties et de leurs relations avec l'ensemble. On voit par là que le chapeau est la continuation du pédicelle, et que sa substance, moins fibreuse que celle du pédicelle descend dans les feuillets. Il présente deux faces dont la position varie ; la première regarde en haut, c'est la surface ; elle est lisse, striée, villeuse, écailleuse, rugueuse, sèche ou visqueuse. L'épiderme qui la recouvre s'enlève dans quelques espèces, mais fait souvent corps avec la chair ; sa couleur et sa consistance sont très susceptibles de changer. Le chapeau plus ou moins charnu, épais ou membraneux, se dessèche facilement, parfois se pourrit ou tombe en déliquescence. Sa forme peut être aplatie, convexe, hémisphérique, concave, en entonnoir ou infundibuliforme. Si le centre présente une petite élévation, il est mamelonné ; si cette élévation est plus large, on le dit en forme de bouclier, et enfin si le centre du chapeau offre une dépression, il est ombiliqué.

Chez quelques espèces on le rencontre en demi-cercle ou circulaire ; c'est la forme dimidiée ; dans d'autres genres où le chapeau 'est couvert de poils fins, épars ou rapprochés, on le dit pubescent ; si les poils sont longs et serrés, il est velu ; s'il n'est recouvert que d'un duvet cotonneux, il devient tomenteux.

La seconde face du chapeau regarde en bas ou de côté selon qu'il est horizontal, ou vertical ; la marge est aussi très importante à étudier quant à ses formes, surtout lorsqu'elle est roulée en dedans ou appliquée immédiatement sur le pédicelle. La structure du chapeau est la même dans tous les Agarics ; mais la forme, la taille et la dimension des cellules du chapeau sont tellement variables qu'il est presque inutile d'y insister ici ; je me bornerai donc à rappeler les faits les plus importants.

Lorsque les cellules vivent dans un milieu humide, il est fréquent de les voir affecter la forme arrondie, ou ovoïde ; c'est le cas des Phallus ; c'est le cas des spores d'un grand nombre de Champignons pendant leur premier âge. Il est fréquent aussi de voir les cellules du chapeau modifier spontanément leurs formes comme les Russules, cependant nous devons dire que, dans les divers chapeaux que nous avons examinés, les cellules une fois parvenues à un certain état de développement qui correspond à l'âge adulte, ne changent plus d'aspect. Il n'en est pas ainsi pour d'autres cellules libres.

La cellule unique qui forme les basides, les cystides, le tissu hyménial en un mot, s'allonge et se ramifie, émet çà et là des pousses latérales qui sans cesse modifient son aspect général. Ces changements de formes, dus à un développement pour ainsi dire incessant, dans cette seule partie du chapeau et du Champignon sont rendus possibles par ce fait que la membrane cellulosique reste sans cesse imprégnée de protoplosma.

Si maintenant nous examinons le plus simple de tous les Agarics, le *Schizophillum commune,* planche LVII fig. 287, nous ne trouverons ni volve, ni anneau, ni pédicelle. Le chapeau est membraneux, sessile, résupiné ; les lames naissent d'un point unique situé à la marge du chapeau, et s'étendent en forme d'éventail.

Ces deux Champignons, si on les compare, ne possèdent donc de commun que le chapeau, les lames, le tissu hyménial, les spores, et se ressemblent si peu que les auteurs en ont fait deux genres différents.

Quand nous passerons en revue les autres espèces intermédiaires, nous verrons la volve disparaître; le pédicelle, de central devenir exentrique, latéral, puis enfin s'effacer complètement; l'anneau, de membraneux, large et consistant, se réduire en filaments arachnoïdes, et disparaître aussi tout à fait.

CHAPITRE VIII

DES LAMES OU FEUILLETS DES AGARICINÉES

La partie inférieure du chapeau des Agarics, est constituée par le prolongement membraneux et parallèle d'un tissu rayonnant du centre à la circonférence, planche, II, fig. 7, O. C'est sur cette disposition que reposent les caractères du genre. Considérée isolément, une lame d'Agaric varie beaucoup de forme selon le mode d'insertion au pédicelle : si son extrémité centrale n'atteint pas le pédicelle, on la dit écartée, planche I, fig. 1; quand les lames arrivent au point où commence le pédicelle, elles sont libres, planche I, fig. 2; si on les voit convexes près de leur insertion sur le pédicelle on les dit sinuées, planche I, fig. 3, si elles s'insèrent perpendiculairement au pédicelle, elles sont adnées, planche I, fig. 4; elles deviennent émarginées planche I, fig. 5, quand elles sont entaillées près de leur insertion sur le pédicelle; enfin, si les lames s'insèrent en descendant le long du pédicelle, on les appelle décurrentes, fig. 6.

Elles sont composées de trois couches, une médiane ou trame comprenant des cellules qui se continuent avec celles du chapeau, planche II, fig. m. m. ch., et deux latérales formées par l'hyménium fig. S, t, t. Cette organisation existe dans tous les Agarics, sans exception. Si chez les Coprins, planches XL, XLI, et quelques autres espèces, les lames paraissent dépourvues de trames, c'est que les cellules sont moins abondantes, et forment un tissu moins dense et moins résistant que celui de l'hyménium. Dans aucune espèce d'Agarics ni dans aucun des sous-genres établis, les deux couches de l'hyménium ne sont en contact immédiat ; la trame les sépare toujours, et tout caractère fondé sur l'absence de cette partie est un prétendu caractère anatomique qu'il faut soigneusement éliminer.

On distingue dans une lame d'Agaric deux bords, l'un adhérent au chapeau ou à la base, planche II, fig. SS, *m, m,* l'autre libre appelé marge ou tranche, fig. S, *te;* deux extrémités, une interne qui répond au pédicelle et que certains auteurs regardent comme la base, fig. S, *ch. mt,* l'autre correspondant à la marge du chapeau fig. S, S; deux surfaces parallèles et qui forment les côtés, planche II, fig. *ba, ba,* l'hyménium ou membrane sporulifère recouvre la trame des lames dans toute leur étendue *t, t, an,* fig. S. Son tissu est composé de cellules superposées en plus ou moins grand nombre, et qui varient de grandeur et de forme suivant les genres d'Agarics.

Si l'on fait une coupe transversale d'une lame d'Agaric, sous le champ du microscope, son caractère se montre immédiatement avec évidence, sur les deux bords de l'hyménium.

La première particularité qu'on observe sont les spores, planche II, fig. V, *sp,* presque uniformément disposées par groupe de quatre ; on voit ensuite que chaque spore est portée sur une tige menue ou stérigmate, planche II, fig. V, *st,* et que quatre de ces stérigmates procèdent du sommet d'un appendice plus gros, inséré sur l'hyménium et appelé baside, planche II, fig. V, *an, an,* fig. S, S, *lt.* Chaque baside sert de support à quatre stérigmates et chaque stérigmate à une spore.

Un examen plus attentif de l'hyménium montre que les basides sont accompagnées d'autres corps, souvent plus gros, mais sans stérigmates ni spores, qui ont été nommés cystides, planche II, fig. S, S, *ba, ba* (*x*), et dont la structure et les fonctions ont amené bien des controverses. Ces deux espèces de cellules se produisent sur l'hyménium de tous les *Agaricinées,* des *Bolets,* des *Polyspores,* des *Hydnes,* des *Clavaires,* etc.

CHAPITRE IX

GENÈSE DE L'HYMÉNIUM. — BASIDES. — CYSTIDES

Si on étudie, sous le porte-objet du microscope, la coupe transversale d'une jeune lame d'Agaric en voie de formation on la voit composée seulement d'une série de filaments qui, de la région moyenne du chapeau, forment le corps de la jeune lame ou le tissu de la trame.

Ces filaments divergent à droite et à gauche en se dirigeant vers les deux faces, où les articles des filaments se raccourcissent, prennent une forme légèrement ovale, et vont créer ainsi une couche nouvelle de tissu sous-hyménial. Si on l'examine avec un grossissement de 600 diamètres, on observe aisément que les cellules de la trame procèdent l'une de l'autre, et que les filaments nouveaux sont de même nature que les filaments producteurs ou homologues.

Cette seconde formation est amenée par poussées latérales ; la preuve en est fournie par le filament producteur, qui, poursuivant sa course longitudinalement par son sommet, développe encore selon ses besoins, et toujours en se raccourcissant, de nouvelles cellules légèrement ovales, plus faibles que la partie du membre producteur situé au-dessous.

Ces cellules d'égales dimensions au début se développent sans cesse sur les deux faces latérales de la lamelle, et pendant l'accroissement progressif de celle-ci ; mais comme elles perdent la propriété de se reproduire, de se multiplier par de nouvelles divisions, au même moment naissent, par la même reproduction, d'autres filaments qui s'insèrent étroitement les uns contre les autres, et toujours perpendiculairement au bord interne et externe des lamelles. Nous observons ainsi deux sortes de cellules, les basides et les cystides, isolées l'une de l'autre, qui, après leur formation, cessent d'être parties intégrantes de la cellule mère, deviennent un membre nouveau et ne participent plus à aucun accroissement ultérieur. En un mot, c'est la partie terminale d'un filament fructifère, ou d'un organe doué d'accroissement ; c'est la fin du point

végétatif de cette partie cellulaire, encore exclusivement formée
par un filament primitif. Le contenu de ces cellules est granuleux et semble mêlé de particules oléagineuses qui, dans les basides, sont en communication par les stérigmates (planche II,
fig. V, s, t), avec l'intérieur des spores (planche II, fig. V, s, t). Lorsque les spores approchent de leur maturité, la communication
entre leur contenu et celui des basides diminue et finit par cesser
complètement.

Les cystides (planche II, x), sont ordinairement plus grandes que
les basides, varient de taille et de forme avec les espèces, et se
montrent égales ou inférieures en taille aux basides, dont, comme
nous l'avons dit plus haut, elles se rapprochent par la structure.
sauf le développement à leur sommet des stérigmates et des
spores. Je ne puis pas discuter ici les idées de CORDA, d'HOFFMANN,
de SCHMITZ et de SEYNE, mon rôle, plus modeste, consiste à faire
observer qu'une cellule qui reste à la place où elle est née, qui
commence par une petite protubérance vide de tout contenu,
qui se distingue d'une manière aussi frappante des autres cellules
du Champignon par sa forme, par son contenu, et par ses fonctions, doit fixer l'attention des physiologistes ; mais il nous est
nécessaire de suivre plus attentivement son début, d'étudier mieux
son organisation, surtout sa forme variable avec chaque espèce,
pour avoir la certitude absolue, et c'est l'histoire complète des
Basidiosporés qui serait à faire.

En somme, l'hyménium des Champignons n'est ici qu'une formation purement cellulaire, provenant d'une matrice cellulaire,
et qui ne doit vivre qu'un moment pour la reproduction de
l'espèce.

CHAPITRE X

DU GENRE AGARIC

Le genre Agaric est une des divisions les plus considérables du règne végétal, tant au point de vue de son importance numérique que pour les propriétés nuisibles ou utiles des Champignons qu'elle renferme. PERSOON avait décomposé la famille des Agaricinées en trois genres : *Amanita, Agaricus, Merulius;* ce dernier était divisé en trois sous-genres : *Cantharellus, Serpula, Gomphius*. Le genre Agaric forme dix sous-genres, fondés sur l'existence et la nature de l'anneau ; les deux genres *Lepiota* et *Cortinaria* sont basés sur son absence ; le *Gymnopus*, sur la forme, la consistance du chapeau ; les *Mycena, Omphalia* ont pour cause l'excentricité du pédicelle ; le genre *Pleuropus*, la déliquescence et l'état membraneux du chapeau ; *Coprinus*, la consistance du réceptacle et des lamelles ; *Pratellus, Lactifluus*, la lactescence de ses organes ; *Russula*, l'égalité des lamelles.

Cette classification de PERSOON groupait les Agaricinées d'après des caractères assez faciles à saisir ; mais l'accroissement des espèces connues depuis cette époque l'a rendue insuffisante, et la classification généralement adoptée aujourd'hui est celle de FRIES.

Elle est basée sur les trois caractères principaux suivants :

1° La nature charnue, fugace ou coriace, persistante, du tissu du chapeau et du pédicelle ;

2° L'absence ou la nature de la trame des lamelles, c'est-à-dire du tissu intermédiaire entre les faces hyméniales, qui peuvent, dans certains cas, se séparer facilement ou être très adhérentes, comme la lamelle peut se séparer facilement du chapeau ou lui être intimement unie ;

3° La couleur des spores.

Ces considérations ont permis à FRIES de ranger les Agaracinées en quatre genres et vingt et un sous-genres.

Les caractères des sous-genres, les Cortinaires par exemple, sont tirés de la forme du chapeau, du pédicelle et des lamelles, de leurs rapports mutuels, de la présence, ou de l'absence, de la nature de l'anneau et de la volve.

Quels que soient les services que cette classification a rendus, il est impossible de ne pas reconnaître avec Léveillé que plusieurs des sous-genres de Fries reposent sur des caractères que l'œil le plus exercé ne saisit pas toujours, et que l'examen anatomique ne démontre pas constamment. La plupart des auteurs qui l'ont adoptée ont cherché à y introduire des modifications destinées soit à la simplifier, soit à la rendre plus fidèle aux rapprochements exigés par des affinités incontestables.

En 1844, Rabenhorts, dans sa *Flore d'Allemagne*, a diminué le nombre des genres de Fries, et n'a conservé comme tels que les Russules, Gomphidius, Paxillus et Agaricus. Ce dernier est divisé en six tribus, suivant la couleur des spores et des lamelles, sous les noms de *Coprinus, Pratella, Derminus, Cortinarius, Hyporhodius, Leucosporus,* dans lesquels rentrent tous les sous-genres de Fries, et les autres formés par lui aux dépens de l'ancien genre Agaricus.

M. Cooke, en 1871, dans le *Handbook of British Fungi,* tirant au contraire des caractères posés par Fries toutes leurs conséquences, a augmenté le nombre des genres, adoptant même le genre *Lepista*, de Smith. Il a multiplié les sous-genres et, afin de rendre plus saisissables les rapports qu'ils offrent entre eux, les a fait suivre d'un tableau dû à MM. Worthington G. Smith, qui les disposent en séries homologues, selon la méthode adoptée en chimie.

Dans les *Champignons du Jura et des Vosges*, publiés en 1872, M. le docteur Quelet répartit la famille des Agaricinées entre quarante-cinq genres, groupés en un certain nombre de séries basées sur les caractères de la couleur des spores, de la nature et des rapports des lamelles avec le pédicelle, de la consistance de tout le réceptacle ou de l'une de ses parties par rapport à l'autre. M. Quelet a encore élevé au rang de genre les sous-genres de Fries.

M. de Seyne, dans son article Champignon, du *Dictionnaire de Botanique* de M. H. Baillon, adopte franchement la nécessité actuelle d'une coupure artificielle, et le savant cryptogamiste pense qu'elle doit être faite en vue de la détermination des espèces.

Je renvoie à l'article Agaric de ce Dictionnaire ceux qui désireraient connaître la division proposée en *Chromospores* et *Leucospores*, ainsi que les quarante-neuf types mentionnés.

Le genre Agaric, établi par LINNÉ et adopté par tous les botanistes, présente les caractères indiqués plus haut. Les espèces étant très nombreuses, tous les auteurs ont senti la nécessité de le subdiviser pour en faciliter l'étude, et d'après LÉVEILLÉ il présente onze sous-genres :

1er Sous-genre, *Amanita* : Agaric à volve, chapeau charnu, le plus souvent verruqueux ; lames membraneuses, serrées ; pédicelle allongé, nu ou muni d'un anneau.

2e Sous-genre, *Lepiota* : Pas de volve ; pédicelle muni d'un anneau membraneux ; lamelles ni nébuleuses ni fuligineuses, dépourvues de suc.

3e Sous-genre, *Gymnopus* : Chapeau charnu entier et convexe ; lames unicolores, marcescentes ; pédicelle sans anneau ni cortine.

4e Sous-genre, *Mycena* : Chapeau le plus souvent membraneux, strié, presque transparent, convexe et persistant ; lames unicolores facilement desséchées ; pédicelle allongé, fistuleux et nu.

5e Sous-genre, *Omphalia* : Chapeau entier, charnu ou membraneux, infundibuliforme ou déprimé au centre ; lames d'inégale longueur, ni succulentes ni lactescentes, le plus souvent décurrentes ; pédicelle nu et central.

6e Sous-genre, *Coprinus* : Chapeau membraneux ou à peine charnu, fugace, lames noires, se liquéfiant ; pédicelle blanc, nu ou muni d'un anneau.

7e Sous-genre, *Cortinaria* : Chapeau le plus souvent charnu ; lames émarginées ou sinuées à leur extrémité interne, unicolores et couleur de cannelle ; pédicelle souvent bulbeux, entouré d'une cortine ou anneau arachnoïde.

8e Sous-genre, *Pratella* : Chapeau charnu ou presque membraneux, persistant ; lames nébuleuses et enfin noires ; pédicelle nu ou muni d'un anneau.

9e Sous-genre, *Lactarius* : Chapeau charnu, le plus souvent déprimé au centre ; lames lactescentes.

10e Sous-genre, *Russula* : Chapeau charnu, le plus souvent déprimé au centre ; lames dépourvues de suc et toutes de la même longueur ; pédicelle nu.

11e Sous-genre, *Pleuropus* : Chapeau charnu, déprimé, oblique, entier ou dimidié; pédicule excentrique, latéral ou nul.

Cette distribution des Agarics a été adoptée par tous les auteurs, et malgré les imperfections qu'elle présente, celui qui l'adopte pour étudier les Champignons rapporte avec la plus grande facilité les différentes espèces aux sections qui leur conviennent.

Les chiffres romains qui suivent le nom de l'espèce indiquent les planches, et les chiffres arabes les figures.

Comme le genre Agaric est sans contredit le plus varié de tous, on devra apprendre à le connaître espèce par espèce, comme on agit avec les autres plantes et les animaux, et pour cela il faudra simplement lire avec attention la description des espèces, comparer les figures aux Champignons frais, observer avec soin la forme du chapeau, sa texture, son port aux différents états de développement; sa coloration qui peut varier selon l'âge, le terrain et l'humidité; attacher une grande importance à la partie qui supporte le chapeau et que l'on appelle pédicelle ; bien remarquer s'il est bulbeux à sa base; aussi faut-il toujours enlever un Champignon de terre avec précaution pour constater l'existence de la volve ou du bulbe.

Nous connaissons les caractères du genre Agaric ; mais il faut étudier la structure des lamelles sous le rapport de la proportion, de la forme et du mode d'insertion avec le pédicelle, et, muni de ces connaissances, on pourra affirmer que tels caractères sont les indices certains, infaillibles, d'un Champignon comestible ou d'un produit vénéneux.

CHAPITRE XI

DESCRIPTION DES ESPÈCES

Section I. — AGARICINÉS

Receptacle nu ou renfermé dans une volve. Basides situées sur des lames.

A. Lames disposées en rayons ou en éventail.

1ᵉʳ SOUS-GENRE, **AMANITA**

Le genre Amanite est très nombreux et renferme un grand nombre d'espèces ; c'est le Champignon le plus complet, celui dans lequel toutes les parties ont atteint le plus haut degré d'organisation ; le caractère essentiel de ce genre consiste, outre le mycélium hyménoïde et souterrain, dans la volve ou bourse (planche III, fig, 8, C), qui dans le jeune âge renferme toutes les parties du Champignon (fig. 9) ; elle se déchire de bonne heure pour que celui-ci puisse se développer entièrement.

Dans quelques espèces, le Champignon adulte n'en offre plus aucune trace ; mais l'Amanite porte sur son chapeau des débris parfois à peine reconnaissables. La volve acquiert un grand développement, et avant de se rompre elle s'attache à la base du pédicelle. Ce caractère est très facile à saisir, mais c'est celui qui exige l'étude la plus attentive, car, sauf quatre espèces excellentes à manger, les autres contiennent des poisons mortels pour l'homme et pour les animaux.

Il existe un caractère vraiment important et de premier ordre pour distinguer l'Oronge comestible de l'Oronge fausse ou Agaric mouche, si abondante dans tous les bois au mois de septembre : Les lamelles sont toujours blanches (planche II, fig. 7, O), sans variation dans aucune espèce ; tandis que la couleur du chapeau passe du rouge ou jaune selon l'âge et les terrains, la couleur blanche des lames ne change pas.

Les lamelles de l'Oronge vraie, ou *Amanita cæsarea* sont toujours d'un jaune d'œuf (planche III, fig. 8).

Amanite mouche, **Amanita muscaria**, planche II, fig. 7.
Noms vulgaires : Faux jaseron, Mujolo, Folo, Agaric aux mouches.
Tue-Mouches.
Syn. : Mich. t. 78, fig. 2; *Schæff*, t. 27, 28; Grewscot, *Crypt.*, t. 54; Roq.,
t. 12, fig. 1, 2; Orf., *Med. Leg.* t. 14, fig. 1 ; Paul, t. 157 ; Lenz, *Schw.*,
fig. 3 ; Krombh., *Schw.*, t. 9 ; Vittad., t. 5 ; Hoffm., t. 1; DC., *Fl. Fr.*, 561,
Fr. Epic, p. 7 ; *A. Aurantiacus, Bull.*, t. 122.

Chapeau large de 10 à 18 centimètres, d'un rouge écarlate, plus prononcé au centre, convexe ou à peu près plan à la maturité, presque constamment moucheté de verrues blanchâtres, anguleuses, formées par les débris du volva, adhérentes au chapeau, qui est un peu visqueux, et à bord faiblement strié. Feuillets blancs, larges, droits, inégaux, adnés, coupés brusquement à leur terminaison, Pédicelle blanc, long de 10 à 20 centimètres, plein, cylindrique, bulbeux à sa base (planche II, fig. R), où se trouvent à peine quelques vestiges d'un volva écailleux. L'anneau (fig. P), est large, blanc, ordinairement rabattu. Spores blanches, fuligineuses (fig. V, *sp*). Bois en septembre, octobre. Saveur vireuse. — C'est un poison actif.

Amanite oronge, **Amanita cæsarea**, planche III, fig. 8.
Noms vulgaires : Oronge vraie, Jaune d'œuf, Dorade, D'orgne, Roumanel, Jaseron, Doumergal, Ounègal, etc.
Scop., *Fl. Garn,*, 419 ; Mich., *Nov. Gen.*, t. 67, fig. 1 ; Paul, *Champ.*,
t. 159; Roq., *Phyt. med.*, t. 13, fig. 1, 2; Pers., *Champ. com.*, t. 1 ; DC., *Fl.
Fr.*, 562; Krombh., *Schw.*, t. 8 ; *A. aurantiacus, Bull.*, t. 120 ; Vittad, *Fung.
Mang.*, t. 1 ; Cord., *Champ. Franc.*, p. 4 ; *Fr. Epic.*, p. 2.

Chapeau de forme presque plane, orbiculaire, large de 8 à 12 centimètres, à bord striés, souvent incisés, se recourbant en dessus ; presque jamais tachetés de verrues. Feuillets larges, épais, inégaux, toujours de couleur jaune d'œuf, très adhérents au chapeau ; écartés ; leur extrémité centrale n'arrive pas au pédicelle (planche I, fig. 1). L'Oronge, quand elle est jeune, est renfermée dans une bourse plus ou moins ronde et blanche, qui lui donne l'apparence d'un œuf (planche III, fig. 9) ; à la maturité la bourse se déchire, une partie reste à la base du pédicelle, qui est jaune en dehors, blanc en dedans, lisse, long de 4 à 12 centimètres, plein, bulbeux, pourvu d'un anneau, jaune, large, renversé. Août, septembre, dans le midi et près Paris, à Verrières et aux Essarts-le-Roi. — C'est un manger délicat.

Amanite rougeâtre, **Amanita rubescens**, planche III, fig. 10.
Amanite vineuse, le Rougeâtre, le Verruqueux.
Syn. : Pers., *Syn.*, p. 13 ; Paul., t. 161 ; *Ag. verrucosus, Bull.*, t. 316 ;
Krombh., t. 10 ; Schæff., t. 91 et 261 ; Quelet, p. 30 ; *Fr. Epic.*, p. 23 ;
Letell, p. 667; Cord., p.

Chapeau d'abord convexe, puis presque plan, large de 6 à 10 centimètres, d'un rouge vineux, plus coloré au centre du chapeau, à peine strié sur les bords, parsemés de squames d'un blanc rougeâtre. Feuillets larges, nombreux, droits, inégaux ; les plus courts coupés assez brusquement, se terminent en s'arrondissant. Décurrents par une strie au sommet, long de 6 à 12 centimètres, ordinairement fistuleux, couvert dans sa longueur de petites peluchures ; pourvu à son sommet d'un anneau blanc, large et finement strié, conserve dans sa jeunesse l'empreinte des feuillets, bulbeux à la base et peluchés. Spores rondes, blanches, fuligineuses (fig. C). Odeur nulle, saveur un peu fade. Été, automne, dans les parties découvertes des bois. — Bon comestible.

Amanite ovoïde, **Amanita ovoidea**, planche IV, fig. 11.
Oronge blanche, Boulé, Coucoumelle blanche, Coquemelle.
DC., *Fl. Fr.* suppl., p. 53 ; Vittad, t. 2, *Amanita alba*; Pers., *Champ.*,
p. 177; *Fr. Epic.*, p. 3.

Chapeau orbiculaire, presque plan, lisse, dépourvu de squames, à bord saillants infléchis non striés, auxquels sont souvent suspendus des débris de l'anneau, large de 8 à 10 centimètres.

Lames blanches, saillantes, adnées, puis atténuées et comme coupées brusquement. Pédicelle long de 6 à 10 centimètres, plein, ferme, cylindrique, à peine renflé à sa base, et tomenteux. Son anneau est peu consistant, la volve est grande, mince. Très commune dans les bois en août, septembre et octobre en Auvergne. Son odeur est faible, sa chair épaisse, ferme, d'un goût très-agréable. Malheureusement on peut la confondre avec l'Agaric bulbeux, qui est vénéneux. Je conseille de ne pas la cueillir.

Amanite pomme de pin, **Amanita strobiliformis**, planche IV, fig. 12.
Vittad, t. 9; Paul., *Champ.*, t. 162, fig. 1; *Bull.*, t. 593; Berkl., *Outl.*, t. 3.
fig. 2; *Fr. Epic.*, p. 7.

Chapeau hémisphérique puis plan, chargé de verrues serrées, longues, anguleuses, blanches, puis grisâtres; chair blanche, compacte, à odeur et saveur agréables. Lamelles libres et arrondies, décurrentes par une courte strie. Pédicelle gros, solide, floconneux, pourvu dans le jeune âge d'un anneau fugace, renflé en bulbe à sa base, où il est marqué d'un sillon circulaire, Spores grandes, ovales, sphériques (fig. E). Automne, à Fontainebleau, Chantilly, Saint-Germain. — Vénéneux.

Amanite déchirée, **Amanita recutita**, planche IV, fig. 13.
Fr. Epic., p. 7; *Ag. bulbosus, Bull.*, t. 577.

Chapeau compacte, convexe plan, gris fuligineux, couvert d'écailles larges mucronées, marge lisse, pellicule séparable, chair blanche, humide, à odeur vireuse. Lamelles larges, blanches, libres, décurrentes par une strie. Pédicelle plein, solide, court. atténué vers le haut; anneau blanc membraneux; volva à limbe libre, aigu, ne dépassant pas le bulbe. Spores globuleuses (fig. F). Été, automne, dans les bois de pin de préférence. Chantilly, Rambouillet, Meudon. — Vénéneux.

Amanite bulbeuse, **Amanita bulbosa**, planche V, fig. 14.
Vaill., *Bot.*, t. 14, fig. 5; *Bull. Champ.*, t. 2 et 577.

Chapeau convexe, puis déprimé au centre, large de 6 à 12 centimètres, n'offre pas de verrues, son bord est sans stries. Pédicelle long de 4 à 8 centimètres, creusé d'un canal par l'âge, se renfle subitement en bas en un bulbe qu'enveloppe une volve lâche et presque toujours bien visible; l'anneau est blanc ainsi que tout le Champignon. Lamelles décurrentes par une strie, spores grandes, ovales rondes. Odeur non désagréable. Saveur nullement rebutante. Mai, juin et septembre, dans les bois. Saint-Germain, Meudon, Chantilly, etc. — Vénéneux.

Amanite mappa, **Amanita mappa**, planche V, fig. 15.
Paul., *Champ.*, t. 158, fig. 1, 2; Vittad., *Fung. mang.*, t. 11; Krombh., t. 28, fig. 1, 12; *Ag. bulboses, Bull.*, t. 577, fig. D, G, H; *Amanita venenosa*, Pers., *Champ. comest.*, t. 2, fig. 3; Roq., t. 15, fig. 1.

Chapeau d'abord convexe, puis plan, large de 6 à 10 centimètres, citrin ou blanc, humide et recouvert d'écailles molles, blanches; chair blanche, jaunâtre sous l'épiderme, lamelles blanches inégales; elles atteignent le pédicelle, qui est égal, blanc lavé de jaune, glabrescent, bulbe gros, globuleux, volve ne laissant qu'un rebord circulaire sur le bulbe; anneau large finement strié. Spores oblongues, blanches (fig. D), odeur vireuse. Très commun en automne dans les bois. — Très vénéneux.

Amanite petite coiffe, **Amanita volvaceus minor**, planche V, fig. 17.

A. pusilla, Pers., *Syn.* 249; *Am. parvulus*, Weinm.; *Volvaceus minor*, *Bull.*, t. 330; *Fr. Epic.*, p. 8.

Chapeau mince, sec, hémisphérique mamelonné, blanc, strié de noir, lames ventrues, roses, inégales, assez distantes du pédicelle, qui est plein, transparent, court, blanc à volva lâche, à quatre ou cinq découpures, soyeux, rougeâtre, sans anneau. Spores oblongues, roses. En automne dans les bois, les jardins sur la terre. — Vénéneux.

Amanite ciguë, **Amanita phalloïdes**, planche V, fig. 16.

Vaill., *Bot. par.*, t. 14, fig. 5; Vivian, *Fungh.*, t. 15; Wit., t. 17; *Ag. bulbosus*, *Bull.*, t. 2; Roq., t. 23, fig. 5; *Amanita citrina*, Pers., *Champ. com.*, t. 2, fig. 2; *Ag. virescens*, *Fl. dan.*, t. 246; Cord., p. 8; *Fr. Epic.*, p. 6.

Chapeau convexe, aplati, glabre, large de 8 à 10 centimètres, à bord orbiculaire non strié, chargé irrégulièrement des débris du volva, d'une couleur verdâtre, prend avec l'âge une teinte vert olive ou fauve, un peu plus pâle sur les bords. Lamelles blanches, inégales nombreuses, les plus courtes coupées brusquement, les plus longues adnées. Pédicelle blanc, long de 10 à 12 centimètres, d'abord plein, mais ensuite devenant creux au sommet, cylindrique un peu renflé à sa base, enveloppé par le reste du volva, pourvu à sa partie supérieure d'un anneau membraneux peu consistant. Spores sphériques hyalines (fig. F). Très commun dans les bois, été automne, odeur vireuse, saveur âcre. — Très vénéneux.

Amanite engaîné, **Amanita vaginata**, planche VI, fig. 18, 19, 20, 20 bis.

Noms vulgaires : Coucoumelle jaune, Coucoumelle orangé, Coucoumelle grise, Grisette.

Batt., t. 5, fig. C. D.; *Fl. dan.*, t. 1014; *Bull.*, t. 98, 512; Schæff., t. 85, 86,

95, 244; Krombh., t. 1, fig. 1, 5; *Fr. Epic.*, pl. V, fig. 1, 2; Cord., p. 12, pl. V; Paul, t. 151, fig. 1, 2.

Chapeau assez mince, peu charnu, campanulé, puis plan, large de 6 à 8 centimètres, à superficie lisse souvent chargé des débris du volva ; le chapeau est constamment strié sur les bords. Feuillets blancs, inégaux, rétrécis à la base, et adhérents au sommet du pédicelle qui est grêle, fragile, fistuleux à la maturité, cylindrique, non bulbeux à la base, mais souvent peluché, et entouré d'un volva persistant, plus ou moins allongé en forme de gaîne; toutes ces espèces sont dépourvues d'anneau. Spores oblongues, blanches (fig. K). — Alimentaire.

Il existe en France plusieurs variétés de ce joli Champignon. Anatomiquement elles se ressemblent toutes, la couleur du chapeau seul varie, la fig. 18 représente l'espèce jaune, qui peut être orangé; la figure 19, la Grisette, Coucoumelle grise ; la figure 20, l'espèce blanche, encore jeune; la figure 20bis, une espèce à chapeau conique, brun jaunâtre ou livide.

On trouve ces Amanites dans les bois, où elles sont très communes, de juin à novembre. Aliment délicat. On peut les confondre avec l'*Amanita livida* qui est vénéneuse. Mais le pédicelle de cette dernière est communément enfoncé dans la terre jusqu'aux deux tiers de sa hauteur, puis son odeur est vireuse, sa saveur très âcre, tandis que toutes les Coucoumelles ont une odeur de bons Champignons, une saveur douce et agréable.

2ᵉ SOUS-GENRE, LEPIOTE, **LEPIOTA**

Ce sous-genre comprend la sous-division *Armilaria*, de FRIES. Champignons charnus, sans volva, recouverts dans le jeune âge d'une membrane, non distincte de l'épiderme du chapeau ; en se déchirant, laisse un anneau persistant sur le pédicelle. Lamelles radiant du centre à la circonférence, simples, parallèles, parmi lesquelles, s'en trouvent de plus courtes vers la circonférence, ne noircissant pas. Pas de volve. Spores blanches, grandes, ovales, hyalines.

CHAMPIGNON TERRESTRE

Agaric couleuvré, **Ag. procerus**, planche VII, fig. 21.
Noms vulgaires : Couleuvrelle, Cul-d'ours, Houpale, Capellon, Coche,

Cocherelle, Parasol, Paturon, Colombette, Escumelle, Commère, Golmelle, Brugaizello, Auvergne.

Scop., p. 418; Schæff., t. 22, 23; Paul, *Champ.*, t. 135; *A. colubrinus*, *Bull.*, t. 78, 583; Cord., p. 20; Krombh., t. 24, fig. 1, 12; Quelet, p. 32.

Chapeau ovoïde, mamelonné puis étalé, ordinairement proéminent au centre, peut atteindre jusqu'à 25 ou 30 centimètres de diamètre. Epiderme épais, lacéré en larges écailles soyeuses et imbriquées, formées par l'épiderme qui se soulève ; elles sont blanchâtres, grises ou brunes. Chair molle à odeur de farine, très parfumée. Lamelles très écartées, serrées, d'un blanc pâle, inégales, n'atteignant pas le pédicelle qui est renflé en bulbe à la base, fort long, grêle, cylindrique, fistuleux, muni d'un anneau mobile et persistant.

Ce Champignon remarquable par sa beauté, son odeur et sa saveur agréables, vient à la fin de l'été et en automne, dans les endroits découverts des bois et dans les champs sablonneux, la fig. 22 donne un Procerus jeune encore, mamelonné, et la lettre L, les spores blanches, oblongues.

Agaric excorié, **Ag. escoriatus,** planche VII, fig. 23.

Schæff., t. 18, 19; *Syn.*, Pers., p. 257; Krombh., t. 24, 30 ; Vittad, t. 35; Paul, t. 135 bis.

Chapeau large de 5 à 6 centimètres, convexe, puis plan, à centre proéminent, d'une couleur fauve cendré, lacéré en petites écailles soyeuses. Lamelles d'un blanc pâle, minces, nombreuses, inégales, saillantes, n'atteignant pas le pédicelle, qui est cylindrique, peu bulbeux à sa base, blanc, lisse et creux, muni d'un anneau large et persistant. Croît l'été, l'automne dans les bois, sur le bord des chemins ; odeur nulle, saveur douce. — Comestible.

Ag. couleur d'amiante, **Ag. amiantinus,** planche VIII, fig. 24.

Fr. Monogr., p. 29; *A. flavo floccosus*, Batsch., f. 97 ; *A. croceus; Bolt.*, t. 51, f. 2 ; Sowerb, t. 19; *A. ochraceus, Bull.*, t. 362, 530; *A. muricatus, Fl. dan.*, t. 1015; *A. fimbriatus*, Schum., p. 261; Krombh., t. 1, f. 12; *Fr. Epic.*, p. 37.

Chapeau de 3 à 5 centimètres, convexe plan, jaune grisâtre; il varie par la couleur du chapeau qui quelquefois est élégamment floconneux. Feuillets libres ou légèrement adnés, blanchâtres. Pédicelle grêle, blanc pâle au-dessus de l'anneau membraneux, floconneux, pulvérulent au-dessous, un peu épaissi à la base. On trouve une variété blanche dans les bois de sapins à Ory, Chantilly, Vincennes, juillet à décembre. — Comestible.

Agaric en bouclier, **Ag. clypeolarius**, planche VIII, fig. 25.
Bull., t. 405, 506, f. 2 ; *Syst. Myc.*, 1, p. 21 ; Kickx, p. 132; Berkl., *Outl.*, p. 94; *Fr. Epic.*, p. 32.

Chapeau mamelonné, mou, soyeux, lisse, à épiderme se relevant en petites écailles éparses, rouillées, fauves, jaunâtres ou blanches. Lamelles rapprochées, blanches, libres. Pédicelle un peu long, blanc ou gris fauve, recouvert d'écailles floconneuses, grêle ; anneau fugace, concolore.

Été, automne. Bois humides. — Comestible.

Agaric de moyenne taille, **Ag. mesomorphus**, planche VIII, fig. 26.
Bull. t. 506, fig. 1; *Fr. Epic.*, p. 38 ; de Seyne, *Montp.*, p. 115 ; Kickx, p. 134.

Chapeau presque membraneux, mamelonné, aigu, sec, lisse, d'un jaune pâle. Lamelles libres, assez larges, surtout antérieurement, et blanches. Pédicelle grêle de la couleur du chapeau, muni d'un anneau redressé. Sur la terre, dans les prés, de juillet à novembre. — Comestible.

Agaric à tête de Méduse, **Ag. Melleus**, planche IX, fig. 28.
Noms vulgaires : Cassenado en Languedoc, Piboulada en Auvergne.
Ag. annularius, Bull., t. 540, f. 3, 337; *Ag. polymyces*, Pers., *Syn.* 19; *Fr. Epic.*, p. 44 ; Krombh., t. 1, f. 13 et t. 43, f. 2, 6 ; Lenz., f. 7; *Mellea*, Quelet, p. 30 ; Mich., t. 81, f. 2 ; Vittad, t. 3.

C'est un Champignon très commun en Europe ; on le trouve en été, en automne, dans tous les bois, sur le bord des chemins, au pied des vieux arbres coupés, au niveau du sol, par groupes de dix à vingt individus. Chapeau charnu, d'un fauve jaunâtre ou couleur de miel, mêlé parfois de verdâtre, convexe, à centre proéminent, parsemé de petites écailles pileuses, brunâtres ; ses bords sont minces, étalés, faiblement striés. Les lamelles sont blanches, quelquefois légèrement jaunâtres, inégales, larges, peu serrées, décurrentes par une dent. Le pédicelle est jaunâtre, lavé d'un peu de noir à la base, long de 6 à 12 centimètres, cylindrique, son pied est légèrement courbé, plein dans le jeune âge, devient fistuleux en vieillissant, garni vers le sommet d'un anneau entier membraneux, pâle, souvent légèrement sulfurin, évasé en godet étant jeune, puis rabattu. On ne mange que le chapeau qui est charnu. Spores blanches, petites, oblongues.

Agaric muqueux, **Ag. mucidus,** planche IX, fig. 29.

Fr. Epic., p. 46 ; Pers., *Syn.,* p. 66 ; Quel., t. 2, f. 1 ; Price, t. 14, f. 91 ; Paul, t. 139 bis; *A. nitidus, Fl. dan.,* t. 773.

Chapeau large de 4 à 6 centimètres, convexe, étalé, mince, mou, plan, élégamment ridé, glutineux, d'un blanc brillant ; quelquefois il prend une teinte cendrée, ou légèrement fuligineuse. Lamelles larges, inégales, d'un blanc pur, arrondies et décurrentes par une strie sur le pédicelle qui est grêle, recourbé, plein, légèrement renflé à sa base, raide, floconneux, pourvu au sommet d'un anneau, réfléchi, mince, large, strié et blanc. Spores blanches, oblongues. Croît à l'automne en touffes sur les souches du hêtre. Comestible.

Agaric raclé, **Ag. ramentaceus,** planche IX, fig. 30.

Bull., t. 595, f. 3 ; Pers., *Syst. myc.,* 1, p. 21 ; Berkl, *Outl.,* p. 96 ; *Ag. ambiguus,* Lach., n. 36.

Chapeau charnu, convexe plan, blanc, écailleux, à disque et écailles noirâtres ; chair blanche. Lamelles minces, larges, libres, séparables, un peu fuligineuses. Pédicelle plein, inégal, blanc, légèrement fuligineux au-dessus de l'anneau, qui est étroit, floconneux, puis oblique et caduc.

Odeur ingrate; donne des coliques. Été, automne.

3ᵉ SOUS-GENRE, **GYMNOPUS**

Ce sous-genre renferme les *Tricholoma, Clytocibe,* et *Collybia* de FRIES.

Les Gymnopes ont le chapeau, charnu, entier et convexe, les lames unicolores et marcescentes. Le pédicelle est sans anneau, ni cortine. Spores blanches.

Agaric vouté, **Ag. arquatus,** planche X, fig. 31.

Pers., *M. E.,* p. 174; *Bull.,* t. 44; *Fr. Epic.,* p. 70 ; Quel., p. 213.

Chapeau épais, compacte puis mou, obtus, de 4 à 10 centimètres, marge débordant légèrement ; chair molle, brunâtre ou jaunâtre. Lamelles serrées, étroites, émarginées, décurrentes avec ou sans denticules, arquées en forme de demi-accolades puis planes, toujours blanches. Pédicelle ferme, d'abord écailleux, fibrilleux, puis nu et réticulé, d'une couleur brune, épais et noirâtre à la base. Dans les bois, les prés, sur la terre, dans les jardins. Ce Champignon est très commun en automne ; il varie extrêmement de forme, de couleur, et de grandeur. — Comestible.

Agaric cendré, **Ag. cinerasceus**, planche X, fig. 32.
Bull., t. 428, f. 2 ; Pers., *Myc. Eur.*, 3, p. 209 ; Berkl., *Outl.*, p. 106; *Fr. Epic.*, p. 100.

Chapeau charnu, campanulé, puis plan, quelquefois un peu creusé en entonnoir, d'abord blanc, prend une couleur cendrée en vieillissant ; chair ferme mais cassante; feuillets larges, épais, peu multipliés, libres, très fragiles, se détachant de la chair du chapeau au moindre effort, d'abord blanc, puis cendré principalement sur les bords du chapeau. Pédicelle nu, plein, fibreux, cylindrique, d'un blanc cendré, se terminant un peu en pointe à la base. Solitaire dans les bois ou en groupe de cinq ou six. Automne. Pas malfaisant, mais fade.

Agaric cartilagineux, **Ag. cartilagineus**, planche X, fig. 33.
Fr. Epic., p. 60; *A. umbrinus*, Pers., *Myc. Eur*, 3, p. 214; *Bull.*, t. 589, f. 2.

Chapeau compacte, obtus, large de 4 à 8 centimètres, glabre, couleur brune, fuligineuse, marge mince, pruineuse, enroulée, et débordant le chapeau ; chair molle un peu brunâtre. Lames serrées étroites, d'un blanc grisâtre, mince et libres. Pédicelle ferme, écailleux, fibrilleux dans le jeune âge, puis nu, épaissi et blanchâtre à la base. Dans les bois, été, automne. — Comestible.

Agaric clignotant, **Ag. nictitans**, planche X, fig. 35.
Hussey, II, t. 46 ; Berkl., *Outl.*, p. 98, *Fr. Epic.*, p. 50.

Chapeau charnu, plan, ondulé, glabre, brun roux, pâle au bord, recouvert au centre de fines écailles plus foncées, marge blanchâtre, villeuse. Lamelles libres, serrées, blanches, quelquefois tachetées de roux. Pédicelle plein, fibrilleux, un peu recourbé à la base, lavé de roux. Été automne. — Comestible.

Agaric gris de souris, **Ag. murinaceus**, planche VIII, fig. 27.
Berkl., *Outl.*, p. 100 ; Sowerb, t. 106; *Bull.*, t. 520; *Fr. Epic.*, p. 62.

Chapeau campanulé, puis étalé, mamelonné, mince, large de

6 à 8 centimètres, soyeux, légèrement squammeux, souvent crevassé sur les bords; toute la surface du chapeau est cendrée, fuligineuse. Les lamelles sont peu serrées, larges, à bords sinueux, un peu plus pâles que le chapeau, adnées, échancrées, à leur base, les plus courtes sont coupées court. Pédicelle ordinairement flexueux, fistuleux, nu, grisâtre, jamais glabre. Croît en automne, dans les bois et les prés. — Vénéneux.

Agaric pied rayé, **Ag. grammopodius,** planche XI, fig. 39.
Ag. tabularis, Pers., *M. E.*, 3, p. 73; *Bull.*, 548, 585, f. 1; *Fr. Epic.*, p. 74; Cord., p. 33; Quelet, p. 46.

Chapeau convexe, en cloche, puis mamelonné, plan, puis déprimé, fuligineux ou gris brun, plus ou moins foncé, large de 6 à 10 centimères, luisant par le temps sec; sa chair est brune, son odeur est herbacée. Lamelles serrées, arquées, adnées, décurrentes, blanches; par l'âge elles deviennent un peu plus pâles. Pédicelle ferme, épais, plein, nu, cylindrique, puis creux, marqué sur sa longueur par de petites raies brunes, un peu renflé à la base. Très commun dans les bois et les prés. Octobre, novembre. Un peu fade au goût cru, mais bien meilleur cuit. — Comestible.

Agaric couleur de froment, **Ag. frumentaceus,** planche XII, fig 42.
Berkl., *Outl.*, p. 144; Kickx, p. 137; *Bull.*, t. 571, f. 1; *Fr. Epic.*, p. 52.

Chapeau convexe, obtus, puis presque déprimé, toujous sec, lisse, glabre, varie de paille roux jusqu'au brun; la marge est légèrement recourbée en dessous. Lamelles libres, arquées, adnées, d'un blanc jaunâtre. Pédicelle solide long de 5 à 10 centimètres, égal, cendré, nu, cylindrique, légèrement renflé à la base.
Sur la fin de l'été en groupes, dans les bois. — Comestible.

Agaric nu, **Ag. nudus,** planche XII, fig. 43.
Violaceo rufescentibus, Bull., t. 439; Krombh., t. 72, f. 27, 29; Berkl., *Outl*, fig. 7, t. 4; Hoffm., *Analyt.*, t. 11, f. 1; *Fr. Epic.*, p. 72; Quelet, p. 45.

Chapeau d'abord convexe, puis aplani, généralement un peu mamelonné, quelquefois concave ou sinué, glabre, humide, d'une couleur variant entre le violet tendre, le lilas tendre grisâtre et le violet fauve; ses bords sont légèrement recourbés en dessous; chair blanchâtre, un peu violacée. Lamelles étroites, serrées, arrondies à leur base et adhérentes au pédicelle par un léger prolongement, d'un beau violet passant au pourpre brunâtre. Pédicelle égal, farineux au sommet, plein, élastique, cylindrique, nu, long de 4 à 6 centimètres, un peu épaissi à la base. Saveur agréable, odeur de farine.

Été et automne, dans les jardins, les bois. — Comestible.

Agaric mousseron blanc, **Ag. albellus,** planche XIII, fig. 48.

DC., *Fl. fr.*, 469; Schæff., t. 50; Roq., t. 16, fig. 4, 5; Sow., t. 122; Paul, t. 94 et 95, f. 1, 8; *Fr. Epic.*, p. 67; Pers., *Ch. comes.*, nᵒ 13.

Entièrement blanc, chapeau épais, charnu, compacte, conique ou convexe, quelquefois irrégulièrement arrondi, glabre, large de 6 à 10 centimètres, d'abord blanc, devient d'un gris légèrement fauve, souvent maculé de petites taches squammeuses non persistantes, ses bords sont lisses, minces, légèrement repliés en dessous; chair molle, floconneuse, blanche, immuable, à odeur fine de farine fraîche. Lamelles nombreuses, serrées, entières, émarginées, adhérentes au pédicelle et terminées par une dent. Pédicelle charnu, compacte, ovoïde, un peu ventru à la base, court, strié, fibrilleux, enfoncé en partie dans le sol, haut de 3 à 5 centimètres. Avril, mai, sur les bords des bois, dans les prés, les bruyères. C'est le plus délicat des Champignons.

Agaric trapu, **Ag. brevipes,** planche XIII, fig. 49.

Paul, *Ch.*, t. 44, f. 1, 2; Pers., *M. E.*, 3, p. 217; *Bull.*, t. 521, f. 2, *Fr. Epic.*, p. 75; Klotsch., *Fl. bor.*, t. 374.

Chapeau convexe, plan, large de 5 à 7 centimètres, mou, lisse, humide, gris fuligineux ou brun, pâlissant en vieillissant, taché par des parcelles de terre; chair humide, brunâtre, blanchissant par la sécheresse. Lamelles serrées, émarginées, libres, ventrues, aiguës, comme débordées par la marge du chapeau, elles sont d'un gris cendré, échancrées, sur le pédicelle qui est court, nu, plein, fibreux, rigide, brun en dedans comme en dehors, pruineux au sommet, souvent renflé à sa base.

Tard, en automne, dans les allées des jardins. Très délicat.

Agaric à odeur forte, **Ag. graveolens,** planche XIV, fig. 55.

Krombh., t. 2, f. 2, 6 et t. 55, f. 2, 6; Pers., *Myc.*, 353; Paul, t. 94, f. 5, 6; *Bull.*, t. 142; *Fr. Epic.*, p. 67.

Chapeau très charnu, épais, hémisphérique, puis bosselé, ondulé, large de 6 à 8 centimètres, blanchâtre, passant rapidement au jaune cendré, lisse, mais marqué de lignes brunes ; les bords sont lisses et roulés en dessous; chair compacte, fragile, blanchâtre, odeur de farine. Lamelles terminées en pointe aux deux extrémités, minces, serrées, arquées, adhérentes au pédicelle, d'abord blanches puis jaunâtres. Pédicelle blanchâtre ou gris fauve, très épais, ventru, longs de 5 à 6 centimètres. Printemps, dans les friches, les bois, les prés. — Comestible délicat.

Agaric couleur de soufre, **Ag. sulfureus,** planche XIV, fig. 56.
Paul, t. 85, f. 3, 4 ; *Fl. dan.*, t. 1910, f. 1 ; *Bull.*, t. 168 ; *Fr. Epic.*, p. 63.

Chapeau charnu, plan-convexe, un peu mamelonné, soyeux, jaune de soufre avec le centre plus ou moins brunâtre ; chair jaune, odeur nauséeuse. Lamelles rétrécies en arrière, émarginées, assez épaisses, espacées, d'un beau jaune, pédicelle plein, cylindrique, fibreux, strié, jaune en dedans comme à l'extérieur. Spores oblongues et jaunes. — Vénéneux.

Agaric acerbe, **Ag. acerbus,** planche XVII, fig. 72.
Pers., *Myc.*, 279 ; Vittad, p. 350 ; *Bull.*, t. 571, f. 2 ; *Fr. Epic.*, p. 71.

Chapeau charnu, compact, convexe-plan, lisse, d'abord blanchâtre teinté de jaune au centre, et enfin un peu roussâtre, strié, mince au bord, fortement enroulé en dessous, marge un peu glutineuse. Lames droites, inégales, d'un jaune pâle légèrement décurrentes. Pédicelle cylindrique, plein, nu, épais, blanc, orné de fines peluchures jaunes, quelquefois épaissi à la base. A terre, automne, dans les bois, en groupes de deux à quatre. Comestible malgré sa saveur amère, qui disparaît par la cuisson.

Agaric feuillets en coin, **Ag. cuneifolius,** planche XVII, fig. 76.
Berkl., *Outl.*, p. 102 ; *Fr. Epic.*, p. 61 ; *Syst. myc.*, 1, p. 99; *Ag. ovinus; Bull.*, t. 580, a. 6.

Chapeau charnu mince, plan-convexe, large de 4 à 6 centimètres, jaunâtre, villeux, pruineux, marge crevassée, farineuse ; chair blanche par le sec. Lamelles serrées, sinuées, blanchâtres, décurrentes par une dent. Pédicelle cylindrique, mince, subfistuleux, lisse, blanc, grisâtre. Spores petites, blanches, oblongues. Odeur de farine. — Comestible.

Agaric des pacages, **Ag. ovinus,** planche XVII, fig. 77.
Fr. Epic., p. 61 ; *Bull.*, t. 580; Huss., II, t. 50.

Chapeau convexe-plan, d'un blanc sale ou grisâtre, pruineux, marge striée, large de 4 à 6 centimètres; chair mince, ferme, blanche par le sec. Lamelles sinuées, libres, séparables, à la fin un peu décurrentes. Pédicelle plein, court, 3 ou 4 centimètres, fibreux, blanc, pruineux au sommet. Spores ovoïdes, hyalines. Comestible.

Agaric à odeur de savon, **Ag. saponaceus**, planche XVIII, fig. 78.

Ag. madreporus, Batsch., t. 36, f. 203 ; *Ag. murinaceus*, Krombh., t. 72, f. 6, 18 ; *Ag. fusiformis*, Schum., p. 318 ; *Ag. argyrospermus*, *Bull.*, t. 602 ; *Ag. myomices*, Pers., p. parte; *Fr. Epic.*, p. 59.

Tous les auteurs qui ont décrit ce Champignon lui donnent un nom différent. LÉVEILLÉ, à cause de son arome rappelant le savon, de son chapeau qui est toujours d'un gris verdâtre ou jaunâtre, glabre, taché, puis granuleux, crevassé, et de sa chair souvent rougeâtre et savonneuse, lui a conservé son nom. Les lamelles sont minces, espacées, émarginées en crochet, blanches, rarement jaunes. Pédicelle ferme, blanc, souvent rougeâtre d'un côté. Ce Champignon n'est pas vénéneux, mais il communique à l'eau une odeur sodique désagréable.

Automne, hiver. Très commun.

Agaric tête blanche, **Ag. leucocephalus**, planche XX, fig. 91.

Schæff., t. 256 ; Berkl., *Outl.*, t. 4, f. 6 ; Pers., *Myc. Eur.*, 3, p. 113 ; *Ag. albus*, *Fr. Epic.*, p. 70 ; *Bull.*, t. 536.

Chapeau charnu, mince, convexe-plan, mamelonné, large de 5 à 6 centimètres, humide, transparent; chair compacte. Lamelles arrondies, libres, serrées, minces et très entières. Pédicelle creux, fibreux, subcartilagineux, poli, atténué, radicant; odeur de farine fraîche. Spores blanches. Automne dans les bois. Comestible.

Agaric à tête jaune, **Ag. chrysentherus**, planche XX, fig. 92.

Quel., p. 212, *S. M.*, I, p. 126 ; *Bull.*, t. 556; *Fr. Epic.*, p. 64.

Chapeau charnu, convexe-plan, ondulé, large de 5 à 6 centimètres, jaune foncé lisse; chair un peu jaunâtre. Lamelles serrées, émarginées, adnées, décurrentes par stries, d'une couleur roussâtre. Pédicelle charnu fibreux, atténué de haut en bas, strié, jaune pâle, blanc et un peu laineux à la base. Eté, automne, dans les bois, Vincennes, Chantilly, Meudon, etc.; sans odeur. — Comestible.

Agaric violet, **Ag. ionides,** planche XX, fig. 94.
Ag. purpuraceus, Pers., *Myc. Eur.,* 3, p. 225; Kickx, p. 140; *Fr. Epic.,*
p. 65; *Bull.,* t. 533, f. 3.

Chapeau charnu, campanulé convexe, fauve purpurin ou liliacin
clair, marge enroulée, pruineuse; chair sapide, blanche. Lamelles
blanches puis pâlissant un peu, minces, serrées émarginées, décurrentes par une dent. Pédicelle charnu fibreux, élastique, villeux,
atténué en bas, d'une couleur fauve pâle. Spores blanches.
Eté, automne. — Comestible.

Agaric sordide, **Ag. sordidus,** planche XV, fig. 63.
Fr. Epic., p. 70; Quel., p. 47.

Chapeau campanulé ou plan ondulé, liliacin, puis brun violacé;
chair inodore, grise lilacinée, marge striée en vieillissant, large de
3 à 6 centimètres. Lamelles arrondies puis sinuées, décurrentes,
assez serrées, puis espacées, violettes, légèrement fuligineuses.
Pédicelle mince, court, 3 à 5 centimètres, fibreux, blanchâtre,
pruineux au sommet.
Octobre à décembre dans les jardins. — Comestible.

Agaric couleur de terre, **Ag. terreus,** planche XXXII, fig. 171.
Sowerb., t. 76; Schæff., t. 64; Smith, t. 44, f. 2; *Ag. argiracens, Bull.,*
t. 573, f. 2; *Fr. Epic.,* p. 57; Kickx., p. 158; Quel., p. 42.

Chapeau charnu, mou, fragile, mamelonné, couvert d'écailles
fibrilleuses, gris fauve; chair blanche. Lamelles émarginées,
décurrentes par une dent, ondulées, blanchâtres. Pédicelle plein,
blanchâtre, un peu cendré et écailleux; odeur de plume brûlée.
Eté, automne. — Comestible.

Agaric géotrope, **Ag. geotropus,** planche XI, fig. 38.
Grev., t. 41; Sow., t. 61; Batsch., f. 204; *Bull.,* t. 573, f. 2; *Fr. Epic.,*
p. 96.

Chapeau charnu, convexe, puis plan, et en entonnoir, mamelonné au centre à bord légèrement replié en dessous, surface lisse
comme satinée, d'une couleur blanc jaunâtre; chair blanche.
Lamelles inégales, simples, nombreuses, décurrentes, droites
aiguës aux deux extrémités, de la couleur du chapeau. Pédicelle
blanc, plein, compacte, fibrilleux, atténué en haut, velu à la base.
Automne, à terre, dans les bois. — Comestible.

Agaric pruineux, **Ag. pruinosus**, planche XI, fig. 40.

Lasch., *e. specc. et descr. Ed. i*, p. 75 ; *Icon.*, t. 57, f. 3 ; Quel., p. 216 , *Fr. Epic.*, p. 101.

Chapeau charnu, membraneux, ombiliqué, puis en entonnoir, large de 3 à 5 centimètres, lisse, cendré, brun couvert d'une efflorescence, gris de plomb. Lamelles étroites, serrées, adnées, décurrentes, brunâtres. Pédicelle plein, grêle, fibrilleux, blanc gris, épaissi villeux et blanc à la base. Automne, dans les gazons. — Comestible.

Agaric des bruyères, **Ag. ericetorum,** planche XIII, fig. 50.

Fr. Epic., p. 99 ; *Bull.*, t. 551, f. 1; Quel., p. 53.

Chapeau charnu, plan-concave, souvent excentrique, brillant, blanc. Lamelles brièvement décurrentes, un peu espacées, réunies par des veines blanches. Pédicelle plein, mou, floconneux en dedans, mince, atténué vers le bas. Automne, dans les bois. — Comestible.

Agaric parfumé, **Ag. fragans,** planche XIII, fig. 51.

Pers., *Myc. Eur.*, 3, t. 27, f. 5 ; Krombh., t. 1, f. 34, 38 ; Letell., t. 658 ; *A. gratus*, Schum., *Fr.*, p. 105 ; Quel., p. 55.

Chapeau charnu, membraneux, convexe, puis plan, lisse, enfin déprimé, à bords striés, d'un blanc terne; chair aqueuse. Lamelles nombreuses, adnées, subdécurrentes, aiguës, peu serrées, blanchâtres ou jaunâtres. Pédicelle d'un jaune clair, court, plein, puis creux, inégal, ordinairement flexueux, souvent velu à la base, un peu pruineux au sommet. Automne, septembre, octobre, parmi les mousses, dans les prés, les bois; odeur agréable se rapprochant de celle de l'anis. Très bon en salade.

Agaric jarre, **Ag. obbatus,** planche XIII, fig. 53.

Berkl., *A. br. n.* 1200 ; Quel., p. 54 ; *Bull.*, t. 248, f. 6 ; *Fr. Epic.*, p. 101; *Ag. tardus cinereus*, Pers., *Myc. eur.*, 3, p. 81.

Chapeau submembraneux, convexe-plan, 3 à 5 centimètres, grandement ombiliqué, glabre, souvent strié jusqu'au milieu, cendré de jaunâtre foncé, très aqueux. Lamelles peu décurrentes, espacées, larges, cendrées obscures, couvertes d'une pruine blanche. Pédicelle cylindrique, fistuleux, allongé, glabre, nu, d'un jaune cendré, strié de blanc. Dans les bois, en automne. — Comestible.

Agaric gigantesque, **Ag. giganteus,** planche XV, fig. 60.
Sow., t. 244 ; Quel., p. 51 ; Huss., I, t. 79 ; *Fr. Epic.*, p. 93 ; *Ag. stereopus*, Pers., *M. E.*, 3, p. 72 ; *Ag. infundibuliformis*, Hoffman.

Chapeau charnu, convexe-plan, ondulé, infundibuliforme, villeux par l'humidité, floconneux, crevassé, écailleux, couleur de cuir, blanchâtre ; marge mince, enroulée, puis sillonnée et ridée, large de 2 à 3 décimètres. Lamelles peu décurrentes, très serrées, minces, réunies par des veinures blanchâtres, puis roussâtres. Pédicelle épais, spongieux, à écorce dure, villeux au sommet, blanchâtre ; odeur herbacée. Automne, Chantilly, Fontainebleau. Meudon. — Comestible.

Agaric à odeur suave, **Ag. suaveolens,** planche XV, fig. 61.
Schum., *Fl. dan.*, t. 1912, f. 1; *S. M.* I., p. 91 ; *A. nedeosmus*, Pers., *Myc. Eur.*, 3, n. 121 ; Quel., p. 54 ; *Fr. Epic.*, p. 102.

Chapeau charnu, mince, convexe-plan, puis déprimé, lisse, blanc par l'humidité, le centre souvent plus obscur, devenant blanc en vieillissant ; chair blanche. Lamelles adnées, décurrentes, serrées, minces, blanches. Pédicelle plan puis creux, élastique, épaissi et villeux à la base, blanc ; d'une odeur et saveur suaves. Eté et automne, dans bois, les mousses. — Comestible.

Agaric couleur bronzé, **Ag. molybdinus,** planche XIV, fig. 57.
S. M. I., p. 49 ; *Bull.*, t. 523 ; *A. fumoso*, Pers.; *Fr. Epic.*, p. 89.

Chapeau ordinairement large de 10 à 15 centimètres, marge enroulée, d'une couleur plombée, son sommet est légèrement bistré ; chair jaunâtre, mince. Lamelle d'un gris blanchâtre, très large, et formant avec le pédicelle un angle droit rentrant. Pédicelle nu, plus ou moins long, légèrement recourbé à la base, écailleux au sommet. Commun en automne, dans les bois. Fontainebleau, Chantilly, Saint-Germain, Meudon. — N'est pas vénéneux, mais sans saveur.

Agaric de l'automne, **Ag. brumalis,** planche XV, fig. 64.
Berkl., *Outl.*, p. 112; *Secr.*, n. 1041 ; *Bull.*, t. 278, A. B., *Fr. Epic.*, p. 103 ; Quel., p. 54.

Chapeau assez mince, convexe plan, puis concave, luisant par le temps sec, puis jaunâtre. Lamelles arquées, décurrentes, serrées, d'abord blanchâtres, puis jaunâtres avec l'âge. Pédicelle recourbé, cotonneux, laineux, blanc à la base, blanc grisâtre au sommet, fistuleux, strié, élastique. Odeur et saveur très agréables. Automne. — Comestible.

Agaric odorant, **Ag. odorus,** planche XV, fig. 65.
Sowerb., t. 42; Krombh., t. 67. f. 20, 21; *A. anisatus,* Pers., *Ols. et Myc. Europ; Bull.,* t. 556; *Fr. Epic.,* p. 85; Quel., p. 85.

Chapeau peu charnu, mince, d'abord convexe, puis plan, jamais visqueux, légèrement mamelonné au centre. Ses bords sont souvent relevés, large de 4 à 8 centimètres, d'une couleur vert cendré, plus ou moins pâle, mélangé de gris ; chair blanche ou grisâtre. Lamelles minces, adnées, subdécurrentes; un tiers à peine arrive jusqu'au pédicelle, d'un blanc pâle, légèrement incarnat. Pédicelle élastique, cylindrique, nu, d'une longueur de 4 à 6 centimètres, et de la couleur du chapeau, un peu épaissi à la base, recouvert d'un duvet. La figure 66 représente un petit Odorus à chapeau plan. Odeur très agréable d'anis.
Été et automne. — Comestible.

Agaric en bassin, **Ag. catinus,** planche XVI, fig. 68.
A. suavis, Pers., *M. E.,* 3, p. 59 ; *Bull.,* t. 286 ; *Secr.,* n° 993 ; *Fr. Epic.* p. 99 ; Quel., p. 215.

Chapeau plan, puis excavé, large de 4 à 5 centimètres, lisse et blanc, incarnat par la pluie et jaunâtre cuir par le sec; chair flasque, blanche, mince. Lamelles obliques, décurrentes, minces, toujours blanches. Pédicelle spongieux, élastique, blanc, cotonneux à la base ; très odorant. Dans les bois.
Automne. — Comestible.

Agaric flasque, **Ag. flaccidus,** planche XVI, fig. 69.
Pers., *Myc.,* p. 82 ; *A. infundibuliformis, Bull.,* 553, *Fr. Epic,* p.

Chapeau mince, flasque, à peine charnu, déprimé, puis en entonnoir, lisse, large de 5 à 7 centimètres, d'une couleur fauve ou roussâtre. Lamelles nombreuses, décurrentes, étroites, arquées, jaunâtres. Pédicelle d'un jaune clair, court, plein, inégal, flexueux, velu à la base. Été et automne, dans les bois, souvent en touffes. — Donne des coliques.

Agaric nébuleux, **Ag. nebulosus,** planche XVII, fig. 75.
A. clipeolarius, Bull., t. 400 ; Paul, *Ch.,* t, 79, f. 1, 5 ; *A. murinaceus,* Goonn, et Rab., t. 10, f. 2 ; *A. canabriculatus,* Schum.; *Fr. Epic.,* p. 79.

Chapeau compacte, convexe plan, large de 10 à 12 centimètres, obtus, grisâtre, saupoudré d'une pruine grise, luisant au soleil ; chair compacte, blanche. Lamelles serrées, minces, arquées, adnées, puis un peu décurrentes et égales, d'un blanc pâle. Pédicelle plein, spongieux, élastique, atténué en haut, blanchâtre. Odeur faible de farine. — Donne des coliques.

Agaric visqueux, **Ag. viscidus,** planche XIX, fig. 83.
Agaricus, Linn., *Suec.,* n. 1229 ; *A. lubricus,* Scop., II, p. 447 ; *A. rutilus,* Schæff., t. 55 ; Krombh., t. 4, f. 5, 7 ; *A. gomphus,* Pers.; *Fr. Epic.,* p. 400.

Chapeau compacte, campanulé, puis étalé-mamelonné, large de 6 à 9 centimètres, légèrement visqueux, brillant par le temps sec, brun rougeâtre ; chair jaunâtre pâle. Lamelles très décurrentes, espacées, pâles à reflet olive, enfin brun pourpre. Pédicelle plein, allongé, fibrilleux écailleux, jaunâtre, couleur cannelle en dedans, cortine non glutineuse, formant un anneau caduque. Spores nébuleuses. Eté, automne, dans les bois de pins. — Comestible.

Agaric ondulé, **Ag. undulatus,** planche, XIX, fig. 88.
Pers., *M. E.,* p. 112 ; *Bull.,* t. 535, f. 2 ; *Fr. Epic.,* p. 82.

Chapeau petit grêle, ondulé, inégal, mamelonné, plan-convexe, zoné de blanc, strié sur les bords. Lamelles pressées, décurrentes, argileuses. Pédicelle long, un peu tors, fragile, fistuleux, blanchâtre. Odeur herbacée, sans saveur. — N'est pas malfaisant.

Agaric, pied en clou, **Ag. clavipes,** planche XXI, fig. 99.
Pers., *Syn.,* p. 353 ; *A. mollis,* Bolt., t. 40 ; *A. obconicus,* Schum., e. *Descr.; Fr. Epic.,* p. 79.

Chapeau charnu, convexe plan, puis obconique, large de 4 à 6 centimètres, lisse, glabre, sec, brun fuligineux, cendré livide, la marge un peu blanche, rarement blanc; chair molle, blanche. Lamelles longuement décurrentes, assez espacées, flasques, droites, larges, entières, blanches, souvent jaunes. Pédicelle plein, spongieux, conique, fuligineux livide. Été, automne, dans les bois. Odeur agréable. — Comestible.

Agaric des caves, **Ag. cryptarum,** planche XXXII, fig. 170.
Lév. Letell.

Chapeau conique, puis sphérique, blanc, couvert de petits
tubercules nombreux, irréguliers ; chair épaisse, blanche solide,
ferme. Lamelles inégales, extrèmement étroites, s'insèrent à angle
droit sur le pédicelle, qui est renflé en bas et aminci en haut.
Vient en touffes, de grandeurs et de grosseurs différentes, sur une
souche épaisse de mycélium, toute l'année, dans les caves, les
serres. — Donne des coliques.

Agaric laque, **Ag. laccatus,** planche XIII, fig. 52.
Schæff., t. 13 ; Krombh., t. 43, f. 17, 20 ; *Bull.*, t. 570 ; Batt., t. 18, G. I.;
Fr. Epic., p. 111 ; Quel., p. 55.

Chapeau charnu, membraneux, convexe, puis ombiliqué, hygrophane, à épiderme finement écailleux et farineux, violet, lilas,
incarnat, jaunâtre ou roux. Lamelles épaisses, adnées, d'un violet
foncé, puis concolore et recouvertes d'une pruine blanche. Spores
muriquées (voyez la figure), sphériques, blanches, un 100e de millimètre. Pédicelle tenace, fibreux, lilas, puis incarnat ou roux.
Été et automne, dans tous les bois. — Comestible.

Agaric pied en fuseau, **Ag. fusipes,** planche X, fig. 34.
Krombh., t. 42, f. 9, 11; Berkl., *Outl.*, t. 5, f. 5 ; *Ag. crassipes*, Schæff.,
t. 87, 88 ; *Bull.*, t. 106, 516, f. 2 ; *Fr. Epic.*, p. 108 ; Quel., p. 57.

Chapeau charnu, tenace, convexe, difforme, glabre, souvent
fendillé, d'une couleur fauve, rougeâtre, pâlissant. Lamelles
adnées, en anneaux, larges, espacées, réunies par des veines,
variant du blanc au gris rougeâtre, et tachetées comme le chapeau
de brun pourpre. Pédicelle en fuseau, tordu, sillonné, rougeâtre
en haut, brun en bas, et longuement radicant. Été et automne,
en faisceaux au pied des troncs d'arbres.
Comestible, mais coriace.

Agaric à pied velouté, **Ag. velutinus,** planche XIV, fig. 58.
Batsch., f. 112; Krombh., t. 44, f. 6, 9; Batt., t. 22, c.; *A. austriacus tratt*,
Austr., t. 7; *Fr. Epic.*, p. 115.

Chapeau peu charnu, convexe-plan, jaune fauve, glabre, un
peu visqueux, marge plus pâle ; chair molle, jaunâtre. Lamelles
libres, arrondies et larges, assez espacées, inégales, jaunâtres.

Pédicelle recouvert d'un velours brun, prolongé en racine recourbée. Automne et hiver, sur les souches. Coriace, saveur aqueuse. Comestible.

Agaric à pied gonflé, **Ag. œdematopus**, planche XIV, fig. 59.
Schæff., t. 259; *Fusiformis*, Bull., t. 76 ; *Fr. Epic.*, p. 112 ; *A. bulbosus*, Pall., *Ross.*, I., t. 9, f. 2.

Chapeau peu charnu, petit, pulvérulent, plan, lisse, roux, très hygrophane. Lamelles décurrentes, serrées, blanches. Pédicelle solide, long, pulvérulent, très ventru au milieu, roux, mais plus pâle que le chapeau. D'une saveur agréable. Dans les bois, au printemps et à l'automne. Comestible.

Agaric butireux, **Ag. butyraceus**, planche XV, fig. 62.
A. lejopus, Pers., *Ic.*, *pict.*, t. 2, f. 1, 3 ; Berkl., *Outl.*, p. 115 ; Batt., t. 16, c.; *Bull.* t., 572 ; *Fr. Epic.*, p. 113.

Chapeau charnu, d'abord convexe, puis étalé, mamelonné, humide et gros, lisse, brun ou fuligineux, pâlissant; chair rousse, blanchissant. Lamelles presque libres, serrées, crénelées, blanches. Pédicelle fistuleux, spongieux cartilagineux, strié, conique, roussâtre ou bistré, renflé et laineux à la base. Été et automne, dans tous les bois. Coriace. — Comestible.

Agaric retourné, **Ag. inversus**, planche XVI, fig. 67.
Scop., *Carn.*, p. 445 ; Schæff., t. 65 ; Berkl., *Outl.*, p. 111.; *Bull.*, t. 553 ; *A. infundibuliformis*, *Fr. Epic.*, p. 96.

Chapeau charnu, presque fragile, convexe-plan, puis en entonnoir, festonné, large de 5 à 8 centimètres, très glabre, humide, roux ou brique, puis alutacé ; chair mince, compacte, jaunâtre. Lamelles décurrentes, serrées, blanchâtres, avec une arête concolore. Pédicelle le plus souvent creux, à écorce rigide, glabre, blanchâtre, à la base il est jaune et villeux. Croît à l'automne en groupe ou seul, dans les bois de pin. Coriace. — Non vénéneux.

Agaric dryophile, **Ag. driophilus**, planche XVI, fig. 70.
Berkl., *Outl.*, p. 119 ; *Bull.*, t. 434; de Seyne, *Month.*, p. 144 ; *Fr. Epic.*, p. 122.

Chapeau mince, tenace, plan-convexe déprimé au centre, fauve, roux grisâtre ou jaunâtre. Chair blanche, mince. Lamelles presque libres, décurrentes par une petite denticule, serrées, étroites, planes, blanches ou pâles. Pédicelle fistuleux, glabre, grêle, épaissi à la base, jaunâtre ou roux. Très commun au printemps, à l'automne, dans les bois. — Comestible.

Agaric ventru, **Ag. ventricosus**, planche XVIII, fig. 79.
Bull., t. 411, f. 1 ; *Fr. Epic.*, p. 120.

Chapeau conique, puis étalé, lisse, couleur terre d'ombre pâle. Lamelles concolores, jointes, sinueuses, presque décurrentes. Pédicelle allongé, ventru à la base, qui est fusiforme, allongée, jaunâtre. Assez commun sur la terre, les fumiers, dans les bois. Saveur aqueuse. — Non malfaisant.

Agarie contractile. **Ag. clusilis**, planche XVIII, fig. 80.
Secr., n. 1007 ; *A. umbilicatus, Bull.*, t. 411, f. 2 ; *Fr. Epic.*, p. 129.

Chapeau lisse, convexe-plan, légèrement ombiliqué, à bord réfléchi, d'un blanc chamois, luisant, strié, chair fauve. Lamelles adhérentes, jaunâtres, un peu décurrentes. Pédicelle creux, fistuleux, lisse, grêle, d'un blanc grisâtre.
Été, dans les bois. — Comestible.

Agarie aqueux, **Ag. aquosus**, planche XVIII, fig. 81.
Sommerf., *Lapp.*, p. 284, *Secr.*, n. 737 ; *Fr. Epic.*, p. 122 ; *Bull.*, t. 12.

Chapeau plan, peu charnu, mou, aqueux, d'un blanc jaunâtre, à bord strié, large de 2 à 3 centimètres. Lamelles libres, rousses, presque dentées. Pédicelle fistuleux, d'une couleur fauve, ayant des fibrilles blanchâtres à la base. Septembre, octobre, dans les bois, parmi les mousses. — Comestible.

Agaric tortu, **Ag. contortus**, planche XVIII, fig. 82.
Kichx, p. 147 ; Paul, *Ch.*, t. 50 ; *Bull.*, t. 36 ; Batt., t. 9 ; *Fr. Epic.*, p. 112.

Chapeau charnu, moyen, d'un roux foncé, convexe, mamelonné, sec au centre. Lamelles blanches, arrondies, adnées, espacées, décurrentes par une dent. Pédicelle flexueux, tortu, dressé, rameux, glabre, plein d'un rouge foncé, noir et épais à la base, presque conique. Saveur amère. Coriace.

Agaric à long pied, **Ag. longipes**, planche XIX, fig. 85.
Berkl., *Outl.*, p. 112 ; *A. pudens*, Pers., *M. E.*, 3. p. 140 ; *A. macrourus*, 2 ; Scop., *Bull.*, t. 232 ; *Fr. Epic.*, p. 110 ; Batt., t. 20 ; f. A.; Krombh., t. 1, f. 31.

Chapeau coriace, conique, puis plan peu mamelonné, couleur

de cuir ou fauve pâle, muni de poils érigés, roux; chair blanche. Lamelles très espacées, larges, arrondies, blanc de lait. Pédicelle long, fibreux, fragile, couvert d'un velours brun doré, sillonné dans toute sa longueur. Odeur et saveur de noisette. Été, automne, dans le sol, le bois pourri, bruyères. — Comestible.

Agaric des devins, **Ag. hariolorum,** planche XX, fig. 95.
DC., *Fl. Fr.*, 11, p. 182; *A. sagarum, secr.*, n. 735; *Bull.*, t. 585, f. 2; *Fr. Epic.*, p. 117; Quel., p. 59.

Chapeau submembraneux, tenace, campanulé, convexe, puis aplani, obtus ou déprimé, large de 5 centimètres, lisse, glabre, blanchâtre, faiblement strié à la marge. Lamelles libres, peu serrées, linéaires, blanchâtres. Pédicelle cartilagineux, fistuleux, un peu comprimé, d'une couleur brun roux, et recouvert d'un duvet laineux blanchâtre, nu et pâle au sommet. BULLIARD le nomme Agaric des devins.

Été et automne, sur les feuilles, dans les bois. — Comestible.

Agaric à pied en forme de lance, **Ag. lancipes,** planche XXI, fig. 97.
Paul, *Ch.*, t. 118; Krombh., t. 42, f. 6, 8; *Fr. Epic.*, p. 112; *A. crassipedem ducit*, Seyne.

Chapeau peu charnu, convexe-plan, puis hémisphérique, glabre, rugueux, brillant par le sec, d'une couleur roux brun, livide, à marge striolée, large de 5 à 8 centimètres. Lamelles émarginées, adnées, libres, ventrues, espacées, distinctes, blanches. Pédicelle long de 8 à 15 centimètres, étroit, flexible, lisse, luisant par le sec, fauve pâle, se prolonge à la base en racine forme de lance. Été, automne, dans les bois, Meudon, etc. — Comestible.

Agaric clou, **Ag. clavus,** planche XXIV, fig. 124.
Paul, *Ch.*, t. 97, f. 3; *Bull.*, t. 148, A. C.; Cooke, *Brit.*, p. 60; Linn., *Fl. succ.*, n. 1212; Kickx, *Belg.*, p. 150; Quel., p. 63.

Chapeau peu charnu, très mince, convexe, puis plan, avec une papille centrale, large de 5 à 6 millimètres, glabre, brillant, d'une couleur orangé écarlate, avec le disque souvent plus foncé, et la marge striée. Lamelles libres, un peu serrées, blanches. Pédicelle court, filiforme, glabre, blanchâtre, un peu hérissé à la base. Été et automne, dans les bois, sur les rameaux et les brindilles. — N'est pas mangeable.

Agaric esculent, **Ag. esculentus,** planche XXV, fig. 134.
Wulf, m. jacq., *Coll.* II, t. 14, f. 4; Lenz., f. 18; Vaill., t. 11, f. 46, 18 ;
A. perpendicularis, Bull., t. 422, f. 2; *Fr. Epic.,* p. 121; Quel., p. 62.

Chapeau mince, convexe-plan, orbiculaire, lisse ou strié par le
sec, argileux ocracé, souvent brunâtre; chair tenace, blanche,
sapide. Lamelles libres ou décurrentes. très larges, assez espacées,
blanchâtres. Pédicelle raide, lisse, brillant, jaune d'argile, terminé
par une longue racine perpendiculaire. Printemps. Comestible.

Agaric à pied châtain, **Ag. phæopodius,** planche XXXVII, fig. 195.
S. M. I., p. 122; *Bull.,* t. 532, f. 2; *Secr.,* n. 653; *Fr. Epic.,* p. 113.

Chapeau charnu, puis convexe-plan, mamelonné, large de 8 à
10 centimètres, glabre ; les bords sont sinués, d'une couleur
variant entre le roux et le brun ; chair un peu fauve. Lamelles
blanches, inégales, aiguës à la base, presque libres. Pédicelle
plein, épaissi aux deux extrémités, glabre, d'une couleur variant
du noir au brun. Été, automne, dans les bois. — Comestible.

Agaric des collines, **Ag. collinus,** planche XXII, fig. 102.
Schæff., t. 220; *A. arundinaceus, Bull.,* t. 403, f. 1; Paul, t. 104, f. 7, 9;
S. M. I., p. 124; Scop., *Carn.,* p. 132; *Fr. Epic.,* p. 119.

Chapeau charnu, membraneux, campanulé, puis mamelonné et
étalé, large de 3 à 6 centimètres, glabre, un peu visqueux, strié,
lisse et brillant, brun ou cuir pâle; chair mince, blanche. Lamelles
libres, puis écartées, assez espacées, larges, blanchâtres. Pédicelle
fistuleux, assez fragile, lisse, glabre, blanc pâle, pubescent à la
base. Automne, dans les herbes. — Comestible.

4ᵉ SOUS-GENRE, **OMPHALIA**

Les Champignons de ce groupe ont le chapeau entier, charnu
ou membraneux, en entonnoir ou déprimé au centre, et à marge
droite des mycéna. Lames d'inégales longueur, ni succulentes, ni
lactescentes, le plus souvent décurrentes, ne noircissant pas, ne se
détachant pas facilement du chapeau. Pédicelle nu et central, le
plus souvent coriace, absence de collier ; espèce terrestre, de petite taille. Spores blanches.

Agaric hydrogramme, **Ag. hydrogrammus,** planche XI, fig. 37.

A. streptopus, Pers., *M. E.*, 3, p. 82; *Bull.*, t. 674; Letell., *Ic.*, t. 605; *Fr. Epic.*, p. 154; Quelet, p. 218.

Chapeau membraneux, flasque, fortement ombiliqué, étalé, large de 5 à 7 centimètres, hygrophane, un peu ondulé et strié. Lamelles longuement décurrentes, très serrées, étroites, arquées, inégales. Pédicelle fistuleux, cartilagineux, comprimé, ondulé, allongé, base radicante, laineuse et blanche. Automne, sur les feuilles mortes, dans les bois. — Comestible.

Agaric fichet, **Ag. fibula,** planche XXII, fig. 110.

Berkl., *Outl.*, p. 433; Kickx, p. 157; *Bull.*, t. 186, 550, f. 1; *Fr. Epic.*, p. 164; Pers., *Myc. Eur.*, 3, n. 100, 102; Quel., t. 4, f. 5.

Chapeau membraneux, capuchonné, puis ouvert, ombiliqué, orangé, légèrement strié, moins coloré par le temps sec; on le trouve encore avec un chapeau gris fauve ou blanc. Lamelles très décurrentes, larges, espacées, blanchâtres. Pédicelle plein, puis fistuleux, filiforme, concolore, pâle. Été et automne, dans les gazons, les forêts. — Ne se mange pas.

Agaric ombellifère, **Ag. umbelliferus,** planche XXII, fig. 112.

A. ericetorum, Pers., pr. p. var. a.; Berkl., *Outl.*, p. 132; *A. niveus, Fl. dan.*, t. 1015; A., *Fr. Espic.*, p. 160; Quel., p. 65.

Chapeau un peu charnu, membraneux, faiblement ombiliqué, large de 1 à 2 centimètres, aqueux par les temps humides, légèrement strié, lisse, soyeux, floconneux, marge infléchie, crénelée. Lamelles triangulaires, larges en arrière, assez espacées d'un blanc ocracé. Pédicelle plein, puis creux, glabre, blanc villeux à labase.Sur les bords des mares ,été, automne. — Ne se mange pas.

5° SOUS-GENRE, **MYCENA**

LÉVEILLÉ comprenait dans le genre *Mycena,* les *Pleurotus, Volvaria, Pluteus, Entoloma, Clitopilus, Leptonia, Nolanea, Pholiota, Hebeloma, Flammula, Naucaria, Galera, Crepidotus,* de FRIES. Ces genres seront décrits par ordres, tout en donnant à chaque section le plus d'indépendance possible, pour la rendre complète en elle-même.

Ces Champignons ont leur chapeau le plus souvent en cloche,

membraneux, presque transparent, à peine ombiliqué, marge plus ou moins striée. Lamelles non décurrentes, unicolores se desséchant facilement, ne noircissant pas en vieillissant. Pédicelle cartilagineux, allongé, fistuleux, pas de volva, pas de collier ; Champignons épiphytes. Spores blanches.

Agaric en casque, Ag. galericulatus, planche XXII, fig. 103.
Scop., *Carn.*, p. 455 ; Schæff., t. 52 ; *Bull.*, t. 518, f. C. D. E., Paul, t. 122, f. 7, 8 ; *Fr. Epic.*, p. 138 ; Quel., p. 70.

Chapeau membraneux, conique, en cloche, strié, mamelonné, livide, pâle, cendré ou fauve. Lamelles adnées décurrentes par une dent, assez serrées, blanchâtres ou incarnat. Pédicelle tenace, lisse, glabre, pâle, à racine olique, courte, hérissée. Toute l'année sur les souches pourries des forêts. Très coriace.

N'est pas vénéneux.

Agaric rose, Ag. roseus, planche XXII, fig. 104.
A. roseus, Batsch., f. 20 ; *Fl. dan.*, t. 1612 ; Pers., *Syn.*, 393, t. 5, f. 3.

Chapeau campanulé, petit, 1 à 5 centimètres, obtusément mamelonné, à bord strié, d'une couleur rose. Lamelles adhérentes, adnées blanches, à bord plus obscur. Pédicelle filiforme sans suc, pâle, à base velue. D'août à novembre, sur les rameaux, les feuilles, ou en groupes. — Comestible.

Agaric pur, Ag. purus, planche XXII, fig. 107.
Paul, t. 119 ; *A. collinus*, Larbr., t. 13, f. 4 ; *Bull.*, t. 507 ; Pers., *Syn.*, p. 339 ; *Fr. Epic.*, p. 133.

Chapeau peu charnu, en cloche, puis plan, faiblement mamelonné, rose, liliacé, violet grisâtre ou blanc, marge striée. Lamelles sinuées, adnées, très larges, réunies par un réseau, blanchâtres. Pédicelle rigide, lisse, blanchâtre, laineux à la base ; odeur forte, saveur désagréable de radis. Été et automne. — Ne se mange pas.

Agaric rayé, Ag. lineatus, planche XXII, fig. 109.
Pers., *S. M.*, I., p. 152 ; *Fr. Epic.*, p. 134 ; *Bull.*, t. 522, f. 3 ; Quelet, p. 68.

Chapeau capuchonné, campanulé, obtus, large de 2 à 3 centimètres, sillonné, rayé, glabre, jaunâtre. Lamelles linéaires, adnées, assez espacées, blanches. Pédicelle filiforme, allongé et muni d'abondants poils blancs à la base. Sur les feuilles et les mousses. Été et automne. — Ne se mange pas.

Agaric fauve blanc, **Ag. flavo-albus,** planche XXIII, fig. 120.
Ed. I., p. 103; Berkl. et Br., n. 989; *A. pumilus, Bull.,* t. 260; *A. terreus,*
Pers., *M. E.,* 3, n° 463; *Fr. Epic.,* p. 135.

Chapeau peu charnu, campanulé-convexe, puis plan, un peu
mamelonné, glabre, large de 2 à 3 centimètres, fendillé par le sec,
d'une couleur jaune blanc ou blanc. Lamelles blanches, libres et
espacées, séparables, ventrues, planes. Pédicelle fistuleux, raide,
d'un blanc transparent. Été et automne, dans les bois, entre les
mousses. — Comestible.

Agaric des écorces, **Ag. corticalis,** planche XXIII, fig. 121.
Schumsaell, n. 4689, *S. M.,* I., p. 159; Mich., t. 74, f. 8; Lasch., *in Linn.,*
n. 203; *Fr. Epic.,* p. 153; *Hiemalis,* Quel., p. 75.

Chapeau très mince, hémisphérique, obtus puis ombiliqué,
sillonné, large de 2 à 5 millimètres, d'une couleur fauve, violacé
ou ocracé au sommet, glabre et floconneux, pruineux. Lamelles
adnées par une dent, larges, espacées, plus pâles que le chapeau. Pédicelle grêle, fistuleux, court, courbe, blanchâtre,
violacé ou brunâtre. Automne et hiver, sur les troncs, pruniers,
chênes, saules, sapins. Ne se mange pas.

Ces Champignons ont le voile non distinct de l'épiderme.
Lamelles arrondies, libres. Spores rosées.

Agaric nain, **Ag. nanus,** planche XXVII, fig. 143.
Berkl., *Outl.,* p. 141; *A. pyrrospermus, Bull.,* t. 547, f. 3; Pers., *Syn.,*
p. 357; *Fr. Epic.,* p. 187; Quel., p. 82.

Chapeau campanulé-convexe, puis plan, brun, souvent finement
et élégamment granulé et ridé, laissant voir un fond jaunâtre,
large de 4 à 6 centimètres. Lamelles libres, assez serrées, jaune,
pâle ou rougissant un peu. Pédicelle plein, grêle, fibrilleux, jaune
brillant ou très pâle, un peu recourbé et blanc, tomenteux à la
base. Spores rosées, rondes, petites, un 200e de millimètre.
Été sur le bois mort. Ne se mange pas.

Agaric velu, **Ag. ephebeus,** planche XXXIV, fig. 181.
Syn. myc., I., p. 238; Monag., p. 264; *A. villosus, Bull.,* t. 214; *Fr. Epic.,*
p. 186.

Chapeau moyen, campanulé, puis plan, un peu velu, d'une couleur violet purpurin. Lamelles libres, un peu serrées, arron-

dies, ocracées, pâles. Pédicelle cylindrique, plein, blanc, un peu recourbé à la base, égal. Eté, automne, sur le bois mort, le chêne. Non comestible.

Champignons à chapeau charnu, fibreux, marge incurvée. Lamelles sinuées. Terrestre. Spores grandes, sphériques, rosées.

Agaric ondulé, **Ag. repandus**, planche X, fig. 36.
Berkl., *Engl. Fl.*, V., p. 78; Cooke, p. 191; *Bull.*, t. 423, f. 2; *Fr. Epic.*, p. 190.

Chapeau moyen, charnu, convexe, puis plan, obtusément mamelonné, lisse, d'une couleur jaune rougeâtre, sur un fond blanc, à bords sinueux, brisés parfois. Lamelles libres, larges, arrondies, d'un blanc pâle. Pédicelle solide, blanc, fibro-squammeux au sommet, spores globuleuses, ocracé. Mai, juin, dans les bois; saveur désagréable, odeur nauséeuse. — Vénéneux.

Agaric rose grisâtre, **Ag. rhodopolius**, planche XI, fig. 41.
Berkl., *Outl.*, p. 145; Krombh., t. 55, f. 17, 22; *Fr. Epic.*, p. 195; Bolt., t. 6; Quelet, p. 227.

Chapeau campanulé, bossu, glabre, peu charnu, large de 6 à 12 centimètres, d'une couleur brune ou livide pâlissant, puis isabelle, soyeux, brillant, marge festonnée, brisée, blanche. Lamelles adnées, séparables, un peu sinuées, grossièrement dentelées, blanches puis rosées. Pédicelle creux, glabre, strié, blanc, pruineux au sommet. Été et automne, dans les forêts.

Ce Champignon a une mauvaise odeur; saveur désagréable. — Vénéneux.

Agaric inodore, **Ag. inodorus**, planche XXII, fig. 111.
A. sericellus candidus, Fr. Epic., p. 194; *A. sericeus*, Alb. et Schic., n. 528; *A. molliusculus*, Lasch., n. 265; *A. inodorus, Bull.*, t. 524, f. 2.

Chapeau membraneux, à stries serrées, hygrophane, d'un brun fuligineux, très brillant par le sec, convexe-plan, mamelonné large de 3 à 4 centimètres. Chair fauve pâle. Lamelles sinuées, assez serrées, grises puis brunes. Pédicelle grêle, fibreux, fistuleux, grisâtre, brillant. Spores sphériques, rosées. Été et automne. En groupe dans les gazons; mauvais goût. Non vénéneux, mais pas mangeable.

Agaric fertile, **Ag. fertilis,** planche XXVII, fig. 142.
Berkl., *Outl.*, p. 142; Pers., p. p.; *A. phonospermus, Bull.*, t. 547, F. 1 et
590; *Fr. Epic.*, p. 193.

Chapeau glabre, campanulé, mince, mamelonné, d'une couleur
livide noirâtre, pâle ou grise. Lamelles adhérentes, larges, distinctes, d'une couleur incarnat, souvent comme dentées. Pédicelle plein, glabre, blanchâtre, comme pointu à la base, odeur de
farine récente; dans les prés, le long des chemins. — Comestible.

Agaric sinué, **Ag. sinuatus,** planche XXVI, fig. 138.
Pers., *Myc. Eur.*, 3, n. 281; Cooke, p. 90; Oudem., p. 26; *Fr. Epic.*, p. 189.

Chapeau compacte, glabre, sinué, lobé, d'abord convexe, puis
se déprimant, d'un blanc jaune, très grand, 8 à 12 centimètres.
Lamelles très serrées, presque soudées, très larges, d'une couleur
rousse et adnées. Pédicelle épais, plein, à peu près égal, d'une
couleur blanche. Automne sur la terre, dans les bois. — Comestible.

Agaric ardoise, **Ag. ardosiacus,** planche XXVII, fig. 145.
Berkl., *Outl.*, p. 144; *Bull.*, t. 348; *Fr. Epic.*, p. 191.

Chapeau charnu, humide, conico-campanulé, fragile et se fen-
dillant, d'un beau bleu lilas fugace, puis bleu d'acier, à la fin il
devient cendré et finement fibuleux. Lamelles sinuées, libres, un
peu larges, d'un blanc grisâtre, puis incarnat. Pédicelle épais,
fibreux, aqueux, grisâtre, à stries blanches et liliacées; odeur de
farine ou de fruit. Automne, dans les prés, les bois humides.
— Comestible.

Agaric satiné, **Ag. sericeus,** planche XXVIII, fig. 151.
Berkl., *Outl.*, p. 145; Seyn., *Montp.*, p. 98; *Bull.*, p. 413, f. 2; *A. pascuus,*
Pers., *Syn.; A. vulgo, Fr. Epic.*, p. 196.

Chapeau membraneux, à stries serrées, hygrophane, d'une couleur brun fuligineux, très brillante par le temps sec, convexe
plan, puis mamelonné, large de 3 à 5 centimètres. Pédicelle
grêle, fibreux, fistuleux, grisâtre, brillant. Spores sphériques,
rosées, un 100e de millimètre. Été et automne, en groupes dans les
prés, les gazons. La chair de ce Champignon est fauve pâle.
Ne se mange pas.

Agaric livide, **Ag. lividus,** planche XXXIV, fig. 177.
Fr. Epic., p. 189; *Bull.*, t. 382; Quelet, p. 83.

Chapeau charnu, plan-convexe, bosselé, sec, soyeux, marge

jaunâtre en dessous. Lamelles très larges, fortement sinuées, arrondies, décurrentes par une dent, espacées. Pédicelle fort, recourbé et renflé à la base, fibreux, dur et blanc ; chair blanche, fibreuse, fragile ; odeur agréable, saveur nauséeuse. Spores grandes, rosées, sphériques. Été, automne, dans les bois. — Vénéneux.

Chapeau irrégulier plus ou moins déprimé ou ombiliqué. Lamelles longues, décurrentes, Champignons odorants. Spores rosées.

Agaric orcelle, **Ag. orcella**, planche XXVIII, fig. 147.
Vittad., t. 12, f. 2; Batsch., f. 216; *Bull.*, t. 573, f. 1 ; *Fr. Epic.*, p. 197 ; *Secr.*, n° 558.

Chapeau charnu, mou, convexe, puis étalé, ondulé et difforme, blanc ou un peu grisâtre, glacé et visqueux par le temps humide, marge plus mince, enroulée, blanche, farineuse. Lamelles très décurrentes, serrées, blanchâtres à peine jaunâtres , à reflet incarnat. Pédicelle blanc, épaissi aux deux extrémités, la base est couverte d'un duvet blanc. Printemps, bord des bois ; odeur agréable de farine. — Comestible.

Agaric prunelle, **Ag. prunulus**, planche XXVII, fig. 149.
A. albellus, Schæff., t. 78 ; *A. pallidus*, Sowerb, t. 143 ; Krombh., t. 55, f. 7, 8; Berkl., *Outl.*, t. 7, f. 7 ; Quelet, t, 5, f. 3 ; *Fr. Epic.*, p. 197.

Chapeau compacte, grisâtre au centre, assez régulier, marge farineuse, blanche, enroulée. Lamelles minces, décurrentes, assez serrées, blanches d'abord, puis incarnat. Pédicelle épais strié, cotonneux à la base, blanchâtre. Spores rosées, assez grandes. Printemps, été, bord des bois, odeur agréable de farine. — Comestible.

Chapeau à marge d'abord incurvée. Lamelles les plus grandes adnées avec ou sans dent. Spores rosées.

Agaric pied brillant, **Ag. lampropus**, planche XXVII, fig. 146.
Berkl., *Outl.*, p. 146 ; *Fr. Epic.*, p. 202 ; Quelet, p. 88 ; *A. glaucus*, *Bull.*, t. 521.

Chapeau peu charnu, convexe, étalé, obtus, puis déprimé, écailleux, d'une couleur gris fuligineux ou gris de souris, se décolorant par l'humidité. Lamelles adnées, séparables, d'abord blanches, puis roses. Pédicelle fistuleux, glabre, lisse, souvent couleur d'acier ou violacé. Dans les prés, l'été. Ne se mange pas.

Agaric dentelé, **Ag. serrulatus,** planche XXVIII, fig. 148.
Pers., *Syn.*, I., 463; *A. columbinus, Bull.*, t. 413, fig. 1; Berkl., *Outl.*, p. 146; *Fr. Epic.*, p. 203.

Chapeau peu charnu, convexe, puis ombiliqué, écailleux; jeune il a une couleur bleu noirâtre et devient ensuite fuligineux. Lamelles adnées, larges au milieu, bleuâtre pâle, avec l'arête noirâtre puis grise. Pédicelle égal, fistuleux, glabre, blanchâtre ou azuré. Dans les gazons, été et automne. Ne se mange pas.

Agaric papilé, **Ag. mammosus,** planche XXV, fig. 136.
Kickx., p. 103; Batsch., f. 5; *Bull.*, t. 526; *Fr. Epic.*, p. 207.

Chapeau membraneux, campanulé conique, mamelon pointu, brun, strié, isabelle et soyeux par le temps sec, un peu glabre. Lamelles libres, séparables, ventrues, non serrées, grises ou blanches, et enfin rosées. Pédicelle fistuleux, allongé, rigide, blanc farineux, un peu épais au sommet. Printemps et été, dans les bois, les gazons. Ne se mange pas.

Agaric variable, **Ag. variabilis,** planche XXIV, fig. 123.
Pers., *Obs.*, t. 5, fig. 12; *Syst. myc.*, I., p. 275; *Cum. syn.*, Berkl., *Outl.*, p. 164, t. 10, f. 1; Kickx., p. 171; *A. sessilis*, Bull., t. 152; Fr., *Epic.*, p. 213.

Chapeau très peu charnu, retourné en haut comme le montre la figure, il est fixé au moyen d'un pédicelle très court sur les rameaux morts. Lamelles convergeant vers un point excentrique, assez larges, espacées, d'une coloration variable, tantôt blanches, ou brunâtres fauves. Été et automne, dans les bois humides, sur le bois mort. Ne se mange pas.

Agaric pygmée, **Ag. pygmæus,** planche XXIV, fig. 129.
Bull., t. 525, f. 2; Fr., *Monog.*, I., p. 368.

Chapeau membraneux, campanulé, hémisphérique, mamelonné. ocracé, brunâtre, striolé, très hygrophane, large de 3 à 4 centimètres, luisant par le sec, marge plus pâle à voile fugace; chair sale, amère. Lamelles sinuées, ventrues, assez espacées, un peu jaunâtres, puis fauves. Pédicelle fistuleux, fragile, pâle, ocracé, brunâtre en bas, d'un luisant argenté, un peu farineux au sommet. Spores en amande, fauves.

Été et automne, dans les chemins des bois.

Agaric transparent, **Ag. pellucidus,** planche XXII, fig. 113.

Bull., t. 550, f. 2; *Syst. Myc.*, I., p. 156; Secret., n° 338; Fr., *Epic.*, p. 273.

Chapeau membraneux, globuleux campanulé, puis convexe ouvert, inégal, lisse, gris pâle, finement strié, large de 2 centimètres. Lamelles subdécurrentes, assez espacées, peu serrées, pâle ocracé. Pédicelle raide, grêle, fibrilleux, allongé, luisant, pruineux au sommet, citrin ou ocracé. Été, automne, sur les feuilles de hêtres, dans les chemins des bois.

Ne se mange pas.

Agaric en cupule, **Ag. cupularis,** planche XXXI, fig. 164.

Bull., t. 554, f. 2; Dec., *Fl. Fr.*, VI, p. 167; Secrt., n. 1052; 'Fr., *Epic.*, p. 272.

Chapeau membraneux, convexe, puis étalé, ombiliqué, 3 à 4 centimètres, glabre, hygrophane, gris livide, marge striée. Lamelles décurrentes, serrées blanchâtres. Pédicelle fistuleux, cylindrique, parfois blanc pruineux au sommet, et blanc floconneux à la base. Été, automne, bords des chemins, sur la mousse. Suspect.

6ᵉ SOUS-GENRE, **PRATELLA**

Chapeau charnu ou presque membraneux, persistant. Lamelles nébuleuses, se décolorant. Pédicelle central nu ou pourvu d'un anneau. Spores d'un brun pourpre ou noirâtre, rouillées ou ocracées.

Léveillé rangeait dans ce sous-genre : les *Pholiota, Hebeloma, Flammula, Naucaria, Galera, Crepidolus, Psaliota, Stropharia, Hypholoma, Psilocybe, Psathira,* de Fries.

Tégument laissant un anneau sur le pédicelle. Champignons remarquables, terrestres, jamais sur les souches.

Agaric remarquable, **Ag. spectabilis,** planche XII, fig. 47.

A. aureus, Bull., t. 92; *A. rabarbarinus,* Krombh., t. 3, f. 3; Fr., *Epic.*, p. 221; Cooke, p. 108; Kickx., p. 165.

Chapeau convexe sur un côté, plan sur l'autre, sec; sa cuticule se déchire en squammes ou en fibres soyeuses, d'une couleur doré pâle ou fauve. Lamelles adnées, décurrentes, serrées, étroites, d'un jaune ferrugineux. Pédicelle ferme, ventru, assez court, enveloppé en bas par l'anneau, farineux au sommet. Été et automne, dans les bois. Goût salé, saveur amère. Comestible.

Agaric sphaleromorphe, **Ag. sphaleromorphus**, planche XXV, fig. 131.

A. jecalvus, Lasch., n. 431 ; Bull., t. 540, f. 1 ; Fr., *Epic.*, p. 217.

Chapeau charnu, mince, convexe sur un côté, plan sur l'autre, lisse, humide, jaunâtre ocracé. Lamelles arquées, décurrentes, d'abord d'un blanc jaunâtre, puis argileuses ou brunâtres. Pédicelle plein, soyeux, blanchâtre, grêle, mais épaissi à la base, muni d'un anneau éloigné des lamelles, et très mince. Printemps, été, dans les prés et les bois. On le mange.

Agaric racine de navet, **Ag. radicosus**, planche XXV, fig. 133.

Berkl., *Outl.*, p. 150 ; Krombh., t. 62, f. 6, 10 ; Bull., t. 160 ; Kickx., p. 164 ; Fr., *Epic.*, p. 218 ; Quel., p. 92.

Chapeau charnu, conique, convexe, tacheté, écailleux, blanc ocracé, un peu visqueux ; chair blanchâtre. Lamelles libres, sinuées, serrées, pâles, puis rousses. Pédicelle plein, blanc, fusiforme, radicant, anneau distant blanc, écailleux, membraneux ; le pédicelle au-dessous de l'anneau est recouvert d'écailles dressées. Spores fauve brunâtre. Été et automne, dans les forêts, sur les souches. Odeur de laurier-cerise. — Comestible.

Agaric changeant, **Ag. mutabilis,** planche XXVIII, fig. 150.

Schæff., t. 9 ; Kromb., t. 73, f. 7, 9 ; Berkl., t. 8, f. 3 ; Bull. t. 543 ; O. P. R, *A. caudicinus*, Pers. ; Fr. *Epic.*, p. 225 ; Quel., p. 94.

Chapeau peu charnu, convexe-plan, un peu mamelonné, lisse, couleur cannelle par les temps humides, un peu plus pâle par le sec. Lamelles adnées, décurrentes, serrées, couleur cannelle. Pédicelle très fibreux, courbé ou tordu, jaunâtre, écailleux, plus brun à la base. Anneau membraneux, écailleux, floconneux. Spores brunâtres. Par groupes sur les vieilles souches ou solitaire, mais bien plus grand. Odeur faible. Été et automne. — Comestible.

Agaric écailleux, **Ag. squarrosus**, planche XXIX, fig. 152.

Mull., *S. M.*, I., p. 243 ; *A. squamosus*, Bull., t. 266 ; *A. floccosus*, Schæff., t. 61 ; Fr., *Epic.*, p. 221 ; Quel., p. 93.

Chapeau charnu, campanulé, convexe, puis étalé, sec, d'une

couleur safrané rouillé, tout couvert d'écailles brunâtres, recourbées; chair jaune. Lamelles adnées, décurrentes par une dent, olivâtres puis rouillées. Pédicelle plein, atténué à la base, d'un jaune pâle, chargé d'écailles recourbées et brunâtres, munies au sommet d'un anneau étalé, laineux, d'un jaune fauve. Automne, en touffes sur les souches, au pied des arbres. Odeur forte de bois pourri. — Comestible.

Agaric pudique, **Ag. pudicus,** planche XXXII, fig. 167.
A. albus, Bull., t. 597; F., 2, R. S.; Berkl., *Outl.,* p. 160; Kickx., p. 164; Fr., *Epic.,* p. 218; Cordier, p. 28.

Chapeau charnu, globuleux, convexe, puis plan, lisse, sec et arrondi, large de 8 à 10 centimètres; chair blanche. Lamelles blanches, puis d'un blanc fauve, ventrues, arrondies en arrière, serrées, adnées. Pédicelle plein, blanc fauve, un peu courbé et bulbeux à la base, lisse, et muni d'un anneau blanc, membraneux, étalé, entier et persistant. Été, automne; solitaire ou en touffes, sur les vieux troncs d'arbres. — Comestible.

Agaric atténué, **Ag. attenuatus,** planche XXXII, fig. 166.
DC., *Fl. Fr.,* VI, p. 51; *A. cylindraceus,* Letell., t. 632; *A. cylindraceus,* Fr., *Epic.,* p. 118.

Chapeau charnu, convexe, glabre, large de 10 à 12 centimètres, d'un blanc un peu roussâtre, à bords repliés en dessous dans la jeunesse. Lamelles blanchâtres ou brun fauve, souvent un peu décurrentes. Pédicelle plein, charnu, blanchâtre, cylindrique, plus ou moins courbé et aminci à la base. Anneau placé près du sommet du pédicelle, rabattu, peu consistant, d'un blanc fauve. Printemps, automne, le plus souvent en touffes, sur les souches. Odeur agréable. — Comestible.

Chapeau à pellicule humide, visqueuse, voile distinct. Pédicelle fibreux, charnu. Spores argileuses, ocracées. Champignon terrestre, souvent odorant.

Agaric échaudé, **Ag. crustuliniformis,** planche XXVI, fig. 137.
Bull., t. 308, 546; Berkl., *Outl.,* t. 9, f. 1; *A. circinans,* Pers., *Obs.;* Fr., *Epic.,* p. 241; Quel., p. 95.

Chapeau charnu, convexe plan, glabre, roux, ocracé ou blanchâtre, un peu visqueux, plus obscur au centre; chair hyaline, humide. Lamelles arrondies, serrées, minces, blanchâtres, puis ocracées, et à la fin brunes, sont quelquefois tachetées. Pédicelle plein, solide, légèrement bulbeux, blanchâtre, couvert d'écailles floconnèuses. Odeur, saveur de radis. Été, automne, dans les prés, les bois. — Vénéneux.

Agaric sinué, **Ag. sinuosus,** planche XXVI, fig. 138.
Secr., n. 574; Bull., t. 579, f. 1; Fr. *Epic.*, p. 237.

Chapeau charnu, convexe, puis plan, le centre très déprimé, sinué, glabre, roux, ocracé, légèrement visqueux, large de 10 à 11 centimètres. Lamelles arrondies, serrées, planes, émarginées, d'une couleur argileuse, rouillées ou ocracées. Pédicelle plein, solide, bulbeux à la base, fibreux, charnu, bistré, rougeâtre. Spores ocracées. Été, automne. — Vénéneux.

Chapeau à marge d'abord enroulée. Lamelles adnées ou décurrentes. Pédicelle charnu, fibreux, voile filamenteux ou indistinct. Champignons terrestres ou lignicoles.

Agaric de l'aune, **Ag. alnicola,** planche XX, fig. 89.
A. amarus, Cull., t. 562 *(Var. salicicola); A. velatus,* Schum., p. 339; Quelet, p. 233; Fr., *Epic.*, p. 248; Berkl. et Br., n. 1242.

Chapeau charnu, convexe-plan, large de 5 à 10 centimètres, humide, fibrilleux, parfois écailleux, jaune orangé, puis rouillé; chair citrine amère. Lamelles adnées, jaunâtres, puis rouillées. Pédicelle fibro-charnu, plein, puis creux, recourbé et radicant, fibrilleux, jaune rouillé. Été et automne, sur les souches de l'aune. N'est pas vénéneux, mais très amer.

Agaric en fuseau, **Ag. fusus,** planche XXXI, fig. 160.
A. hybridus, Bull., t. 398; Batsch., f. 189; *A. pompusus,* Balt., t. 5; Fr., *Epic.*, p. 247.

Chapeau convexe, puis mamelonné, fauve, large de 8 à 12 centimètres, à marge enroulée, avec vestiges d'une cortine jaunâtre au bord du chapeau; chair jaune soufré. Lamelles étroites, verdâtres, adnées, à tégument noirâtre. Pédicelle creux, gonflé en haut, subulé en bas, d'une couleur fauve, glabre. Dans le creux des souches, printemps, automne, en groupes.

Saveur amère. Ne se mange pas.

Agaric apicré, **Ag. apicreus,** planche XXXI, fig. 161.

A. lignatilis, Bull., t. 551, A. B.; *A. picreus,* Secr., n. 260; Fr., *Epic.,* p. 249.

Chapeau jaunâtre, fauve, peu charnu, légèrement mamelonné, puis convexe-plan, lisse, glabre, large de 4 à 8 centimètres. Lamelles adnées, serrées, planes, fauves, couleur cannelle. Pédicelle plein, fibreux, courbé, strié, blanc jaunâtre au sommet, et villeux cannelé à la base. Spores rouillées. Printemps, été, sur les planches pourries. Coriace.

Agaric pulvérulent; **Ag. conissans,** planche XXXI, fig. 162.

Kickx., p. 169; *A. pulverulentus,* Bull., t. 178; Fr., *Epic.,* p. 249.

Chapeau peu charnu, mamelonné, ocracé, à bords plus pâles. Lamelles jointes, d'une couleur d'abord blanchâtre, fuligineuses, à téguments noirâtres. Pédicelle creux, égal, jaune blanchâtre. De mai à novembre, groupé en buissons, sur le bord des chemins. Saveur amère. Ne se mange pas.

Agaric gymnopode, **Ag. gymnopodius,** planche XXXI, fig. 163.

Fr., *Epic.,* p. 244; Bull., t. 601, f. 1; Mougeot, *Champ. des Vosg.*

Chapeau charnu, large de 6 à 8 centimètres, d'un brun ferrugineux, campanulé, convexe, puis plan, strié et souvent fendu sur les bords, mamelonné au centre, qui est comme hérissé de petites aspérités noires. Lamelles très larges, inégales, peu nombreuses, arquées, décurrentes, plus claires que le chapeau. Pédicelle nu, plein, atténué et contourné à son extrémité inférieure, strié, d'une couleur brun foncé. Automne, dans les bois, par groupes, à terre; sa chair blanche a une odeur et une saveur agréables. — Comestible.

Voile nul. Chapeau glabre, marge incurvée. Spores rouillées.

Agaric des moissons, **Ag. arvalis,** planche XIX, fig. 87.

Bull., t. 422, fig. 2; Bott., t. 28, D.; Fr., *Epic.,* p. 261.

Chapeau peu charnu, convexe-plan, large de 3 6 à centimètres, lisse, sec, glabre, jaune ou fauve ocracé pâlissant, souvent crevassé; chair blanche. Lamelles libres, serrées, puis espacées, brunâtres ou couleur cannelle sale. Pédicelle tenace, grêle, cylindrique, un peu bulbeux, soyeux, jaunâtre.

Été, automne, prés et champs. — Comestible.

Agaric sidéroïde, **Ag. sideroides,** planche XXII, fig. 108.
DC., *Fl. Fr.*, 5, p. 46 ; Bull., t. 588, Fr. *Epic.*, p. 258 ; *A. hemisphæricus*,
Scop. carn., p. 448; Quel., p. 99.

Chapeau peu charnu, petit, campanulé, mamelonné, glabre,
lisse, humide, un peu visqueux, fauve rougeâtre, cannelle, ou
couleur de cuir par le temps sec. Lamelles adnées, décurrentes
par une denticule, serrées, jaunâtres ou cannelle. Pédicelle fistuleux, assez rigide, cylindrique, grêle, onduleux, lisse, glabre, un
peu épais à la base et jaunâtre ou brunâtre, et blanc pruineux au
sommet. Été, automne, dans les bois. Ne se mange pas.

Agaric horizontal, **Ag. horizontalis,** planche XXIII, fig. 117.
Berkl., *Outl.*, p. 159; Bull., t. 324; Fr., *Epic.*, p. 256.

Chapeau peu charnu, très petit, plan convexe, obtus, sec, lisse,
d'une couleur cannelle. Lamelles rondes, libres, planes, de la couleur du chapeau. Pédicelle très court, grêle, nu. Groupés sur les
écorces d'arbres. Ne se mange pas.

Agaric demi-orbiculaire, **Ag. semi-orbiculatus,** planche XXV,
fig. 135.
Berkl., *Outl.*, t. 9, f. 4; Bull., t. 422; Fr., *Epic.*, p. 260 ; Quelet, p. 100.

Chapeau peu charnu, convexe étalé, de 3 à 6 centimètres, sec,
lisse, glabre, ratatiné par le sec, couleur ocracé. Lamelles adnées,
sinuées, serrées, larges, rouillées. Pédicelle cartilagineux, tenace,
grêle, rigide, cylindrique, lisse, d'une couleur rouillé brillant.
Été, automne, sur le bord des chemins.

Champignons à chapeau plus ou moins campanulé. Voile fibrilleux, fugace ou nul. Spores ocracées. Champignons élégants.

Agaric grêle, **Ag. tener,** planche XXII, fig. 105.
Schæff., t. 70; f. 6, 8; Bull., t. 535, f. 1; Fr., *Epic.*, p. 267.

Chapeau membraneux, conique, campanulé, puis mamelonné
étalé, pulvérulent, d'un brun roux ou ocracé. Lamelles adnées, en
cône, paraissant libres, linéaires, couleur cannelle. Pédicelle
allongé, grêle, brun, puis jaunâtre ocracé, fragile, luisant, bulbi-
forme ou radicant. Été, automne, sur les gazons, les prés.
Ne se mange pas.

Agaric mou, **Ag. mollis,** planche XXIV, fig. 125.

Schæff.; t. 213; Sowerb., t. 98; Letell., t. 688; Fr., *Epic.*, p. 275 ; Quel., t. 7, f. 7.

Chapeau comme divisé en deux parties, presque sessile, convexe plan, réniforme, souvent ondulé, ou lobé flasque, lisse, pâle ou tacheté de roux; chair très molle, épaisse, aqueuse, blanchâtre. Lamelles décurrentes, serrées, grisâtres ou jaunâtres. Été et automne, sur les souches pourries. Trop coriace, mais n'est pas vénéneux.

Champignon à chapeau distinct. Pédicelle central, nu ou pourvu d'un anneau. Lamelles arrondies et libres. Spores d'un brun pourpre ou noirâtre. — Comestible.

Agaric champêtre. **Ag. campestris,** planche XXXII, fig. 165.

Grev., t. 161; Schæff., t. 33; *Fl. dan.*, t. 704; Vittad., t. 6, 8; Krombh., t. 23, f. 1, 8 et t. 26, f. 14, 15; Paul, t. 130; Cordier, p. 89; Fr., *Epic.*, p. 279; Bull., t. 134 et 514.

Chapeau charnu, convexe-plan, sec, soyeux, lisse ou écailleux, d'une couleur roussâtre ou brun bistré, ou fauve clair, quelquefois jaunâtre ou même entièrement blanc, large de 4 à 12 centimètres, à chair épaisse, molle, rougissant et brunissant parfois. Lamelles libres, ventrues, serrées, blanches, puis roses, et enfin brun obscur[1], non adhérentes au pédicelle. Pédicelle plein, lisse ou écailleux, cylindrique ou quelquefois renflé à sa base, long de 4 à 8 centimètres, pourvu dans son milieu d'un anneau blanc, ouvert ou réfléchi, plus ou moins complet, caduc. Été et automne, vient dans les bois, les champs, les jardins, il est cosmopolite; son usage est répandu partout.

Odeur et saveur très agréables. — Comestible.

Agaric des bois, **Ag. sylvicola**, planche XXXII, fig. 168.

Paul, t. 183; Krombh., f. 8; Vitt., t. 8; *A. edulis*, Pers.; Fr., *Epic.*, p. 280.

Chapeau lisse, blanc luisant, doux, large de 6 à 12 centimètres; chair épaisse, molle, brunissant avec le temps. Lamelles droites, inégales, serrées, couleur de chair dans les jeunes individus, puis d'un rouge vineux. Pédicelle long, subbulbeux, plein, cylindrique, ordinairement glabre, pourvu d'un anneau simple. Été, automne, prés, bois, écuries. — Comestible.

Agaric des champs, **Ag. arvensis**, planche XXXIII, fig. 172.

Paul, t. 134, f. 1, 2; Bull., t. 514, f. N. B.; Pers., *Syn.*, 301; Krombh.,
t. 23, f. 11, 14; Berkl., t. 10, f. 4; Fr., *Epic.*, p. 180.

Chapeau charnu, sphérique campanulé, puis un peu aplati,
large de 8 à 12 centimètres, floconneux, farineux, ensuite glabre
et sec, d'un blanc de neige; chair épaisse, blanche et compacte.
Lamelles libres, ventrues, plus larges en avant, d'une couleur rose
tendre ou lilas. Pédicelle ferme, creux et spongieux, blanc, épaissi
à la base, pourvu d'un anneau ample, retombant et ordinairement
double. Été et automne, en cercle dans les prés et les endroits
découverts des bois.

Odeur et saveur très agréables. — Comestible.

Agaric à graines rouges, **Ag. hæmatospermus**, planche XXXIII,
fig. 173.

Syst. Myc., I., p. 282; Krombh., t. 3, f. 21, 25; Bull., t. 595, f. 1; Fr.,
Epic., p. 282.

Chapeau peu charnu, convexe-plan, d'un brun rougeâtre, lisse,
fibrilleux, plus foncé au centre, large de 3 à 5 centimètres.
Lamelles un peu écartées du pédicelle et sinuées, d'une couleur
rosé, et enfin rougeâtre. Pédicelle creux, floconneux en dedans,
grêle, un peu atténué vers le haut. Anneau médian, distant,
très mince. Automne, dans les jardins.

Comestible.

Agaric comestible, **Ag. edulis**, planche XXXII, fig. 175.

Léveil.; *Sic.*

Chapeau charnu, campanulé, ovale-campanulé, puis aplani,
large de 9 à 15 centimètres, floconneux, farineux, puis soyeux,
lisse ou écailleux, sec, blanc ou tacheté de jaunâtre; chair épaisse,
compacte. Lamelles libres, ventrues, blanches, puis brunâtres.
Pédicelle creux, fort, épais à la base, lisse, glabre, blanchâtre.
Anneau supérieur ample, presque double et lacinié. Été et
automne, dans les prés, les bois, les pâturages. Odeur très
agréable de farine. — Comestible.

Champignon à pellicule du chapeau visqueuse et à lamelles
adnées, à anneau variable, à spores fauve rougeâtre.

Agaric érugineux, **Ag. æruginosus**, planche XIX, fig. 84.
Schæff., t. 1; Sowerb., t. 264; Krombh., t. 3, f. 27, 28; Fr., *Epic.*, p. 284;
Quel., p. 110.

Chapeau convexe-plan, peu charnu, légèrement mamelonné,
d'une couleur bleu plus ou moins foncé, recouvert d'une couche
de mucosité concolore. Lamelles adnées, molles, brunâtres ou un
peu rougeâtres. Pédicelle fibrilleux, creux, d'une couleur verdâtre,
muni d'un anneau écailleux, blanchâtre ou vert. Été et automne,
dans les bois.— Vénéneux.

Agaric à graine noire, **Ag. melaspermus**, planche XXV, fig. 132.
Kickx., p. 173; Bull., t. 540, f. 2; Berkl. et Br., n. 1254; Fr., *Epic.*,
p. 285; Quelet, t. 24, f. 3.

Chapeau mou, charnu, plan-convexe, d'un blanc jaunâtre, plus
ou moins brillant, large de 4 à 6 centimètres, souvent un peu
visqueux. Lamelles libres, sinuées, arrondies ou émarginées,
larges, d'un violet grisâtre, elles deviennent d'un beau violet noirâtre. Pédicelle à peine creux, fibreux, d'une couleur blanchâtre,
muni d'un anneau épais, étroit, blanchâtre. Spores lilas.
Été, automne, dans les prés, le bord des bois. Ne se mange pas.

Agaric coronille, **Ag. coronilla**, planche XXVI, fig. 139.
Syst. Myc., I., p. 282; Bull., t. 597; Fr., *Epic.*, p. 285; Quel., t. 14, f. 7.

Chapeau charnu, épais, convexe, puis plan, obtus, presque toujours sec, d'une couleur jaune pâle, lisse, et souvent crevassé;
chair blanche. Lamelles adnées, planes, serrées, d'une couleur
brunâtre. Pédicelle court, plein, atténué à sa base, blanc, muni à
sa partie supérieure d'un anneau blanc et réfléchi. Automne, dans
les prés et les bois. — Comestible.

Agaric obturé, **Ag. obturatus**, planche XXXII, fig. 169.
S. M., I., p. 283; Lasch., Berkl. et Br., n. 1253; Seyn., *Montp.*, p. 82;
Saund., et S. M., t. 25, f. 1, 2; Fr., *Epic.*, p. 285; Quel., p. 110.

Chapeau peu charnu, convexe-plan, puis conique, sec, d'une
couleur de paille, souvent écailleux pâle. Lamelles adnées, planes,
d'abord blanches, puis brunes. Pédicelle blanc, court, jamais
creux, un peu atténué à la base. Anneau réfléchi, épais, étroit,
blanc. Automne, dans les gazons, le bord des bois.
Ne se mange pas.

Champignon à chapeau tenace, glabre. Voile adhérent à sa marge sous forme de franges. Spores brunes.

Agaric fasciculaire, **Ag. fascicularis**, planche XXI, fig. 96.
Krombh., t. 44, f. 4, 5; Sowerb., t. 225; Hussey., II, t. 45; *Fl. dan.*, t. 2075; Fr., *Epic.*, p. 291.

Chapeau très peu charnu, un peu mamelonné, glabre, d'une couleur variant entre le jaune roux et le jaune sulfureux; la marge est ornée de franges allant du jaune au vert. Lamelles serrées, linéaires, adnées, jaunes, vertes ou noirâtres. Pédicelle fistuleux, grêle, flexueux, jaune pâle, la chair de ce Champignon est jaunâtre, d'une saveur nauséeuse et amère. On le rencontre toute l'année, en touffes serrées, sur les vieilles souches et dans tous les bois. — Vénéneux.

Agaric de De Candolle, **Ag. Candoleanus**, planche XXI, fig. 98.
A. appendiculatus, Schum.; Berkl., *Outl.*, p. 170; Seyn., *Montp.*, p. 81 ; Fr., *Epic.*, p. 295; Kickx., p. 175.

Chapeau peu charnu, campanulé, puis convexe, un peu plan, large de 5 à 8 centimètres, d'une couleur brunâtre, le milieu blanc, un peu rougeâtre, lisse; chair mince, blanche. Lamelles arrondies, séparables, serrées, violacées ou brunes, arête blanche. Pédicelle long, fibrilleux, strié au sommet, blanc; le voile blanc est suspendu à la marge du chapeau. Spores ovales, brunes. Été et automne, en touffes dans les jardins, les bois. Ne se mange pas.

Agaric piluliforme, **Ag. pilulæformis**, planche XXIII, fig. 115.
DC., *Fl. Fr.*, II., p. 211; Bull., t. 112; Fr., *Epic.*, p. 296.

Chapeau ténu, ovale campanulé, glabre, d'une couleur blanchâtre, jaunâtre ou grisâtre. Lamelles adnées, d'un blanc cendré. Pédicelle fragile, fistuleux, courbe, glabre, blanc. Ce petit Champignon a l'aspect des Coprins. Vient du printemps à l'automne, sur les troncs, les souches, parmi la mousse et même la pierre moussue. Ne se mange pas.

Agaric pyrotrique, **Ag. pyrotrichus**, planche XXX, fig. 156.
A. lacrymabundus, Bull., t. 525, f. 3; Krombh., t. 42, f. 12, 16; *A. macrourus*, Abbild., Schw., 3, A.; *A. ignescens*, Laach., n. 588; Holmsk., ot. II, t. 35; Fr., *Epic.*, p. 293.

Chapeau peu charnu, convexe, obtus, légèrement poilu, un peu écailleux, d'une couleur fauve doré, large de 6 à 10 centimètres; chair blanchâtre, fauve. Lamelles adnées, assez serrées, blanchâtres, puis brunes, avec l'arête blanchâtre, larmoyante par l'humidité. Pédicelle creux, un peu épaissi à la base, blanchâtre, puis brunâtre, muni d'une cortine distincte blanche, en forme de frange. Été, automne, en touffes, près des vieilles souches, dans les bois. Ne se mange pas.

Agaric toisonné, **Ag. velutinus,** planche XXX, fig. 157.

Pers., *Syn.*, p. 409; Berkl., *Outl.*, p. 170, t. 11, f. 2; *A. lacrimabundus,* Sow., t. 41; Fr., *Epic.*, p. 293.

Chapeau peu charnu, ouvert, un peu mamelonné, large de 5 à 8 centimètres, d'une couleur jaune fauve, puis isabelle, couvert de petites fibrilles; chair mince, cassante. Lamelles peu adnées, libres, séparables, peu serrées, d'une couleur brunâtre, ponctuées de noir. Pédicelle creux, assez épais, cylindrique, soyeux, muni d'un voile d'une couleur grise. Été et automne, dans les jardins, dans les chemins, au pied des arbres.

Ne se mange pas.

Agaric à lames olivâtres, **Ag. elæodes,** planche XXX, fig. 159.

Paul, t. 108 : Secr., n. 337, B. C.; Bull., t. 30; Labr., t. 16, f. 2; Kickx., p. 175; Fr., *Epic.*, 291.

Chapeau peu charnu, ouvert, obtus, glabre, mou, ruguleux, couleur jaune fauve. Lamelles sinuées, arrondies, serrées, sèches, fragiles, d'une couleur olive, passant rapidement au vert-de-gris. Pédicelle fistuleux, fibrilleux, de la couleur du chapeau, finement poudré au sommet. Été et automne, en bouquets, sur les souches. — Vénéneux.

Champignons à chapeau glabre, marge incurvée, voile nul. Lamelles adnées. Pédicelle presque cartilagineux. Terrestre.

Agaric des bruyères, **Ag. ericæus,** planche XIX, fig. 86.

Pers., *Syn.*, p. 413; Berkl. et Br., n. 149; Fr., *Epic.*, p. 298; *A. clivularum*, Letell., t. 676.

Chapeau peu charnu, convexe, obtus, d'un brun pourpre, marge un peu striée. Lamelles triangulaires, planes, d'une couleur pourpre ou fuligineuse. Pédicelle grêle, fistuleux, égal, sub-fibrilleux, puis glabre, d'un brun pâle, un peu pruineux au sommet.

Très commun du printemps à l'automne. Dans les champs, les bois. — Comestible.

Agaric physaloïde, **Ag. physaloides**, planche XX, fig. 90.
Secr., n. 971; Bull., t. 366, f. 1; Lasch., n. 446, Y.; Fr., *Epic.*, p. 300.

Chapeau peu charnu, un peu campanulé ou aplani, avec un petit mamelon saillant, sa pellicule est un peu visqueuse, brun pourpre, brillant, large de 1 à 2 centimètres. Lamelles presque décurrentes, serrées, pâles, et enfin d'un brun foncé. Pédicelle fistuleux, filiforme, flexible, pâle et brun à la base. Spores ovales, violet pâle. Été et automne, dans les chemins, dans les gazons, les forêts. Ne se mange pas.

Agaric appendiculé, **Ag. appendiculatus**, planche XXX, fig. 158.
A. stipatus, Pers., *Syn.*, p. 423; Berkl., *Outl.*, t. 11, fig. 3; Kickx., p. 176; Bull., t. 392; Sowerb., p. 324; Fr., *Epic.*, p. 296.

Chapeau convexe campanulé, peu charnu, obtus, sec, lisse, d'une couleur fauve livide, puis blanc, fragile. Lamelles subadnées, d'un violet pâle, blanchâtres sur les bords du chapeau, et un peu ventrues. Pédicelle blanc, fistuleux, raide, fragile, de 4 à 8 centimètres, à tégument frangé, et dont il reste des lambeaux au rebord du chapeau. Été et automne, dans les jardins, dans les bois. Ne se mange pas.

Champignon à chapeau sub-membraneux, conique ou campanulé, à marge droite. Anneau fibrilleux ou nul. Lamelles brunes ou purpurines. Spores purpurines.

Agaric à pied flexueux, **Ag. gyroflexus**, planche XXIII, fig. 118.
A. palescens, Schæff., t. 211; *A. digitaliformis*, Bull., t. 22; Fr., *Epic.*, p. 305; Quel. p. 118.

Chapeau très clair, strié, à marge striée, orné de fibrilles soyeuses blanches, d'une couleur brun clair. Lamelles larges, adnées, pâles ou grises. Pédicelle blanc, fragile, onduleux, recourbé, strié, pulvérulent au sommet, tomenteux à sa base. Été, automne, sur les vieux troncs, dans les jardins et dans les bois. Ne se mange pas.

7ᵉ SOUS-GENRE, **COPRINUS**

Champignons à chapeau membraneux ou à peine charnu, fugace, absence de volva. Lamelles minces, noires, se liquéfiant en une eau noirâtre. Pédicelle nu ou pourvu d'un collier, presque toujours fugace, blanc, aranéeux et fistuleux. Ces Champignons ont une existence éphémère, presque tous croissent sur le fumier ou les terrains riches en engrais.

Agaric entassé, **Ag. congregatus,** planche XXIII, fig. 114.
DC., *Fl. Fr.*, II, p. 151; Bull., t. 94; Fr.; *Epic.*, p. 328; Quel., p. 240.

Chapeau membraneux, cylindrique, après conique, large de 3 à 4 centimètres, strié, puis fendu sur les bords, d'un blanc grisâtre, recouvert d'un duvet floconneux très fin. Lamelles libres, linéaires, d'un brun noir, bordées de blanc. Pédicelle fistuleux, cylindrique, un peu épaissi à la base, velouté, grisâtre. Spores noires. Tout l'été, dans les forêts, sur le bord des chemins.
Ne se mange pas.

Agaric papilionacé, **Ag. papilionaceus,** planche XL, fig. 209.
Berkl., *Outl.*, p. 175; Kickx., p. 179; Bull., t. 561, f. 2; Fr., *Epic.*, p. 311; Quel., p. 122.

Chapeau glabre, peu charnu, hémisphérique, sec, blanc ou gris, crevassé par la sécheresse. Lamelles adnées, plus larges que longues, planes, tachetées de noir. Pédicelle lisse, blanchâtre, pulvérulent au sommet. Spores noires. Été, automne, sur le fumier, le bord des chemins. Ne se mange pas.

Agaric pie, **Ag. picaceus,** planche XL, fig. 210.
Berkl., *Outl.*, p. 178; Kickx., p. 183; *Agaricus*, Bull., t. 206; Fr., *Epic.*, p. 323.

Chapeau mince, ovoïde, puis en cloche ou bien étalé et retroussé, large de 5 à 8 centimètres, couvert d'écailles inégales et superficielles, caduques, blanches, tandis que le chapeau est fuligineux noir. Lamelles libres, ventrues, noircissantes. Pédicelle fragile, fistuleux, glabre, blanc, un peu bulbeux à la base. Été, automne, bord des chemins, dans les jardins.
Ne se mange pas.

Agarie du terreau, **Ag. fimi-putris,** planche XL, fig. 211.
Berkl., *Outl.*, t. 11, f. 6 ; Bull., t. 66 ; Kickx., p. 179 ; Fr., *Epic.*, p. 310.

Chapeau très peu charnu, conique, un peu bossu, puis ouvert, visqueux, lisse, d'une couleur cendré. Lamelles adnées, ascendantes, larges, cendrées, en vieillissant deviennent noires. Pédicelle fistuleux, plus long que le chapeau, cylindrique, grisâtre, il est marqué un peu au-dessus du milieu d'une zone. Été, automne, sur le bord des chemins, sur le fumier.
Ne se mange pas.

Agaric déliquescent, **Ag. deliquescens,** planche XL, fig. 212.
Berkl., *Outl.*, p. 180 ; Kickx., p. 186 ; *Ag.*, Bull., t. 558, f. 1 ; Fr., *Epic.*, p. 327.

Chapeau membraneux, strié, hémisphérique, puis campanuliforme, allongé. Lamelles libres, linéaires, d'une couleur fuligineuse, claires, puis noires, à marges blanches. Pédicelle fistuleux, cylindrique, presque égal, glabre, un peu marbré de jaune. Été, automne, en groupes, dans les prés, les jardins.
Ne se mange pas, mais n'est pas vénéneux.

Agaric micacé, **Ag. micaceus,** planche XL, fig. 213.
Berkl., *Outl.*, p. 179 ; Kickx., p. 185 ; *Agaricus*, Bull., t. 246 ; *A. lignorum*, Scop., Schæff. ; Fr., *Epic.*, p. 325.

Chapeau membraneux, sillonné, ovale campanulé, d'une couleur jaune fauve ou ferrugineux, parsemé de granules brillantes, fugaces, déchirées sur les bords et relevées en dessus. Lamelles libres, luisantes, lancéolées, d'abord rose cendré, puis noires. Pédicelle fistuleux, cylindrique, lisse, soyeux, nu, blanchâtre, égal. Été, automne, dans les jardins, bords des chemins, en groupes. Ne se mange pas.

Agaric chevelu, **Ag. comatus,** planche XLI, fig. 214.
Krombh., t. 30, fig. 15, 21 ; *A. porcellanus*, Schæff., t. 46, 47 ; *A. typhoides*, Bull., t. 582, f. 2 ; Berkl., *Outl.*, p. 177 ; *A. fimetarius*, Bolt., t. 44 ; *A. cylindricus*, Sowerb., t. 189 ; Fr., *Epic.*, p. 320.

Chapeau peu charnu, ovale, puis ouvert, couvert de larges écailles filamenteuses, blanc, strié, rose, puis noir ; marge souvent inégale. Lamelles libres, écartées du pédicelle, passant par le blanc, le rose et le noir. Pédicelle creux, bulbeux, radié à la base, atténué vers le haut, allongé, brillant, blanc ou rosâtre, muni d'un anneau mobile, mince, blanc. Été, automne, sur le bord des chemins, les gazons. — Comestible.

Agaric à encre, **Ag. atramentarius,** planche XLI, fig. 215.
Bull., t. 164; Berkl., *Outl.*, t. 12, f. 1; *A. plicatus,* Pers., *Syn.*, p. 396 ; Kickx., p. 182; Fr., *Epic.*, p. 322.

Chapeau peu charnu, ovale, obtus, mou au toucher, finement écailleux, anguleux, d'une couleur grisâtre ou livide, à marge très inégale. Lamelles libres, très ventrues, à arête floconneuse, blanchâtres, puis noirâtres. Pédicelle lisse et longuement atténué au sommet, anguleux, zoné en dedans, renflé et annulé en bas. Été et automne, dans les jardins, sur le bord des chemins. — Comestible.

Agaric fimetaire, **Ag. fimetarius,** planche XLI, fig. 216.
Ag. cinereus. Bull., t. 88; Berkl., *Outl.*, p. 179; Pers., *Syn.*, p. 398; Seyn., *Montp.*, p. 71 ; Kickx., p. 183; Hoffm., IC., t. 9, f. 2 ; Fr., *Epic.*, p. 324 ; Bolt., t. 20.

Chapeau membraneux, en massue, puis conique, fendillé et retroussé, d'une couleur cendré pâle ou fauve, souvent poilu ou nu et sillonné, le sommet restant lisse. Lamelles libres, linéaires, blanches, passant par le rose et devenant noires. Pédicelle plein, un peu épais à la base, écailleux, blanc, quelquefois pourvu d'une longue racine. Spores ovales, d'un brun noir. Été, automne, dans les champs, sur les fumiers.
Odeur très agréable. — Comestible.

Agaric stercoré, **Ag. stercoriarus,** planche XLI, fig. 217.
Kickx., p. 187; Scop. 427; Fr., *Epic.*, p. 330.

Chapeau ovoïde campanulé, strié, couvert d'un léger duvet blanc et micacé. Lamelles adnées, ventrues, atténuées en arrière, noires. Pédicelle ovale, bulbeux, puis atténué en haut, pruineux, blanc et allongé. Été, automne, sur le bord des chemins.
Ne se mange pas.

Agaric momentané, **Ag. momentaneus,** planche XLII, fig. 218.
Lév., Bull., t. 128.

Chapeau glabre, campanulé, étalé, fendu, strié, cendré rougeâtre, à disque roux. Lamelles lancéolées, distantes, pâles, brunâtres ou d'un brun noir. Pédicelle nu, long, très grêle, glabre, égal, creux. Cette espèce ne dure que quelques heures à partir de son développement. De mai à octobre, dans les jardins, sur les fumiers, bords des chemins. Ne se mange pas.

Agaric éteignoir, **Ag. extinctorius,** planche XLII, fig. 219.
Berkl., *Outl.*, p. 178; Kickx., p. 183; *Agaricus*, Bull., t. 437, f. 1 ; Paul, t. 124, f. 7; Fr., *Epic.*, p. 324.

Chapeau en massue, puis en cloche, assez membraneux, finement strié du sommet aux bords, blanc, muni de fines écailles caduques retroussées, blanches, ou d'un gris fauve, souvent fendillées. Lamelles libres, larges, lancéolées, d'abord blanches, passant ensuite au brun noir. Pédicelle ferme, farineux ou écailleux, blanc, atténué en haut, renflé à la base. Spores aiguës aux deux extrémités. Printemps, sur les vieilles souches, endroits frais. Ne se mange pas.

Agaric drapé, **Ag. tomentosus,** planche XLII, fig. 220.
Berkl., *Outl.*, p. 179; *Agaricus*, Bull., t. 138; Seyn., *Montp.*, p. 171; Mich., t. 80, f. 5; Quel., p. 240; Fr., *Epic.*, p. 325.

Chapeau cylindrique, puis conique, large de 3 à 4 centimètres, strié, puis fendu sur les bords, d'un blanc grisâtre, parsemé d'un duvet floconneux très fin. Lamelles libres, linéaires, d'un brun noir, avec une bordure blanche. Pédicelle fistuleux, cylindrique, un peu épais à la base, grisâtre ou velouté de gris. Tout l'été, sur les bords des chemins, dans les bois. Ne se mange pas.

Agaric chancelant, **Ag. titubans,** planche XLII, fig. 221.
DC., *Fl. Fr.*, II, p. 151; *Ag.*, Bull., t. 94; Fr., *Epic.*, p. 328.

Chapeau membraneux, cylindrique, campanulé, glabre, ocracé. Lamelles linéaires, adnées, blanches, puis noires. Pédicelle fistuleux, grêle, glabre, blanc. Été, automne, sur le bord des chemins, dans les endroits humides. Ne se mange pas.

Agaric stercoré, **Ag. stercorarius,** planche XLII, fig. 222.
Kickx., p. 187; Bull., t. 542, f. M.; Scop., p. 427; Fr., *Epic.*, p. 330.

Chapeau ovoïde, puis campanulé, large de 2 à 3 centimètres, strié, couvert d'un duvet blanc et micacé. Lamelles atténuées en arrière, ventrues, noires. Pédicelle atténué en haut, ovale, un peu

bulbeux à la base, blanc. Été, bords des chemins.
Ne se mange pas.

Agaric disséminé, **Ag. disseminatus,** planche XLII, fig. 223.
Paul, t. 123, f. 6; Pers., *Syn.*, p. 403; Schæff., t. 308; Quel., t. 8, f. 5;
Fr., *Epic.*, p. 316.

Chapeau campanulé, ténu, glabre, sillonné, d'abord blanchâtre,
puis gris. Lamelles adnées, larges, blanc cendré, puis noirâtres.
Pédicelle fragile, fistuleux, courbe, furfuracé, puis glabre, blanc.
Vient du printemps à l'automne, au pied des arbres morts, sur les
souches. Ne se mange pas.

Agaric éphémère, **Ag. ephemereus,** planche XLII, fig. 224.
Berkl., *Outl.*, p. 181: Bull., t. 128; *Fl. Dan.*, t. 832, f. 2; Weinm., p. 280;
Fr., *Epic.*, p. 331.

Chapeau ovale en massue, puis ouvert étalé, très tendre, radié,
sillonné, légèrement furfuracé; le centre du chapeau est un peu
rougeâtre. Lamelles adnées, linéaires, d'abord blanches, brunes.
et enfin noires. Pédicelle tendre, fistuleux, égal, glabre, blanchâtre. Printemps, été, dans les jardins, sur le bord des chemins.
Ne se mange pas.

Agaric cendré, **Ag. cinereus,** planche XLII, fig. 225.
Schæff., t. 100; *Fl. Dan.*, t. 1195; Pers., *Syn.*, p. 398; Fr., *Epic.*, p. 324.

Chapeau d'abord ovoïde, puis conique, enfin étalé, large de 6 à
12 centimètres, déchiré et recourbé sur les bords, sillonné, tomenteux, cendré, lisse au sommet, d'un blanc livide. Lamelles linéaires, ponctuées, un peu flexueuses, adnées. Pédicelle long, blanc,
légèrement tomenteux, écailleux. Été, automne, sur le fumier, la
terre, les vieilles souches. — Comestible.

Agaric pliant, **Ag. plicatilis,** planche XLII, fig. 326.
Berkl., *Outl.*, p. 181; Kickx., p. 189; *A. striatus,* Bull., t. 552; Pers., *Syn.*,
p. 404; Fr., *Epic.*, p. 331; Quel., p. 130.

Chapeau d'abord ovale ou cylindrique, campanulé, puis ouvert,
très tendre, plissé et sillonné, large de 3 centimètres, glabre,
brun, puis blanc cendré, à disque large, lisse, puis déprimé et
plus foncé en roux. Lamelles adnées, espacées, cendrées, noires.
Pédicelle grêle, cylindrique, fistuleux, lisse, glabre, pâle. Printemps, été, automne, dans les prés, sur le bord des chemins, en
groupes. Ne se mange pas.

Agaric sans chair, **Ag. spectrum**, planche XLII, fig. 227.
Ed. I., p. 253; Jungh. in Linn., V., t. 6, f. 10; Fr., *Epic.*, p. 331; Quel.,
p. 131.

Chapeau campanulé, sillonné, glabre, cendré et pellucide, large
de 5 à 8 millimètres. Lamelles adnées, espacées, intercalées de
plus courtes, blanchâtres, puis noires. Pédicelle très délicat, déliquescent et fugace, filiforme, blanchâtre. Une partie de l'année
sur les détritus. Ne se mange pas.

Agaric radié, **Ag. radiatus**, planche XLII, fig. 228.
Kickx., p. 187; *Agaricus*, Bolt., t. 39, f. C.; Bull., t. 542, f. 4; Fr., *Epic.*,
p. 330; Quel., p. 128.

Chapeau très ténu, en massue, puis ouvert, aplani, radié, strié,
large de 4 à 10 millimètres, grisâtre, couvert d'écailles soyeuses
très caduques. Lamelles libres, espacées, pâles, puis noires. Pédicelle filiforme, hyalin, tapissé de fines soies à la base. Printemps, été, automne, sur le crottin de cheval, la bouse, etc.
Ne se mange pas.

Agaric faux éphémère, **Ag. ephemeroides**, planche XLII, fig. 229.
Bull., *Agaricus*, t. 582; Lapp., p. 226; Fr., *Epic.*, p. 328; Quel., p. 127.

Chapeau cylindrique, puis ouvert, grisâtre, puis livide, couvert
d'écailles floconneuses, plissées, sillonnées et retroussées, très
délicat. Lamelles écartées, très tendres, hyalines, puis noires.
Pédicelle glabre, renflé en bulbilles à la base, contient un fil libre
dans son tube, muni d'un anneau très mince et mobile. Endroits
humides, été, automne. Ne se mange pas.

8ᵉ SOUS-GENRE, **CORTINARIA**

Les Cortinaires ont comme caractères: Un chapeau le plus souvent charnu, convexe-plan ; les lamelles, émarginées ou sinuées
à leur extrémité interne, se décolorent en se desséchant, deviennent à la fin couleur cannelle et pulvérulentes, mais ne noircissent
pas, sont recouvertes dans leur jeune âge d'un voile aranéeux ; le
pédicelle est souvent bulbeux, entouré d'une cortine ou anneau
filamenteux, souvent descendant.
Aucune espèce de Cortinaire n'est vénéneuse.

Agaric sablé, **Cort. arenatus,** planche XVII, fig. 73.

Berkl., *Outl.*, p. 188; *A. psammocephalus*, Bull., t. 586; *Agaricus*, Pers., *Syn.*, p. 293; Hussey, I, t. 72; Fr., *Epic.*, p. 365.

Chapeau épais, mamelonné, blanc grisâtre; couvert de poils écailleux gris, large de 8 à 12 centimètres. Lamelles émarginées, pressées, d'une couleur violet cannelle. Pédicelle à écailles transversales, noirâtre, lisse au sommet, à anneau violet. D'août à octobre, dans les bois, au pied des arbres. — Comestible.

Agaric couleur d'airain, **Cort. tabularis,** planche XVII, fig. 74.

Berkl., *Outl.*, p. 189; Kickx., p. 192; Bull., t. 431, f. 5; *A. ochroleucus*, Pers., *Syn.*, p. 295; Fr., *Epic.*, p. 366.

Chapeau charnu, convexe-plan, finement soyeux, lisse, pâle, un peu argileux. Lamelles émarginées, planes, assez larges, fragiles, d'une couleur ambré, puis cannelle. Pédicelle plein, élastique, allongé, villeux, puis fibrilleux, argileux au-dessous de la cortine. Été et automne, dans les bois. — Comestible.

Agaric lustré, **Cort. lustratus,** planche XX, fig. 93.

Ed., I, p. 258; Fr., *Epic.*, p. 337.

Chapeau charnu, plan-convexe, glabre, un peu visqueux, à marge fibrilleuse, lavé de blanc. Lamelles arrondies, émarginées, épaisses, larges, blanches, puis pâlissant. Pédicelle plein, élégamment bulbeux, strié. Cortine blanche, se continuant avec la zone supérieure, Été, automne. — Comestible.

Agaric à collier aranéeux, **Cort. arachnostreptus,** planche XXIV, fig. 128.

Lett., f. 617; Fr., *Epic.*, p. 376.

Chapeau conico-convexe, d'un gris fauve ou couleur de cuir, pâlissant par le sec et un peu soyeux; chair très ténue, concolore. Lamelles adnées, un peu espacées, minces, rouillées. Pédicelle subfistuleux, un peu courbé, lisse, brun pâle; voile peu apparent. Été, automne, dans les prés, endroits gramineux. — Comestible.

Agaric hydrophile, **Cort. hydrophilus,** planche XXXIV, fig. 179.

Seyn., *Montp.*, p. 80; *A. curvatus*, Weinm., p. 268; Bull., t. 511; Secr., n. 401; Fr., *Epic.*, p. 333.

Chapeau peu charnu, glabre, d'une couleur châtain fauve, pâle, à bords striés et sinueux, d'une grandeur variant de 2 à 8 centimètres. Lamelles atténuées, presque libres, très nombreuses, pressées, d'abord purpurines, puis incarnat et brunes. Pédicelle fistuleux, très tendre, glabre, cylindrique, blanc, lisse, brillant. De juillet à novembre, en groupes, après les pluies.

Ne se mange pas.

Agaric muqueux, **Cort. collinitus,** planche XXXV, fig. 186.
Berkl., *Outl.*, p. 186 ; Pers., *Syn.*, p. 281 ; Sow., t. 9 ; Fr., *Epic.*, p. 354.

Chapeau charnu, convexe, étalé, d'une couleur orangé fauve, couvert d'une couche gélatineuse, la marge est lisse. Lamelles adnées, assez serrées, blanchâtres ou bleuâtres, puis couleur cannelle. Pédicelle plein, ferme, cylindrique ; voile floconneux, divisé en larges écailles concentriques, qui forment souvent près du sommet un anneau comme glutineux, d'une couleur blanche et même jaunâtre. Automne, dans les prés et les bois.

Comestible.

Agaric violacé, **Cort. violaceus,** planche XXXVI, fig. 189.
Linn., n. 1226 ; Bull., t. 250 et 598, f. 2 ; Pers., *Syn.*, p. 32 ; Kickx., p. 191 ; Secr., n. 146 ; Fr., *Epic.*, p. 360.

Chapeau très charnu, convexe-plan régulier, d'une largeur de 8 à 15 centimètres, d'une couleur violet obscur, velouté, puis crevassé, un peu écailleux, marge enroulée ; chair molle, de la même couleur. Lamelles sub-adnées, fermées, espacées, réunies par des veines violettes. Pédicelle plein, fort bulbeux à la base, tomenteux, puis fibrilleux, d'une couleur violet foncé, et violet cendré à l'intérieur. Cortine laineuse d'un beau violet. Été et automne, dans les bois. — Comestible.

Agaric éclatant, **Cort. jubarinus,** planche XXXVI, fig. 190.
Ed., I, p. 309 ; *A. araneoso,* Bull., t. 431, f. 1 ; Fr., *Epic.*, p. 393 ; Quel., p. 149.

Chapeau peu charnu, campanulé, souvent ondulé, puis réfléchi, d'une belle couleur fauve cannelle, luisant, large de 4 à 9 centimètres ; dans le jeune âge le chapeau est orné d'un voile soyeux, puis fibrilleux. Lamelles adnées, larges, assez espacées, de la couleur du chapeau. Pédicelle plein, puis creux, strié, d'un jaune pâle en dehors et à l'intérieur, plus pâle au sommet. Cortine soyeuse, puis fibrilleuse. Automne, dans les bois de pins, à Vincennes, Chantilly, etc. — Comestible.

Agaric du chien, **Cort. caninus,** planche XXXVI, fig. 191.

Berkl., *Outl.*, p. 189; Weinm., p. 153; Fr., *Epic.*, p. 368.

Chapeau charnu, convexe-plan, un peu mamelonné, large de 4 à 6 centimètres, sec, d'un brun pâlissant, marge fendillée, revêtue de fibrilles soyeuses. Lamelles adnées ou légèrement émarginées, minces, assez serrées, plus ou moins bleuâtres, purpurines. Pédicelle plein, glabre, un peu bulbeux, atténué vers le haut, blanchâtre en haut. Cortine fibrilleuse, lâche, lilas pâle. Été, automne, dans les bois. — Comestible.

Agaric orellan, **Cort. orellanus,** planche XXXVI, fig. 192.

Berkl. et Br., n. 1270; *A. calisteus*, Lasch., n. 570; *A. purpureus*, Bull., t. 598; *A. conformis*, Secr., n. 253; Fr., *Epic.*, p. 371.

Chapeau charnu, compacte, obtus, conique, tigré maculé, orné d'une zone écailleuse, d'une couleur orangé fauve, marge un peu enroulée régulièrement; chair ocracé. Lamelles serrées, émarginées, assez serrées, d'une couleur orangé puis ocracé, ou fauve rouillé. Pédicelle fibrilleux, laineux, purpurin et jaunâtre en dedans, court. Cortine fibrilleuse rougeâtre, saveur agréable. Été et automne, dans les bois en groupes. — Comestible.

Agaric chapeau rougeâtre, **Cort. hœmatochelis,** planche XXXVII, fig. 193.

Berkl. et Br., n. 1273; *Agaricus*, Bull., 527, f. 1; Paul, t. III; Fr., *Epic.*, p. 378.

Chapeau charnu, campanulé et aplani, large de 9 à 12 centimètres, d'une couleur roux pâle un peu rougeâtre; chair pâle sale. Lamelles adnées, un peu arrondies, espacées, d'abord cannelle pâle, puis rouillées. Pédicelle plein, allongé, élégamment bulbeux, fibrilleux, strié roux pâle; voile disposé en deux zones concentriques, d'une couleur rougeâtre. Été et automne, dans les bois. — Comestible.

Agaric châtain, **Ag. castaneus,** planche XXXVII, fig. 196.

Berkl., *Outl.*, p. 194; *Agaricus*, Bull., t. 268; Secr., n. 279; Schæff., t. 229; Fr., *Epic.*, p. 391.

Chapeau mince, coriace, glabre, campanulé, puis aplani, châtain, mamelon plus obscur. Lamelles adnées, serrées, minces, pourpre, ou rouillées. Pédicelle tenace subfistuleux, fibrilleux vers la cortine, glabre, lisse, d'un rouge pâle. Cortine très ténue, blanche. Automne, dans les bois, en groupes. — Comestible.

Agaric turbiné, **Cort. turbinatus**, planche XXXVII, fig. 197.

Berkl., *Outl.*, p, 185; Bull., t. 110; Secr., n. 176; Weinm., n. 162; Fr., *Epic.*, p. 346; Quel., 135.

Chapeau charnu, convexe-plan, orbiculaire, lisse, glabre, d'une couleur jaune sale ou verdâtre ; chair molle, blanche. Lamelles adnées, minces, serrées, larges, d'un jaune pâle puis un peu rouillées. Pédicelle cylindrique d'abord plein, puis creux, jaunâtre, bulbe sphérique, déprimé, marginé. Été et automne, très fréquent dans tous les bois. — Comestible.

Agaric cannelle, **Cort. cinnamomeus**, planche XXXVIII, fig. 198.

Linn., n. 1205; Berkl., *Outl.*, p. 190; Krombh., t. 71, f. 12, 15; Letell., t. 618; Weinm., p. 168; Fr., *Epic.*, p. 370.

Chapeau convexe, mamelonné, cannelle, soyeux, couleur variable. Lamelles adnées, serrées, larges, minces, brillantes, et aussi de couleur très variable, quelquefois sanguine, rouge cannelle, safrané, fauve jaune, ou jaune d'or. Pédicelle plein, puis creux, égal, d'une couleur jaunâtre, ainsi que la cortine ; chair jaunâtre. Automne, commun dans les bois. — Comestible.

Agaric anomal, **Cort. anomalus**, planche XXXVIII, fig. 199.

Berkl., *Outl.*, p. 190; Bull., t. 431 f. 2; *A. eumorphus*, Pers.; Weinm., p. 153; Fr., *Epic.*, p. 369; Quel., p. 142.

Chapeau mince, charnu, convexe puis bossu, étalé, d'abord fuligineux, rougeâtre, puis gris blanc, et en vieillissant il devient jaunâtre ; chair blanche par le temps sec. Lamelles adnées, quelquefois émarginées, décurrentes par une dent, serrées, minces, plus ou moins violacées, puis cannelle. Pédicelle plein dans le jeune âge, puis creux, grêle allongé, un peu atténué et violacé vers le haut, blanchâtre en bas, et tomenteux, souvent légèrement écailleux. Été, automne, dans les bois. — Comestible.

Agaric incisé, **Cort. incisus**, planche XXXVIII, fig. 200.

Berkl. et Br., n. 1272; Kickx., p. 193; Bull., t. 586, f. 2; Pers., *Syn.*, p. 310; Fr., *Epic.*, p. 384.

Chapeau peu charnu, conique, campanulé, avec un mamelon, puis ouvert, le mamelon se déprime; marge profondément incisée, d'une couleur jaune roux, puis fauve par le sec, luisant. Lamelles adnées, minces, serrées, lancéolées, pâle, puis cannelle. Pédicelle fistuleux, grêle, égal, flexueux, fibrilleux, tacheté de roux, plus pâle au sommet. Cortine adhérente, ocracé, fibrilleuse. Eté, automne, dans les bois. — Comestible.

Agaric pied grêle, **Cort. iliopodius**, planche XXXVIII, fig. 201.
Berkl., *Outl.*, p. 193; Bull., t. 586, f. 2; Fr., *Epic.*, p. 385.

Chapeau un peu charnu, en cloche, puis conique allongé, à mamelon aigu, pointu, enfin convexe, et même plan. Lamelles soudées, adnées, un peu espacées, ventrues, pâle jaunâtre, puis un peu cannelle. Pédicelle cylindrique, fibrilleux, pâle roux, un peu atténué en haut. Cortine fibrilleuse persistante dans le jeune âge, puis devenant fugace. Dans les bois, en groupes très variables. Eté, automne. — Comestible.

Agaric de Bulliard, **Cort. Bulliardi**, planche XXXVIII, fig. 203.
Berkl., *Outl.*, p. 187; Quel., p. 141, t. 9, f. 3; Bull., t. 431, f. 3; Seyn., *Montp.*, p. 91; Pers., *Syn.*, p. 289; Letell., t. 689; Fr., *Epic.*, p. 363.

Chapeau charnu, convexe, large de 5 à 8 centimètres, d'abord jaunâtre, puis teint de rouge safrané, ainsi que la base du pédicelle; marge soyeuse munie d'une cortine rouge très fugace; chair jaunâtre. Lamelles adnées, ocre pâle puis cannelle. Pédicelle plein, blanc au sommet puis jaunâtre, avec des fibrilles rouge safrané, un peu bulbeux à la base. Automne, dans les bois. Ce champignon n'est pas vénéneux, mais très-amer.

Agaric de Léveillé, **Cort. Leveillei**, planche XXXVIII, fig. 202.

Nous avons trouvé ce Champignon, LÉVEILLÉ et moi, dans presque tous les bois; on le distingue par un chapeau charnu, mamelonné, aminci aux bords; chair pâle ferme, légèrement azurée. Lamelles adnées, un peu arrondies, espacées, d'une couleur jaune fauve geai. Pédicelle plein, non bulbeux, en forme de cintre, azuré dans toute sa longueur, muni d'une cortine annulaire de la couleur du pédicelle. Spores jaunes. Automne. — Comestible.

Agaric pied vêtu, **Cort. licinipes**, planche XXXVIII, fig. 204.
Bull., t. 600, f. X, W, t.; Fr., *Epic.*, p. 376; Quel., p. 146.

Chapeau charnu, membraneux, campanulé, aplani, déprimé autour du mamelon, large de 6 à 9 centimètres, lisse, glabre, couleur ocracé, à marge profondément incisée ; chair hygrophane.

Lamelles adnées, très larges en arrière, d'une couleur cannelle, aqueuses. Pédicelle allongé, fragile, flexueux, blanc pâle, souvent couvert d'écailles plumeuses, blanches, blanc villeux à la base, munie dans le jeune âge d'un anneau très fugace membraneux. Automne, en groupes dans les bois. — Comestible.

Agaric irrégulier, **Cort. irregularis**, planche XXXVIII, fig. 205.
A lucidi, Pers., *Syn.*, p. 299; Fr., *Epic.*, n. 394.

Chapeau charnu, largement mamelonné, un peu aminci aux bords, large de 6 à 8 centimètres, d'un brun sombre, marqué d'une zone concentrique, déprimé autour du mamelon ; chair brune. Lamelles atténuées, légèrement arquées, un peu décurrentes par une dent. Pédicelle plein, brunâtre, égal, un peu strié, courbé à la base. Cortine fugace. Automne, dans les bois. Saveur amère. N'est pas vénéneux.

Champignon à chapeau plus ou moins charnu, convexe–campanulé, puis étalé, mamelonné ; voile plus ou moins manifeste, cortiniforme, formé des fibrilles qui couvrent le chapeau. Pédicelle ferme, écailleux ou fibrilleux. Lamelles blanches, se décolorant. Spores rouillées, brunâtres, odorantes.

Agaric à odeur de poire, **Ag. piriodorus**, planche XII, fig. 46.
Pers., *Syn.*, p. 300; Berkl., *Eng. Fl.*, V, p. 96; Bull., t. 532; Weinm., p. 185; Secr., n. 300; Fr., *Epic.*, p. 228.

Chapeau charnu, ovoïde, campanulé, obtus, large de 6 à 9 centimètres, à disque assez écailleux, à marge recourbée, un peu lacérée, rougeâtre ou fuligineuse ; chair rougeâtre. Lamelles adnées, puis émarginées, serrées, minces, souvent crispées, blanchâtres, puis brunâtres, arête blanche. Pédicelle mou, fragile, souvent courbé, très fibrilleux, d'un blanc poudreux au sommet, rougeâtre en dedans. Été, automne, dans les bois; odeur de violette. — Comestible.

Agaric destructeur, **Ag. destrictus**, planche XXXV, fig. 182.
A. rimoso, Bull., t. 559; Fr., *Epic.*, p. 232.

Chapeau charnu, campanulé, puis aplani, mamelonné, large de 5 à 10 centimètres, fibrilleux, fendillé, puis crevassé et écaillé, d'abord roux, puis pâle. Lamelles adnées en crochets, serrées, minces, blanchâtres, puis grises, cannelle. Pédicelle plein, assez grêle, strié, blanc rougeâtre, pruineux au sommet. Cortine ténue et fugace. Été, automne, dans les sentiers, les herbes. — Comestible.

Agaric crevassé, **Ag. rimosus,** planche XXXV, fig. 184.
Sowerb., t. 323 ; Batsch., f. 107 ; Krombh., t. 44, f. 10, 12 ; Bull., t. 388 ; Kickx., p. 168 ; Fr., *Epic.*, p. 232.

Chapeau peu charnu, conique, puis campanulé, obtus, fendu en long, centre lisse ou crevassé, comme tessellé, large de 6 à 8 centimètres, d'une couleur jaunâtre, roussâtre ou brun. Lamelles libres, fortement atténuées en arrière, avec une arête, sont d'abord blanchâtres, brunâtres, et enfin rouillées. Pédicelle plein, ferme, fibreux, arrondi, à bulbe marginé à la base, jaunâtre ou brunâtre, farineux en haut. Cortine fugace. Automne, dans les bois. Donne des coliques.

Agaric lanugineux, **Ag. lanuginosus,** planche XXXV, fig. 185.
Berkl., *Outl.*, p. 153 ; *A. cervicolor*, Secr., n. 305 ; Bull., t. 370 ; Fr., *Epic.*, p. 227 ; *A. norridulus*, Lach., n. 378.

Chapeau peu charnu, convexe-plan, mamelonné, obtus, large de 2 à 4 centimètres, fibrilleux, lacéré en fines écailles, et squarreux, soyeux, d'une couleur jaunâtre, ou roux.

Agaric à tête conique, **Ag. conocephaleus,** planche XXII, fig. 101.
Agaricus, Bull., t. 563, f. 1 ; Ed., I, p. 205 ; Weinm., Ross., p. 269 ; Quelet, p. 235 ; Fr., *Epic.*, p. 334.

Chapeau membraneux, conique, campanulé, ocracé, lisse, légèrement visqueux, ridé par le sec ; marge striée. Lamelles libres, ventrues, pâles, ocracé, puis rouillées. Pédicelle fistuleux, long, grêle pâle, luisant, pulvérulent et strié en haut, sub-radicant. Spores ocracé. Printemps et été, dans les jardins et les champs. Ne se mange pas.

Champignons à chapeau généralement conique, puis mamelonné. A lamelles un peu adnées, assez serrées, étroites, grisâtre concolore. Pédicelle plein, tenace, grêle, couvert de petites écailles denses, d'un gris brun, roux poudreux au sommet. Été et automne, dans les bois.

Agaric scintillant, **Ag. vibratilis,** planche XXXVI, fig. 188.
Ed., I, p. 277; Trog., n. 244; Weinm., p. 166; Fr., *Epic.*, p. 358.

Chapeau charnu, bossu, large de 4 à 6 centimètres, glabre, ocracé couleur de miel, puis jaunâtre, fibrilleux, soyeux; chair jaunâtre. Lamelles décurrentes, arquées, serrées, étroites, jaunâtres, puis enfin cannelle. Pédicelle plein, mou en dedans ou creux, en massue à la base, souvent courbé, lisse, fibrilleux, nu et jaunâtre. Cortine fugace. Été et automne, dans tous les bois humides. — Comestible.

Agaric jaune d'œuf, **Ag. vitellinus,** planche XXXVII, fig. 194.
Ed., I. p. 254; Kickx., p. 190; *Agaricus*, Pers., *Syn.*, p. 402; Fr., *Epic.*, p. 333.

Chapeau convexe-plan, large de 2 à 4 centimètres, légèrement visqueux, lisse, d'une couleur jaune d'œuf brillant. Lamelles adnées, décurrentes, espacées, réunies par une veine, d'une couleur jaune, un peu glauque sur l'arête. Pédicelle atténué à la base, mou, fibreux, pâle, luisant, jaunâtre. Sous les pins, été, automne, dans tous les bois de pins. — Comestible.

Champignon à chapeau mince, ou charnu. Lamelles pleines de sucs aqueux, adnées, décurrentes. Pédicelle plein, puis creux, souvent annulaire ou cortiniforme; voile en général visqueux. Spores blanches.

Agaric perroquet, **Ag. psittacinus,** planche XXXIV, fig. 176.
Hussey, I, t. 41; Berkl., *Outl.*, p. 202; *Agaricus*, Schæff., t. 301; Bull., t. 546, f. 1; Sow., t. 82; Fr., *Epic.*, p. 420.

Chapeau conique, puis étalé, mamelonné, strié, très visqueux, d'une couleur jaune ou vert. Lamelles adnées, ventrues, épaisses, jaunes, puis vertes, noircissant quand on les froisse. Pédicelle fistuleux, floconneux, grêle, lisse, tenace, verdâtre près du chapeau, jaunâtre à la base, recouvert d'un enduit glutineux. Automne, dans les prés, les pâturages. Ne se mange pas.

Agaric conique, **Ag. conicus,** planche XXXIV, fig. 178.
Berkl., *Outl.*, p. 202; Kickx., p. 198; Schæff., t. 2; *A. croceus*, Bull., t. 50, 524, f. 3; Fr., *Epic.*, p. 419.

Chapeau mince, conique, pointu, presque lobé, puis étalé, fendu rayonné, humide, visqueux, d'un jaune vif, ou rouge, noircissant. Lamelles libres, ventrues, minces, peu serrées, blanches, noircissant au toucher. Pédicelle cylindrique, creux, strié, d'un jaune sulfurin, dans les prés, les gazons, après les pluies. Été, automne. Ne se mange pas.

Agaric vermillon, **Ag. miniatus**, planche XXXIV, fig. 180.
Kickx., p. 98; Berkl., *Outl.*, p. 201; *A tricolore*, Weinm., p. 69; Quel., t. 10, f. 5; Fr., *Epic.*, p. 418.

Chapeau convexe, puis ombiliqué, lisse, glabre, d'une couleur rouge, puis pâlissant, légèrement écailleux. Lamelles adnées, espacées, épaisses, jaunes ou orangées. Pédicelle presque plein, égal, rond, grêle, luisant, lisse, couleur vermillon. Été, automne, dans les herbes. Ne se mange pas.

Agaric blanc olivacé, **Ag. olivaceo-albus**, planche XXXV, fig. 187.
Berkl., *Outl.*, p. 198; *A limacinus*, B. Alb. et Schwein, n. 514; Secr., n. 62; *A limacinus*, Schæff., t. 312; Fr., *Epic.*, p. 410.

Chapeau glandiforme, puis ouvert, mamelonné, un peu déprimé autour du mamelon, lisse, glutineux, d'une couleur brun olive, un peu plus pâle sur le bord. Lamelles décurrentes, espacées, larges, simples, réunies par des veines à la base, blanches. Pédicelle allongé, égal ou atténué à la base, un peu écailleux, tacheté et visqueux, aranéeux au sommet. Été et automne, dans tous les bois. — Comestible.

Champignons à chapeau déprimé; la marge est fortement enroulée, à la fin se déroule peu à peu. Lamelles décurrentes, distinctes, se séparent du chapeau.

Agaric enroulé, **Ag. involutus.** planche XXXIX, fig. 206.
Berkl., *Outl.*, t. 12, f. 5; Kickx., p. 192; Pers., *Myc. Eur.*, 3, p. 62; *A. lateralis*, Schæff., t. 72; *A. contiguus*, Bull., t. 240, 576, f. 2; Fr., *Epic.*, p. 403.

Chapeau compacte, convexe, puis déprimé, large de 10 à 12 centimètres, d'une couleur ocracé, légèrement rouillé et luisant, à marge enroulée, veloutée, un peu tomenteuse; chair olivâtre, molle, épaisse. Lamelles larges, d'un pâle jaunâtre se tachant au toucher, anastomosées près du pédicelle qui est charnu, plein, nu, épais en haut, d'une couleur jaunâtre. Très commun dans les bois, les prés, le bord des chemins. Tout l'été et l'automne; saveur douce. — Comestible.

Agaric glutineux, **Ag. glutinifer,** planche XXXIX, fig. 207.
A. aromaticus, Sow., t. 144; *A. glutinosus,* Bull., t. 258, 539, f. B.; Fr.,
Epic., p. 407.

Chapeau compacte, campanulé, puis étalé, large de 6 à 9 centimètres, légèrement visqueux, brillant par le sec, d'une couleur brun rougeâtre. Lamelles très décurrentes, espacées, pâles, puis brun pourpre. Pédicelle plein, allongé, fibrilleux, un peu écailleux, jaunâtre, peu visqueux, couleur cannelle en dedans. Cortine non glutineuse, formant un anneau caduc. Eté et automne, dans les bois. Comestible.

Agaric des prés, **Ag. pratensis,** planche XXXIX, fig. 208.
Berkl., *Outl.,* p. 199; Kickx., p. 196; *Agaricus,* Pers., *Syn.,* p. 304; *A. ficoides,* Bull., t. 587; Krombh., t. 43, f. 7, 10; *A. miniatus,* Sowerb., t. 141; Fr., *Epic.,* p. 413; Quel., p. 163.

Chapeau à centre compacte, aminci sur les bords, turbiné, d'une couleur fauve roux, jaunâtre, lisse, humide, crevassé par le temps sec ; ce chapeau de forme bizarre paraît formé par l'épanouissement du pédicelle. Lamelles arquées, très décurrentes, très espacées, fermes, veinées à la base, d'une couleur blanche, puis rougâtre. Pédicelle plein, lisse, atténué à la base, d'une couleur jaunâtre. Automne, dans les prés, les gazons ; chair ferme, blanche. — Comestible excellent.

Agaric ferme, **Ag. firmus,** planche XXXV, fig. 183.
Trog. Helv., n. 266; Weinm., p. 157; Bull., t. 96; Fr., *Epic.,* p. 386.

Chapeau charnu, obtus, glabre, dans le jeune âge, ce Champignon représente deux boules blanchâtres, appliquées l'une sur l'autre ; à mesure qu'il se développe, les bords du chapeau se détachent du pédicelle, les fibrilles aranéeuses forment un tissu réticulaire qui reste attaché au bord du chapeau, comme une espèce de collet. D'une couleur ocracé ferrugineux, comme le chapeau. Lamelles larges, très divisées, adnées, couleur cannelle. Pédicelle gros, plein, très renflé à sa base, blanchâtre. Cortine ocracé. Sa saveur est très-amère, son goût, fort désagréable; n'est pas vénéneux, mais ne peut se manger.

9ᵉ SOUS-GENRE, **LACTARIUS**

Les Lactaires sont des Champignons à trame vésiculeuse ferme, à chapeau déprimé ou ombiliqué, souvent visqueux, à suc laiteux, blanc, jaune ou rouge. Lamelles lactescentes, simples, inégales, adhérentes au pédicelle central. Spores blanches ou jaunâtres, souvent verruqueuses.

Agaric couleur de plomb, **Lact. plumbeus,** planche XLIII, fig. 230.
Berkl., *Outl.*, p. 205; Kickx., p. 100; *Agaricus*, Bull., t. 282, 559, f. 2 ; Barla., t. 21, f. 1, 5; Fr., *Epic.*, p. 429; Quel., p. 172; Weinm., p. 48; Secr., n. 438.

Chapeau compacte, d'abord conveve, puis en entonnoir, large de 10 à 20 centimètres, à surface rude, sec, d'une couleur fuligineuse d'abord, et devenant d'un brun noir. Lamelles serrées, d'abord blanches, puis jaunâtres. Pédicelle plein, égal, un peu obèse, d'une couleur grise. Eté et automne dans les bois. — Vénéneux.

Agaric sans zones, **Lact. azonites,** planche XLIII, fig. 231.
Lact. fuliginosus, Fr., *Epic.*, p. 434; Bull., t. 567, f. 3.

Chapeau charnu, spongieux, convexe, puis concave, flexueux, sur les bords, gris d'ambre, sans zones, taché irrégulièrement de noir, finement velouté, puis nu. Lamelles sinuées, puis décurrentes, blanches dans le jeune âge, puis ocracé jaune, un peu rameuses. Pédicelle plein, court, blanchâtre ou cendré, aminci à la base. Ce Champignon a une saveur douce, mais âcre, une chair blanche, lait blanc. Eté et automne, bords des bois, dans les herbes. — Comestible.

Agaric mouton, **Lact. torminosus,** planche XLIII, fig. 232.
Ag., Schæff., t. 12; Bull., t. 529, f. 2; Krombh., t. 13, fig. 15, 23; Barla., t. 18, f. 7, 10; Fr., *Epic.*, p. 422; Sowerb., t. 103; Quel., p. 168 ; Cordier, p. 114.

Chapeau charnu, mou, glabre, déprimé, zoné, briqueté plus ou moins pâle ou rosé, quelquefois blanc, à bords roulés, barbus, laineux, tiqueté de petits points plus foncés; chair molle, pâle, lait blanc. Pédicelle épais, puis creux, lisse, plus pâle. Eté et automne, dans les bois, les bruyères. Donne des coliques.

Agaric à lait jaune, **Lact. thejogalus,** planche XLIII, fig. 233.

Berkl., *Outl.*, p. 206; Kickx., p. 202; *Agaricus*, Bull., t. 567, f. 2; Krombh.,
t. 1, f. 23, 24; Paul, t. 71; Fr., *Epic.*, p. 432.

Chapeau charnu, convexe, puis mamelonné en vieillissant, et
enfin déprimé et même ombiliqué, large de 4 à 7 centimètres,
légèrement zoné, d'une couleur roux fauve, les zones sont plus
pâles; chair blanche, lait sulfurin âcre. Lamelles adnées, décurrentes, minces, serrées, jaunâtres. Pédicelle plein, puis creux,
cylindrique, de la couleur du chapeau. Été, automne, dans les
bois. — Comestible (LÉVEILLÉ).

Agaric camphré, **Lact. camphoratus,** planche XLIII, fig. 234.

Berkl., *Outl.*, p. 208; Oudem., p. 30; Quel., t. 11, f. 5; *Agaricus*, Bull.,
t. 567, f. 1; Barla., t. 20, f. 11, 13; Krombh., t. 39, f. 21, 24; Fr., *Epic.*,
p. 437.

Chapeau charnu, convexe ou en coupe, glabre, humide, très
peu zoné, d'une couleur châtain, très roux; chair rougeâtre;
quand on le brûle, il répand une odeur douce de mélilot; lait
blanc. Lamelles adnées, décurrentes, serrées, d'une couleur rougeâtre. Pédicelle spongieux, ondulé, allongé, de la couleur du
chapeau. Automne, dans les bois et les endroits humides, bords
des mares. — Comestible.

Agaric poivré, **Lact. piperatus,** planche XLIV, fig. 235.

Linn., Kickx., p. 200; Berkl., *Outl.*, p. 205; Barla., t. 22, f. 1, 5; Paul,
t. 68, fig. 3, 4; *A. acris*, Bull., t. 200; Fr., *Epic.*, p. 430; Quel., p. 173.

Chapeau compacte, dur, en entonnoir, variant de 8 à 25 centimètres, assez régulier, lisse, blanc; chair blanche, lait blanc.
Lamelles serrées, étroites, décurrentes, blanches. Pédicelle court,
épais, blanc lisse. Ce Champignon possède une saveur âcre très
prononcée et caractéristique, mais qui disparaît par la cuisson.
Eté, automne, dans tous les bois. — Comestible.

Agaric doré, **Lact. volemus,** planche XLIV, fig. 236.

Pers., *Syst. myc.*, I, p. 69; Berkl., *Outl.*, p. 207; Kickx., p. 202; Letell.,
t. 624; Hussey, I, t. 87; Barla., t. 20, f. 1, 3; Fr., *Epic.*, p. 435; Cordier,
p. 116, pl., 26, f. 2.

Chapeau charnu, rigide, compacte, ferme, convexe-plan, presque jamais déprimé, large de 8 à 10 centimètres, d'une couleur
jaune chamois, ou fauve clair, sec, jamais zoné. Lamelles sub-

décurrentes, inégales ; les plus courtes sont coupées assez brusquement, d'un blanc pâle, prenant quelquefois la coloration du
chapeau. Pédicelle solide, dur, obèse, droit ou courbe, plein, d'un
roux un peu velouté. Ce Champignon atteint souvent 20 centimètres ; vient dans les bois. Été, automne, saveur âcre qui disparaît
par la cuisson. — Comestible.

Agaric caustique, **Lact. pyrogallus,** planche XLV, fig. 240.
Berkl., *Outl.*, p. 205 ; *Agaricus*, Bull., t. 529, f. 1 ; Secr., n. 447 ; Krombh.,
t. 14, f. 1, 9 ; Fr., *Epic.*, p.   ; Quel., p. 171.

Chapeau charnu, ferme, glabre, convexe-plan, puis déprimé,
d'une couleur plombé, livide ou jaunâtre, avec des zones nombreuses, concentriques, plus foncées ; chair granuleuse et lait
blanc. Lamelles adnées, décurrentes, minces, un peu espacées,
d'une couleur jaune de cire, puis jaune rouge. Pédicelle creux,
souvent atténué en bas, glabre, grisâtre. Eté, automne, dans les
bois. — Vénéneux.

10ᵉ SOUS-GENRE, **RUSSULA**

Ces Champignons ont comme caractères, un chapeau charnu,
globuleux, d'abord convexe, puis étalé et même déprimé, le tissu
est comme globuleux. Les lamelles rigides, fragiles, égales ou
fourchues, ne contenant pas de suc laiteux. Le pédicelle est fort,
uni ou lisse, se confondant avec le chapeau, sans volva. Spores
blanches ou jaunâtres, verruqueuses.

Agaric alutacé, **Russ. alutaceus,** planche XLV, fig. 241.
Berkl., *Outl.*, t. 13, fig. 8 ; Kickx., p. 207 ; Pers., *Syn.*, p. 445 ; Quel.,
p. 189 ; Secr., p. 484 ; Krombh., t. 64, f. 1, 3 ; Barla., t. 14, f. 1, 3 ; Fr., *Epic.*,
p. 453.

Chapeau convexe, puis aplani, large de 6 à 8 centimètres, d'une
couleur sanguin clair, pourpre, verdâtre ou fauve ; la pellicule est
souvent visqueuse ; chair blanche. Lamelles libres, très-larges,
égales, assez espacées, d'un jaune pâle. Pédicelle solide, épais,
cylindrique, blanc ou d'un rouge pâle. Printemps, été, automne,
dans les bois ; saveur douce, agréable. — Comestible.

Agaric émétique, **Russ. emeticus,** planche XLV, fig. 242.
Berkl., *Outl.*, p. 212; Kickx., p. 205; Quel., p. 186; *Agaricus*, Harz.,
t. 63; Ball., t. 14, f. 4; Fr., *Epic.*, p. 448.

Chapeau aplani ou déprimé, poli, rose, puis sanguin, large de
7 à 10 centimètres; la marge est souvent sillonnée; chair blanche,
mais rouge sous la pellicule. Lamelles presque libres, larges,
espacées blanches. Pédicelle fort, puis fragile, lisse, blanc ou
rouge. L'été dans les forêts, endroits humides, mares; saveur
très âcre. — Vénéneux.

Agaric hétérophylle, **Russ. heterophilla,** planche XLV, fig. 243.
Berkl., *Outl.*, t. 13, f. 5; Hussey, I, t. 84; Paul, t. 75, f. 1, 5; *A. lividus*,
Pers.; Fr., *Epic.*, p. 446.

Chapeau ferme, convexe-plan, puis déprimé, d'une couleur
gris olive ou liliacin, quelquefois blanchâtre ou fauve pâle, souvent
un peu visqueux, la marge est peu striée. Lamelles minces, assez
serrées, mêlées à de plus courtes, blanches ou ocracé pâle.
Pédicelle ferme, cylindrique, blanchâtre. Spores un peu jaunâtres. Sa saveur est douce. On le rencontre sur les bords des bois,
dans les gazons, l'été et l'automne. — Comestible.

Agaric blanc de lait, **Russ. galochrea,** planche XLVI, fig. 244.
Bull., t. 509, f. L. M.; Batt., t. XII, f. E.; Fr., *Epic.*, p. 447.

Chapeau charnu, campanulé, puis convexe, large de 5 à 8 centimètres, sec, blanc, lisse, pruineux, souvent finement crevassé;
chair compacte blanche. Lamelles assez larges, épaisses, espacées,
fourchues, blanches. Pédicelle égal, lisse, assez compacte, toujours blanc. Été, automne, dans les bois. — Comestible.

Agaric doré, **Russ. aurata,** planche XLVI, fig. 245.
A. auranticolor, Krombh., t. 66, f. 8, 11; Berkl., *Outl.*, p. 213; Krapf.,
t. 5; Schæff., t. 15, f. 1, 3; Fr., *Epic.*, p. 452.

Chapeau ferme, convexe-plan, large de 5 à 8 centimètres,
d'une couleur citrine, plus ou moins orangé, ou rouge brun, un
peu plus obscur au centre; marge lisse; chair blanche, un peu
citrine sous la pellicule du chapeau qui est quelquefois légèrement
visqueuse. Lamelles libres, larges, égales, un peu arrondies,
brillantes et blanches, puis jaunâtres. Pédicelle cylindrique, un
peu strié, souvent spongieux, blanc ou légèrement jaune citrin.
Été, automne, dans les bois. — Comestible.

Agaric jaune roux, **Russ. ravida**, planche XLVI, fig. 246.
Bull., t. 509, fig. Q; Secret., n. 600; Quel., p. 190; Fr., *Epic.*, p. 554.

Chapeau ouvert et hémisphérique, large de 5 à 8 centimètres, d'une couleur brun fauve, souvent tacheté, assez fragile, marge un peu pâle, lisse; chair grisâtre. Lamelles minces, pâles, d'une couleur jaunâtre. Pédicelle égal, blanchâtre ou taché de roux, un peu spongieux. Vient l'été à l'ombre, dans les bois. — Comestible.

Agaric fragile, **Russ. fragilis**, planche XLVI, fig. 247.
Berkl., *Outl.*, p. 213; Kickx., p. 206; *Agaricus*, Pers., *Syn.*, p. 440; Krombh., t. 64, f. 12, 18; Bull., t. 509, f. T, u.; Corda *apud* Sturm., ¡XI, t. 53; Fr., *Epic.*, p. 450.

Chapeau convexe, un peu mamelonné, puis plan et même déprimé, large de 2 à 4 centimètres, très-mince, d'une couleur incarnat, taché de rouge, à marge ténue. Lamelles assez serrées, très minces, ventrues, égales, blanches. Pédicelle fragile, blanc, spongieux, creux, quelquefois strié. Été et automne, dans les bois ombragés, autour des mares; sa chair est molle, sa saveur âcre. Il donne de violentes coliques.

Agaric verdoyant, **Russ. virescens**, planche XLVI, fig. 248.
Hussey, II, t. 11; Berkl., *Outl.*, t. 13, f. 6; *Agaricus*, Schæff., t. 94; Barla, t. 16, f. 10, p. 10, 12; Krombh., t. 67, f. 1, 10; Fr., *Epic.*, p. 443.

Chapeau sphérique, charnu, étalé, sec, blanc, mais tacheté ou moucheté de vert-de-gris, grenu, la marge est droite, obtuse, lisse: chair blanche, ferme. Lamelles libres, serrées, inégales, légèrement fourchues, blanchâtres. Pédicelle ferme, plein, blanc, devient spongieux avec le temps. Été et automne, très commun, très reconnaissable par ses taches verdâtres sur le chapeau, son odeur douce et sa saveur agréable. — Comestible.

Agaric sanguin, **Russ. sanguinea**, planche XLVII, fig. 249.
Berkl., *Outl.*, p. 210; Kickx., p. 205; *Agaricus*, Bull., t. 42; Secr., n. 505; Fr., *Epic.*, p. 442.

Chapeau ferme, convexe, puis déprimé en entonnoir avec une bosse au centre, luisant, d'une couleur sanguine un peu plus pâle sur les bords, large de 5 à 8 centimètres; chair blanche. Lamelles décurrentes, serrées et étroites, fragiles, blanches. Pédicelle plein, cylindrique, mais comme étranglé au sommet, d'une couleur blanche, le plus souvent rougeâtre ; ce Champignon vient solitaire, l'été et l'automne, dans les forêts humides, 'au bord des ruisseaux ; sa saveur est âcre. — Vénéneux.

Agaric fétide, **Russ. fœtens,** planche XLVII, fig. 250.
Sverig., *Atl. svamp.*, t. 40; Berkl., *Outl.*, p. 213; *Agaricus*, Pers., *Syn.*, p. 443; Krombh., t. 70, f. 1, 6; *A. piperatus*, Bull., t. 292; Fr., *Epic.*, p. 447; *A. incrassatus*, Sowerb., t. 415.

Chapeau globuleux, rarement étalé, peu charnu, visqueux, d'une couleur ocracé sale, d'une largeur de 8 à 15 centimètres, à marge sillonnée et à côtes tuberculeuses ; chair très pâle. Lamelles libres, serrées, blanchâtres. Pédicelle creux, gros, d'un blanc plus que jaunâtre. Eté, automne, en cercles dans les bois , les prés; ce Champignon exhale une mauvaise odeur; sa saveur est âcre. Il est vénéneux.

Agaric fourchu, **Russ. furcata,** planche XLVII, fig. 251.
Berkl., *Outl.*, p. 210; Kickx., p. 204; *Agaricus*, Pers., S. M. I., p. 59; Krombh., t. 62, f. 1, 2, t. 69, f. 18, 22; Bull., t. 26; Schæff., t. 94, t. 1 ; Paul, t. 74, f. 1; Fr., *Epic.*, p. 441.

Chapeau compacte, convexe, puis déprimé, ou infundibuliforme, lisse, plus ou moins vert, ou bien fauve ; la marge est mince, lisse ; chair blanche ; saveur amère. Lamelles adnées, décurrentes, épaisses, souvent fourchues, blanches. Pédicelle ferme, compacte, lisse, blanc, un peu pointu à la base. Eté, automne, dans les bois. — Vénéneux.

Agaric cyanoxanthe, **Russ. cyanoxanta,** planche XLVII, fig. 252.
Berkl. et Br., n. 1131; Cooke, p. 222; *Agaricus*, Schæff., t. 93; Pers., *Syn.*, p. 445; Krombh., t. 67, f. 16, 19; Paul, t. 76, f. 1, 3; Fr., *Epic.*, p. 446; Secr., n. 520, 523.

Chapeau charnu, convexe-plan, puis déprimé, lisse, variant extrêmement de couleur, le plus souvent il est grisâtre olive, légèrement verdâtre, ou bien blanchâtre livide, ou fauve pâle, la marge est un peu striée, un peu visqueuse par les temps humides ; chair blanche, sa saveur est douce. Lamelles étroites, très serrées, mêlées à de plus courtes, blanches dans le jeune âge, puis un peu jaunâtre pâle. Pédicelle ferme, cylindrique, blanchâtre. Dans les bois, bords des chemins, dès le printemps et tout l'été. — Comestible.

Agaric noircissant, **Russ. nigricans,** planche XLVII, fig. 253.

Hussey, I, t. 73; Berkl., *Outl.*, p. 209; Kickx, p. 203; *Agaricus*, Bull., t. 579, f. 2, t. 212; Krombh., t. 70, f. 14, 15; *A. adustus*, Pers.; Fr., *Epic.*, p. 439.

Chapeau convexe, puis ombiliqué et déprimé, d'une couleur d'abord blanc grisâtre et enfin noir, lisse quelquefois, finement écaillé; chair ferme blanche, rougissant quand on brise, le chapeau, puis prenant sa couleur. Lamelles libres, épaisses, espacées, inégales, d'une couleur gris et noir comme le chapeau. Pédicelle entièrement noir en dedans et en dehors, plein, persistant. Eté, automne, abondant dans tous les bois. N'est pas vénéneux étant jeune, mais ne se mange pas.

11e SOUS-GENRE, **PLEUROPUS**

Champignon à chapeau charnu, déprimé, oblique, entier ou dimidié. Lamelles décurrentes. Pédicelle excentrique, nul ou latéral. La plupart croissent sur les bois et les arbres malades.

Agaric ulmaire, **Ag. ulmarius,** planche XXVI, fig. 140.

Bull., t. 510; Sowerb,, t. 67; Pers., *Myc. Europ.*, 3, p. 63, B, 64, 66; *A. ursipes*, Lasch., n. 510; Fr., *Epic.*, p. 167.

Chapeau compacte, plus ou moins excentrique, convexe, puis plan, lisse, glabre, large de 8 à 12 centimètres, d'une couleur jaunâtre, grisâtre, ou fauve clair, presque toujours marbré de taches claires, rondes; chair blanche. Lamelles émarginées, larges, libres, horizontales, serrées, blanches. Pédicelle subexcentrique, courbé, élastique, épais à la base. Automne, sur les souches; sa saveur est acidulée. — Comestible.

Agaric marqueté, **Ag. tessulatus,** planche XXVI, fig. 141.

Bull., t. 513, f. I; Pers., *Myc. Europ.*, 3, n. 65, t. 23, f. 2; Fr., *Epic.*, p. 168.

Chapeau convexe, tenace, oblique, large de 10 à 15 centimètres, d'une couleur ferrugineux pâle, marbré de lignes hexagonales. Lamelles assez épaisses, serrées, comme adhérentes, à peine décurrentes, blanches. Pédicelle arrondi, ferme, presque excentrique, oblique, inégal. Automne, sur les poutres, les pommiers. — Comestible.

Agaric oreille de chardon. **Ag. eryngii**, planche XXIX, fig. 153.
DC., *Fl. Fr.*, VI, p. 47; Paul, t. 39; Letell., t. 693; Fr., *Epic.*, p. 171; Quel,, p. 79.

Chapeau charnu, tenace, d'abord convexe, puis étalé, déprimé, un peu tomenteux, d'une couleur gris, puis jaunâtre. Lamelles décurrentes, larges, blanches ou de la couleur du chapeau. Pédicelle excentrique, plein, nu, blanchâtre, un peu pointu à la base. Eté, automne, sur les racines mortes du chardon-roulant. — Comestible délicat.

Agaric ostracé, **Ag. ostreatus**, planche XXIX, fig. 155.
Jacq., *Aust.*, t. 288; Sowerb., t. 241; Krombh., t. 41; Hussey, II, t. 19; *A. dimidiatus*, Bull., t. 508; Fr., *Epic.*, p. 173.

Chapeau mou, d'abord convexe et horizontal, puis étalé, large de 8 à 12 centimètres, lisse, humide, d'une couleur brun cendré, ou jaune, la pellicule est quelquefois écailleuse. Lamelles décurrentes, un peu anastomosées en arrière, larges, blanchâtres ou légèrement jaunâtres. Pédicelle souvent nul; quand il existe, il est ferme, oblique, hérissé à la base, épais près du chapeau. Automne, sur les souches pourries. — Comestible.

2ᵉ GENRE, CHANTERELLE, **CANTHARELLUS**

Champignons à chapeau charnu, membraneux, garni en dessous de plis, et non de lamelles, radiants, rameux, presque parallèles, rarement anastomosés, obtus, dont l'hyménium porte de tous côtés des basides homogènes et solides. Chapeau d'une forme déterminée, horizontale étant adulte, à bord libre lorsqu'il manque. Spores blanches, généralement au nombre de sept. Champignons terrestres, muscicoles ou lignicoles.

Chanterelle comestible, **Cant. cibarius**, planche XLVIII, fig. 254.
Harzer, t. 18; Krombh., t. 45, f. 1, 11; *Ag. cantharellus*, Linn., Suec., n. 1207; Sowerb., t. 46; Fr., *Epic.*, p. 455; Barla, t. 28; *Merulius, cant.*, Scop., Pers.

Chapeau charnu, en toupie, plan, festonné, lobé, d'une couleur jaune d'œuf pâle. Lamelles épaisses, rameuses, étroites, jaunes, Pédicelle conique, courbe, atténué à la base, de la couleur du chapeau. Vient dans tous les bois, toute l'année; chair fibreuse à odeur fine et agréable. — Comestible.

Chanterelle dentée, **Cant. dentatus**, planche XLVIII, fig. 255.

Chapeau plan, en coupe, d'une couleur fauve, liliacin pâle, lisse ; la marge est ondulée et dentée. Lamelles en forme de nervures de la couleur du chapeau, plus pâle à la base. Pédicelle creux, atténué à la base, très élégant, plus clair que le chapeau. Été, automme, dans les bois. Ne se mange pas.

Chanterelle orangé, **Cant. aurantiacus**, planche XLVIII, fig. 256.

Wulf. in Jacq., *Coll.* II, t. 14, f. 3; Berkl., *Outl.*, t. 14, f. 1; *A. cantharelloides*, Bull., t. 505; *Merulius aurantiacus*, Pers., *Syn.*, p. 488, *A. M. Eur.*, p. 12; Fr., *Epic.*, p. 456.

Chapeau charnu, souvent excentrique et ondulé, large de 4 à 8 centimètres, un peu tomenteux, ocracé, orangé; marge enroulée. Lamelles décurrentes et droites, serrées, orangé, larges, épaisses. Pédicelle plein, puis creux, inégal, un peu recourbé, grêle et cylindrique, de la couleur du chapeau. Été, automne, dans les bois; délicat. — Comestible.

Chanterelle des grandes mousses, **Cant. mucigenus**, planche XLVIII, fig. 257.

Weinm., p. 291 ; Berkl., *Outl.*, p. 217 ; Kickx., p. 209 ; Bull., t. 288, 498, f. 2 ; *M. serotinus*, Pers.. *M. E.*, 2, p. 22; Fr., *Epic.*, p. 460 ; Quelet, p. 194.

Chapeau membraneux, tenace, en spatule, large de 3 à 5 centimètres, d'une couleur cendré, un peu zoné par le sec. Lamelles espacées, divergentes, rameuses, de la couleur du chapeau. Pédicelle très court, rond, horizontal. Fin de l'automne, endroits ombragés, sur les mousses. — Comestible.

Chanterelle en tube, **Cant. tubæformis**, planche XLVIII, fig. 259.

Berkl., *Outl.*, p. 215 ; *M. villosus*, Pers., IC.; *A. descr.*, t. 6, fig. 1 ; Batt., t. 23 ; f. 1 ; Fr., *Epic.*, p. 457.

Chapeau membraneux, en entonnoir, avec la marge rabattue, souvent lobé, d'une couleur gris fauve ou jaunâtre. Lamelles en forme de nervures jaune obscur. Pédicelle grêle, fistuleux, un peu comprimé, glabre, orangé fauve ; son odeur est nauséeuse. Été, automne, dans les bois. Ne se mange pas.

3º GENRE, **MARASMIUS**

Champignons à chapeau coriace, élastique, se continuant avec le pédicelle. Lamelles espacées, réunies par la base, arête aiguë, à bord tranchant. Spores blanches. Champignons non-putrescents, et pouvant reprendre leur forme lorsqu'ils sont humectés.

Agaric faux mousseron, **Mar. oreades,** planche XII, fig. 44.
Vittad., t. 6, 10, f. 1 ; Krombh., t. 43. f. 11, 10 ; *A. caryophillus*, Schæff., t. 77 ; *A. pseudomousseron*, Bull., t. 144, 528, f. 2 ; *A. protensis*, Sow., t. 247 ; Fr., *Epic.*, p. 467.

Chapeau charnu, convexe puis plan, lisse, glabre, large de 3 à 6 centimètres, d'une couleur roux blanchâtre ; chair à saveur douce. Lamelles libres, larges, espacées, d'abord molles, blanchâtres puis un peu fauves. Pédicelle plein, tenace, fauve très pâle, sa base est un peu radicante. Dès le printemps, en cercles dans les prés, les champs ; odeur très agréable. — Comestible.

La fig. 45, planche XII, le représente desséché et pouvant reprendre sa forme lorsqu'il est humecté.

Agaric brûlant, **Mar. urens,** planche XIII, fig. 54.
Berkl., *Outl.*, t. 14, f. 3 ; Kickx., p. 209 ; *Agaricus*, Bull., t. 528, f. 1 ; *Fl. dan.*, t. 2018, f. 1 ; Fr., *Epic.*, p. 465.

Chapeau coriace, mince, gris jaunâtre, finement écailleux, à marge mince, large de 4 à 8 centimètres ; chair jaunâtre. Lamelles libres, sinuées, réunies en anneaux, décollées autour du pédicelle qui est fibreux, allongé, jaunâtre, couvert d'un duvet blanc, recourbé et cotonneux à la base. Été, automne, parmi les feuilles, dans les bois ; sa saveur est âcre, brûlante ; il est vénéneux.

Agaric pied rouge, **Mar. erythropus,** planche XVI, fig. 71.
Berkl., *Outl.*, p. 220 ; Kickx., p. 210 ; Pers., *Syn.*, p. 367 ; Quel., p. 198 ; Fr., *Epic.*, p. 470.

Chapeau mince, d'abord convexe, puis plan, d'une couleur roux ou incarnat pâle, blanchissant par le temps sec. Lamelles sinuées, libres, larges, lâches, réunies par des veines, blanchâtres. Pédicelle tenace, fistuleux, brunâtre, brillant, blanc et un peu satiné à la base. Été, automne en groupes, parmi les feuilles, dans les bois. Ne se mange pas.

Agaric des feuilles mortes, **Mar. epiphyllus,** planche XXII, fig. 106.
Berkl., *Outl.,* p. 224 ; Kickx., p. 212 ; Fr., *Epic.,* p. 479.

Chapeau convexe-plan, très ténu, d'un blanc de lait, puis jaune, et un peu ombiliqué. Lamelles adnées, espacées, rameuses, souvent en forme de nervures, blanches. Pédicelle fistuleux, très grêle, blanchâtre, brun en bas. Été, automne. Ne se mange pas.

Agaric des rameaux, **Mar. ramealis,** planche XXIII, fig. 116.
Berkl., *Outl.,* p. 221 ; Kickx., p. 211 ; *Agaricus,* Bull., t. 336 ; Pers., *Myc. Eur.,* 3, p. 124; Fr., *Epic.,* p. 124.

Chapeau peu charnu, plan, déprimé, blanc, roux au centre. Lamelles adnées en anneau, étroites, blanches. Pédicelle plein, souvent recourbé, farineux, blanchâtre, roux à la base. Toute l'année, sur les branches mortes, dans les bois. N'est pas vénéneux.

Agaric rotule, **Mar. rotula,** planche XXIII, fig. 119.
Berkl., *Outl.,* t. 14, f. 7 ; *Agaricus,* Scop., *S. M.,* I., p. 136, c.; *Syn.,* Sowerb., t. 95; Bull., t. 64, 569, f. 3; Fr., *Epic.,* p. 477 ; Quel., p. 200.

Chapeau très petit, un demi-centimètre, un peu sillonné roussâtre, avec un mamelon brun. Lamelles espacées, ventrues, adnées, libres. Pédicelle fistuleux, presque filiforme, brillant, d'un pourpre noir. Dès le printemps, sur les petites branches mortes, les feuilles en fascicules. Ne se mange pas.

Agaric réuni, **Mar. amadelphus,** planche XXIV, fig. 130.
Berkl., *Outl.,* p. 221 ; *Agaricus,* Bull., t. 550, f. 3 ; Secr., n. 798 ; *Syn., Montp.,* p. 138; Fr., *Epic.,* p. 474.

Chapeau convexe-plan, déprimé, lisse, d'une couleur fauve clair, blanchissant, strié sur les bords, plus foncé au centre. Lamelles adnées, larges, espacées, subdécurrentes. Pédicelle court, pâle, un peu farineux, tuberculeux, aplati à la base.

Eté en groupes sur les branches mortes, dans les bois. Ne se mange pas.

Agaric alliacé, **Mar. alliaceus,** planche, XLIX, fig. 263.
Jacq., *Aust.,* t. 82; Berkl., *Outl.,* p. 223; Paul, t. 122, f. 1; Fr., *Epic.,* p. 475; Quel., p. 199.

Chapeau campanulé, ouvert et légèrement mamelonné, large de 2 à 4 centimètres, lisse, d'une couleur blanc brunâtre, devient strié sur les bords. Lamelles un peu ventrues, sèches, d'un blanc brun, un peu crispées. Pédicelle très long, fistuleux, atténué en haut où les lamelles forment un anneau, de la couleur du chapeau. Ce joli Champignon a une odeur alliacée très forte. On le rencontre sur les feuilles mortes, le bois pourri. L'été et l'automne dans tous les bois. — Comestible.

Agaric odeur de ciboule, **Mar. prasiosmus,** planche XLIX, fig. 265.
A. alliaceus, Scop., p. 454 ; Bull., t. 524, f. 1; *A. porreus, Fl. dan.,* t. 2020; Quelet, p. 197; Fr., *Epic.,* p. 468.

Chapeau mince, d'abord campanulé, puis étalé ; marge striée, d'une couleur gris fauve. Lamelles étroites, serrées, blanches ou grises. Pédicelle recourbé à la base, pâle, roussâtre, un peu mince en haut ; il adhère aux feuilles par des fibrilles cotonneuses; odeur d'ail persistante. On le trouve à l'automne en groupes sur les feuilles mortes.

4e GENRE, **LENTINUS**

Les Champignons de ce genre ont le chapeau tenace, homogène. Lamelles dentelées. Spores blanches, oblongues.

Agaric tigré, **Lent. tigrinus,** planche XLIX, fig. 266.
Berkl., *Outl.,* p. 224 ; Quel., p. 202 ; *Agaricus,* Bull., t. 70 ; Sowerb., t. 68; Weinm., p. 281 ; Lasch. in Linn., III, p. 395; Fr., *Epic.,* p. 481.

Chapeau mince, coriace, convexe-plan, ombiliqué puis en entonnoir, d'une couleur ocracé, blanchâtre, moucheté de poils fins brunâtres. Lamelles décurrentes, étroites, serrées, inégales, dentelées, blanches. Pédicelle recourbé, pâle, écailleux, floconneux; dans le jeune âge, il est muni au sommet d'un anneau réfléchi fugace. Été et automne sur toutes les souches. — Comestible.

5e GENRE, **PANUS**

Champignons à chapeau charnu, tenace, puis coriace. Lamelles à trame floconneuse et coriace. Spores blanches.

Agaric styptique, **Pan. stipticus,** planche XXIV, fig. 122.
Berkl., *Outl.,* p. 227 ; Kickx, p. 212; *Agaricus,* Bull., t. 140, 557, f. 1 ; Schæff., t. 208; Krombh., t. 44, f. 13, 17; Fr., *Epic.,* p. 489; Quel., p. 205.

Chapeau mince, élastique, sec, réniforme, large de 2 à 4 centimètres, d'une couleur ocracé cannelle, un peu pruineux ; chair sale. Lamelles minces, étroites, serrées, réunies par des veines, de la couleur du chapeau. Pédicelle latéral, recourbé, un peu dilaté au sommet, jaunâtre ou fauve pâle. Toute l'année sur les souches ou les troncs secs, vénéneux.

Agaric puant, **Pan. fætens**, planche XLIX, fig. 264.
Ag. dimidiatus, Secr., n. 1076 ; Bull., t. 517, f. H, N ; Fr., *Epic.*, p. 489.

Chapeau très excentrique, plan, puis en spatule, d'une couleur fauve pâle ou blanc lavé de gris, dimidié, flasque, assez épais. Lamelles parallèles, assez décurrentes, inégales, incarnat, pâle. Pédicelle plein, tenace, court, oblique, d'une couleur blanchâtre ou fauve pâle. Automne, sur les souches de pin, Vincennes, Chantilly. Ne se mange pas.

Agaric en conque, **Pan. concatus**, planche XLIX, fig. 267.
Berkl., *Outl.*, p. 227; Krombh., t. 42, f. 1, 2; Schæff., f. 43, 44 ; Bull., t. 298, 517, f. O, P; Weinm., p. 123 ; Fr., *Epic.*, p. 488.

Chapeau excentrique, dimidié, flasque, assez mince, verciforme, couleur cannelle. Lamelles très décurrentes, parallèles, inégales, incarnat pâle. Pédicelle assez grêle, comprimé, très court, poilu à la base, roux. Été et automne, sur les branches mortes et les vieux troncs d'arbres. N'est pas vénéneux.

6e GENRE, **SCHIZOPHYLLUM**

Champignons secs coriaces-subéreux, persistants, lignicoles. Lamelles à arêtes dédoublées en deux lamellules enroulées. Spores rondes, blanches.

Schiz commun, **S. commune**, planche LVII, fig. 287.
Grev., Scot., t. 61; Krombh., t. 4, f. 14, 16; Berkl., *Outl.*, p. 228; Kickx., p. 213 ; Bull., t. 346, 581, f. 1 ; Sowerb., p. 183; Fr., *Epic.*, p. 492.

Chapeau très sec, horizontal ou pendant, revêtu d'un duvet blanc, grisâtre plus ou moins caduc. Lamelles disposées en éventail, pâles ou grisâtres, purpurines. Pédicelle très court, entier ou lobé. Spores blanches, cylindriques. Toute l'année, sur les bois morts.

7ᵉ GENRE, **LENZITES**

Champignons subéreux-coriaces, lignicoles et sessiles, plus ou moins zonés. Lamelles coriaces, simples, inégales ou rameuses et anastomosées en aréoles en arrière, arête obtuse ou aiguë.

Lenz. du bouleau, **L. betulina,** planche LVII, fig. 288.

Chapeau large de 3 à 6 centimètres, subéreux-coriace, ferme, aplani, tomenteux plus ou moins zoné incarnat, souvent grisâtre. Lamelles droites, simples ou rameuses et même anastomosées, d'un blanc sale; chair floconneuse blanche, sessile. Automne sur les souches, dans tous les bois.

8ᵉ GENRE, **BOLETUS**

Le genre dit Bolet est très homogène; les caractères différentiels de ses nombreuses espèces, une centaine environ, ne reposent pas sur des diversités saillantes de forme, d'organisation ou de texture. Comme les Agarics, ils se developpent sur un mycélium blanc ou jaunâtre, ordinairemet nématoïde ou filamenteux, qui rampe sous terre, et se laisse distinguer facilement. Du mycélium naissent **de** petits agrégats semblables au premier état des Agarics et de tous les Champignons à réceptacle charnu. Le Bolet, né du développement de cette sorte de bouton, se compose d'un pédicelle (planche L, fig. P), supportant un chapeau (Q) charnu comme le pied; le chapeau ordinairement épais, ne s'écarte guère d'une forme hémisphérique plus ou moins bombée, bosselée ou déprimée vers le centre.

Les tubes hyménophores garnissent la partie inférieure du chapeau (planche L, fig. R), ils se touchent et forment une surface poreuse; la fig. R' R' représente une section de ces tubes qui peuvent être concaves avant et après l'épanouissement complet du chapeau, ou devenir plans et même convexes. Ces tubes varient de longueur et de capacité suivant les espèces; sur un même réceptacle, ils sont plus ou moins inégaux, et se montrent plus courts à mesure qu'ils se rapprochent du pédicelle ou de la circonférence du chapeau. Tantôt ils sont décurrents sur le pédicelle, tantôt ils deviennent libres, car ils en sont éloignés par un sillon circulaire. Quand on exerce une traction sur eux, ils se séparent facilement du chapeau et s'écartent les uns des autres. Ce caractère permet de distinguer les Bolets des Polypores.

De même que les lamelles des Agarics, les tubes des Bolets, incolores chez certaines espèces, se colorent en même temps que les spores. Cette couleur des tubes, le professeur FRIES la fait intervenir dans la caractéristique de ses quatre divisions primordiales, mais cette classification n'est qu'un procédé transitoire. Les caractères qui doivent seuls être pris en considération, sont la forme et les dimensions des spores, leur couleur quelquefois différente de celle du tube hyménial envisagé dans sa longueur ; l'état de la surface extérieure du réceptacle, les changements de couleur ou l'immutabilité du tissu intérieur, etc. La coloration extérieure des Bolets varie du blanc grisâtre au brun très foncé, en passant par le jaune, le rouge, le vert ; ces teintes, en se mélangeant, donnent le ton brun rougeâtre ou olivâtre, extrêmement fréquent chez les Bolets. Quand à la chair intérieure, elle est blanche, ou d'un blanc lavé de jaune citrin, ou franchement jaune, quelquefois teintée d'un peu de rouge sous l'épiderme. Chez beaucoup d'espèces, le Champignon prend, quand on le coupe ou qu'on le rompt d'une manière quelconque, des teintes bleues, vertes ou rouges. On a souvent étudié les Bolets dits bleuissants, sans arriver à rien de plus certain que des hypothèses.

L'hyménium est formé de *cystides* (planche L, fig. S, S), et de *basides* (fig. Z), nées de l'extrémité ou sur les parcours des cellules minces et allongées qui forment le tube ; les fig. S', S', U (fig. 269), présentent des coupes de tubes ; les *cystides* (fig. S', S, S) sont en général renflées au milieu, souvent volumineuses. Les spores (U), portées au nombre de quatre sur les basides (Z), sont allongées, fusiformes, de dimension peu variable, en général de $0^{mm}008$ à $0^{mm}015$ de longueur sur $0^{mm}003$, à $0^{mm}006$ de large. Elles sont plus souvent colorées en jaune, jaune brun, jaune rouillé ou gris, brunâtre, rose et blanc. Presque tous les auteurs modernes se servent de la coloration des spores pour former quatre groupes : 1° *les Ochrospori*, à spores jaune ocracé ; 2° *les Dermini*, à spores brun rouillé ; 3° *les Hyporrhodii*, à spores rosées ; 4° *les Leucospori*, à spores blanches.

La chair abondante de ces Champignons rendrait un grand ser-

vice comme substance alimentaire, si les changements de coloration qu'elle subit parfois n'avaient fait attribuer à un trop grand
nombre, sans preuve certaine des qualités malfaisantes. Plusieurs
Bolets fournissent, sous le nom de cèpes, un aliment des plus
nutritif et d'un parfum recherché ; on les mange frais, secs ou
conservés dans des liquides par le procédé d'APPERT.

Bolet comestible, **Bol. edulis**, planche L, fig. 268.
Bull., t. 60, 494 ; Sowerb., t. 111 ; Lenz., f. 34 ; Krombh., t. 31 ; Vittad.,
t. 22 ; Barl., t. 34 ; *A. bulbosus*, Schæff., t. 134 ; *B. esculentus*, Pers., *Myc.
Eur.*, 2, p. 131 ; Fr., *Epic.*, p. 508.

Bolet à chapeau épais, gris fauve ou brun, pulvérulent, souvent
humide ; chair fine, blanche, un peu rougeâtre sous la pellicule.
Tubes blanchâtres, puis jaune verdâtre. Pédicelle obèse, d'une
couleur blanche ou fauve grisâtre avec un réseau blanc. Vieux dès
le printemps dans les bois, sur le bord des chemins ; saveur et
odeur agréables. — Comestible.

Bolet bulbeux, **Bol. bulbosus**, planche LI, fig. 270.
Schæff.. t. 134.

Chapeau compacte, épais, large de 10 à 25 centimètres, à pelli-
cules sèches, séparables, d'un brun fauve ou gris fauve. Tubes
blanchâtres, puis jaunâtres. Pédicelle énorme, ovale ou bulbeux,
élégamment réticulé, d'un gris fauve, avec réseau jaunâtre ; chair
blanche très odorante et très sapide. Été dans tous les bois. —
Comestible délicat.

Bolet scabre, **Bol. scaber**, planche LI, fig. 271.
Vittad., t. 28 ; Barla, t. 35, f. 6, 12 ; Harzer, t. 2 ; Kickx.. p. 247 ; Fr.,
Epic., p. 515 ; Quelet, p. 248.

Chapeau en coussinet, glabre, d'une couleur rousse ou jaunâtre,
visqueux par le temps humide, alors il est vergeté, ruguleux et
devient fauve ; marge pourvue d'une cortine. Tubes petits, arrondis,
d'un blanc sale. Pédicelle solide, plus mince en haut, hérissé
d'écailles fibreuses, d'un blanc grisâtre. Été et automne dans tous
les bois, surtout aux bords ; saveur douce, odeur agréable. —
Comestible.

Bolet chicotin, **Bol. felleus,** planche LI, fig. 272.

Bull., t. 379 ; Krombh., t. 74, f. 1, 7 ; Weinm., p. 304 ; Berkl., *Outl.*, p. 236 ; Kickx., p. 248 ; Fr., *Epic.*, p. 516.

Chapeau mou, d'une couleur fauve brunâtre. Tubes adnés, allongés, anguleux, d'abord blancs puis incarnat. Pédicelle solide, mince et réticulé au sommet. Été et automne dans les bois de pins ; sa chair est amère, blanche, devient incarnat à la cassure. Trop amer pour être mangé.

Bolet subtomenteux, **Bol. subtomentosus,** planche LII, fig. 273.

Berkl., *Outl.*, p. 232 ; Secr., n. 35 ; Kickx., p. 242 ; *B. crassipes*, Schæff., t. 112 ; Krombh., t. 37, f. 8, 11 ; *B. communis*, Bull., t. 393 ; Fr., *Epic.*, p. 503.

Chapeau mou, sec, d'abord fauve olive, puis grisâtre, jaunissant dans les crevasses. Tubes adnés, anguleux, amples, jaunes. Pédicelle fort, à côtes et sillonné, ponctué. Été et automne, dans les bois ; chair blanche. — Comestible.

Bolet orangé, **Bol, aurantiacus,** planche LII, fig 274.

Chapeau en coussinet, glabre, brillant, d'une couleur rouge orangé, sec, un peu ruguleux en vieillissant. Tubes petits arrondis, blancs. Pédicelle solide, plus mince en haut, hérissé d'écailles fibreuses, d'une couleur orangé grisâtre. Été, automne, dans les bois, solitaire, saveur douce, odeur agréable. — Comestible.

Bolet châtain, **Bol. castaneus,** planche LII, fig. 275.

Bull., t. 328 ; Pers., *Myc. Eur.*, 2, p. 157 ; Barla, t. 32, f. 11, 15 ; Krombh., t. 4, f. 28, 30 ; Berkl., *Outl.*, p. 236 ; Fr., *Epic.*, p. 517.

Chapeau d'abord convexe, puis étalé ou déprimé, ferme, velouté, d'une couleur marron. Tubes libres, courts, arrondis, blancs, puis devenant jaunes. Pédicelle d'abord plein, puis creux ; un peu bulbeux à la base ; velouté, d'une couleur cannelle. Été, automne, dans les bois ; sa chair est blanche, saveur douce. — Comestible.

Bolet bleuissant, **Bol. cyanescens,** planche LI, fig. 276.

Bull., t. 369 ; Letell., t. 654 ; Krombh., t. 35, f. 7, 9 ; Barla, t. 37 ; Berkl. et Br., n. 1020 ; Kickx., p. 248 ; *B. constrictus*, Pers., *Syn.*, p. 508 ; *B. lacteus*, Léveill. in Ann. scienc. nat. 1848, p. 124 ; Fr., *Epic.*, p. 517.

Chapeau écailleux, floconneux, d'une couleur gris jaunâtre ou fauve. Tubes petits, blancs, puis jaunes. Pédicelle ventru, lisse, de la couleur du chapeau, blanc au sommet. Au milieu, sur toute sa longueur, les cellules sont grandes, spongieuses. Été et automne, dans les bois, sa chair est dure, blanche ; quand on le casse, il prend une couleur bleu obscur. — Comestible.

Bolet tubéreux, **Bol. tuberosus,** planche LII, fig. 274 bis.
Letell., *Hist.*, f. 32 ; Léveill.

Chapeau en coussinet, massif, glabre, sec, d'abord d'une couleur verdâtre, puis devient jaunâtre. Tubes libres, petits, jaunes, orifices rouge orangé. Pédicelle très épais, ovalaire et bulbeux, avec un réseau sanguin sur fond jaunâtre. Été et automne, dans les bois ; ce Bolet a une chair jaunâtre, bleuissant rapidement à la cassure ; sa saveur est acidulée. — Il est vénéneux.

Bolet luride, **Bol. luridus,** planche LII, fig. 275 bis.
Schæff., t. 107 ; Pers., *Syn. et Myc. Eur.*, 2, p. 132 ; Krombh., t. 38, P. F. 11, 17 ; Berkl., *Outl.*, t. 15, f. 5 ; Bull., *B. tuberosus*, t. 100 ; Kickx., p. 244 ; Fr., *Epic.*, p. 511 ; Quelet, p. 247.

Chapeau fauve, un peu visqueux, devient couleur de cuir ou olive. Tubes libres, jaunes, puis verdoyants ; orifice rouge orangé. Pédicelle solide, égal, d'une couleur jaune ou rougeâtre ou bien écailleux ponctué ; chair jaunâtre, saveur douce, agréable ; par la cassure, ce Bolet rougit, verdit et bleuit. Été, automne, dans les bois. — Très vénéneux.

Bolet pruiné, **Bol. pruinatus,** planche LII, fig. 276 bis.
Fr., *Epic.*, p. 504 ; Kickx., p. 241 ; Bull., t. 393, F. B. C. ; *B. cupreus*, Schæff., t. 133 ; Quelet, p. 243.

Chapeau d'abord convexe, puis plan, glabre ; d'une couleur brun pourpre, recouvert d'un léger duvet gris obscur. Tubes adnés, petits, jaune pâle. Pédicelle solide, d'une couleur jaune, ponctué à la base, se tachant de rouge par place. La chair de ce Bolet est ferme, blanche ; verdit, bleuit légèrement. Été, automne, dans les prés et les bois. — Comestible.

Bolet jaunâtre, **Bol. luteus,** planche LIV, fig. 277.
Linn., Succ., n. 1247 ; Schæff., t. 114 ; *Fl. dan.*, t. 1135 ; Barla, t. 31, f. 1, 3 ; *B. annulatus*, Pers., *Syn.*, p. 503 ; Krombh., t. 33 ; Fr., *Epic.*, p. 497 ; Quelet, p. 241.

Chapeau couvert d'une mucosité épaisse ; la pellicule est d'un brun roux ou jaunâtre. Tubes adnés, petits, jaunes. Pédicelle cylindrique, ferme, muni d'un anneau large, membraneux, d'une couleur brunâtre ; le pédicelle est jaunâtre au-dessous de l'anneau, blanchâtre et un peu granulé au-dessus. Été, automne, surtout dans les bois de pins ; sa chair est molle, fade, blanche. — Comestible.

<h2 style="text-align:center">9ᵉ GENRE, FISTULINA</h2>

Chapeau dimidié, offre l'aspect d'une masse charnue épaisse, à contour simple ou lobé. La surface supérieure est de couleur rouge foncé, bombée et papilleuse, ce qui lui donne l'apparence d'une langue. La surface inférieure est plane ou légèrement concave, d'un blanc gris tournant au jaune orangé par place et surtout vers le pédicelle, devenant rouge brun après la maturité. Le pédicelle peut manquer et le chapeau être sessile. Les éléments de l'hyménium tapissent la cavité des tubes cylindriques, cystides et basides. Les spores (planche LIV, fig. A), portées sur des stérigmates courts, sont plutôt cunéiformes qu'ovoïdes. Un des points les plus curieux de l'organisation des fistulines c'est la formation de *coni-dies* (planche LIV, fig. B), se développant à l'intérieur du réceptacle, disposées sur des cellules étroites, fines et à protoplasma granuleux. Ces cellules se divisent en branches courtes ; à l'extrémité desquelles se trouve une conidie.

Fistuline, **Fistulina buglossoides**, planche LIV, fig. 278.
Bull., t. 74, 464, 497 ; *Boletus hepaticus*, Hudson, Schæff., t. 116, 120 ; Krombh., t. 5, f. 9, 10, t. 47, f. 1, 12 ; *F. hepatica*, Fr., *Epic.*, p. 522 ; *Hypo-drys hepaticus*, Pers., *Myc. Eur.*, 2, p. 148 ; *F. hepatica*, de Seyne, *Rech. veg. inf., Paris*, 1874.

Chapeau charnu, épais, irrégulier. Sa partie supérieure est, dans le jeune âge, rouge, visqueuse, garnie d'aspérités étoilées, qui s'effacent lorsqu'elle prend de l'accroissement ; la pellicule s'enlève et laisse voir la chair, qui est incarnat, veiné de blanc, et rend une eau rougeâtre si on la presse. Sa partie inférieure est blanche, puis jaunâtre et rousse, formée de tubes isolés, qui adhèrent à la chair. Pédicelle épais, court, latéral, souvent nul.

Été, automne, au pied des arbres vivants ; est connu sous les noms de Foie-de-Bœuf, Langue-de-Bœuf, Glu de chêne, etc. — Comestible excellent. Saint-Germain, Chantilly, etc.

10ᵉ GENRE, **POLYPORUS**

Les Polypores sont des Champignons charnus, coriaces, ou subéreux; le plus souvent sessiles, quelquefois renversés. Le chapeau des Polypores est revêtu en dessous des tubes adhérents avec lui, enchâssés par leur extrémité inférieure dans une membrane homogène, ne laissant voir que leur ouverture ou pores, lesquels ne sont séparés que par une cloison très mince. Ces pores ou tubes contiennent l'hyménium, les cystides, les basides et les spores, généralement de petite dimension. Les Polypores diffèrent des Bolets en ce que les tubes des Polypores sont enchâssés dans une membrane, tandis que les tubes des Bolets sont libres, et n'adhèrent pas au chapeau.

Polypore du noyer, **Pol. juglandis,** planche LV, fig. 279.
Boletus juglandis, Bull., t. 19.

Chapeau charnu, visqueux, ocracé, marbré, à écailles obscures, noirâtres. Pores assez grands, flexueux, un peu plus pâles. Pédicelle latéral, gros, de la couleur du chapeau, écailleux et crevassé.

Été, automne, sur le tronc des vieux noyers, le Polypore devient très grand, souvent groupé. — Comestible étant jeune.

Polypore gigantesque, **Pol. giganteus,** planche LV, fig. 280.
Berkl., *Outl.*, p. 240; Hussey, I, p. 356; Kickx., p. 226; *Boletus*, Pers., *Syn.*, p. 521; *B. mesentericus*, Schæff., t. 267; Fr., *Epic.*, p. 540.

Chapeau très large, 20 à 30 centimètres, imbriqué et étalé, roux, finement granulé et velouté, orné d'écailles brunes et de zones rousses sur les bords; chair blanche. Pores petits, presque ronds, blancs, puis devenant fuligineux. Pédicelle gros comme un tubercule; la saveur de ce Polypore est un peu acidulée. Été, automne, à la base des vieilles souches. — Comestible.

Polypore varié, **Pol. varius,** planche LV, fig. 281.
Pers., *Myc. Eur.*, 2, p. 57; Secr., n. 10; Berkl., *Outl.*, p. 239; *Boletus calceolus*, Bull., t. 360, 445, f. 2; Fr., *Epic.*, p. 535.

Chapeau tenace, ligneux, glabre, difforme, un peu vergeté, d'une couleur ocracé ou fuligineux. Pores petits, entiers, fauve ou cannelle. Pédicelle latéral, lisse, glabre, noir à la base. Été, automne. — Comestible, mais trop coriace.

Polypore élégant, Pol. elegans, planche LV, fig. 282.
Berkl., *Outl.*, p. 239; Quelet, p. 254; *Boletus*, Bull., t. 46; *Fl. dan.*, t. 1075; Fr., *Epic.*, p. 535.

Chapeau charnu, large de 3 à 8 centimètres, lisse, glabre, luisant, ocracé, pâle. Pores plans, petits, blancs, puis jaune pâle. Pédicelle lisse, glabre, radical et noir à la base. Printemps, été, sur les branches mortes. Ne se mange pas.

Polypore hispide, Pol. hispidus, planche LV, fig. 283.
Krombh., t. 48, f. 7, 10; Hussey, I, t. 29, 31; Kickx., p. 230; *Boletus*, Bull., t. 210, 493; Fr., *Epic.*, p. 551; Quelet, p. 261.

Chapeau charnu, fibreux, large de 10 à 20 centimètres, épais, couvert de gros poils rudes, d'une couleur jaunâtre, puis noirâtre. Pores arrondis, petits, longs, jaunes puis pâles. En le coupant il rend une eau rougeâtre; saveur et odeur acides. Été, automne, dans les cicatrices des vieux arbres champêtres. Ne se mange pas.

Polypore couleur de soufre, Pol. sulfureus, planche LVI, fig. 284.
Bull., *Boletus*, t. 429; Hussey, I, t. 46; Berkl., *Outl.*, t. 16, f. 3; Pers., *Syn.*, p. 224; Schæff., t. 131, 132; Paul, t. 14; Quelet, p. 256; Fr., *Epic.*, p. 542; *Fl. dan.*, 1019.

Chapeau très large, imbriqué, ondulé, d'une couleur jaune citrin, lavé de rouge; chair jaunâtre. Pores petits, sulfureux, le plus souvent il n'y a pas de pédicelle. Spores globuleuses ou obovales. Vient sur les arbres, du printemps à l'automne; odeur forte. — Comestible peu délicat.

Polypore versicolore, Pol. versicolor, planche LVI, fig. 285.
Linn., *Succ.*, n. 1254; Bull., t. 86; Kickx., p. 232; Schæff., t. 263; *P. argyraceus*, Pers., *Myc. Eur.*, 2, p. 73; Fr., *Epic.*, p. 568; Quelet, p. 268.

Chapeau coriace, mince, rigide, aplani, déprimé en arrière, velouté, soyeux, brillant, orné de zones de couleurs variées. Pores petits, ronds, aigus, blancs, puis jaunâtre pâle. Pas de pédicelle. Été et automne, très commun sur les souches. Ne se mange pas.

Polypore oblique, Pol. obliquatus, planche LVI, fig. 286.
Bull., t. 7, 459; *Polyp. laccatus*, Pers., *Myc. Eur.*, 2, p. 64.

Chapeau réniforme ou en éventail, à sillons concentriques, d'une couleur brun, rouge, brillante et vernissée de laque. Pores petits,

réguliers, assez longs, blanchâtres, puis cannelle. Pédicelle variable; la fig. 388 en représente trois formes. Toujours recouvert d'un
vernis de laque rouge brun. Il vient toute l'année sur les souches
des arbres. Ne se mange pas.

11e GENRE, **TRAMETES**

Chapeau large, résupiné, ou en coussinet hémisphérique. La
membrane qui supporte l'hyménium descend entre les pores sans
éprouver aucun changement et forme avec eux une trame homogène. Les pores sont entiers, arrondis ou linéaires, ni labyrinthés,
ni lacérés.

Trametès des pins, **Tram. pini,** planche LX, fig. 307.

Chapeau large, épais, étalé en demi-rond, sillonné, bosselé,
velouté, d'une couleur brune, verdâtre; marge jaune cannelle,
arrondie. Pores irréguliers, larges, un peu anguleux, fauve cannelle. La chair de ce Champignon est fauve; d'une odeur d'acide
benzoïque, agréable. Été, automne, sur les souches de sapins.
Vincennes, Chantilly.

12e GENRE, **DŒDALEA**

Les Champignons de ce genre ont un chapeau subéreux, coriace,
à face inférieure garnie d'une membrane fructifère sinueuse,
relevée de côté en feuillets saillants, anastomosés, formant des
cavités irrégulières ou des pores allongés flexueux. Basides petites ;
spores blanches. Champignon vivace, toute l'année sur les souches.
Ne se mange pas.

Dédalée du chêne, **Dæd. quercina,** planche LIX, fig. 300.
Pers., *Syn.*, p. 500; Berkl., *Outl.*, t. 19, f. 5; Krombh., t. 5, f. 1, 2;
Kickx., p. 218; *Agaricus*, Linn., Succ., n. 1213; *A. labyrinthiformis*, Bull.,
t. 352, 422, f. 1; Fr., *Epic.*, p. 586.

Ce Champignon est très résistant, élastique, rugueux, bosselé,
aplani, couleur de bois mort, ou fauve sale, ou grisâtre; l'intérieur
est semblable. Pores en sinus labyrinthiforme, lamelleux, couleur
de bois sec. Printemps, été, vivace sur les souches. Ne se mange
pas.

13ᵉ GENRE, **MERULIUS**

Les Champignons de ce genre n'ont pas de chapeau, mais une membrane irrégulière, appliquée de toutes parts par une de ses faces, à veines sinueuses, anastomosées, formant des espèces de cellules inégales sur la face libre, et qui portent les basides et les spores. Les Mérules viennent de préférence sur le bois mort, les poutres, les celliers et dans les endroits humides.

Mérule tremelloïde, **Mer. tremellosus**, planche LIX, fig. 302.
Schrad., Spic. 139 ; *Fl. dan.*, t. 1553, 776, f. 1 ; Fr., *Epic.*, p. 591.

Membrane charnue, étalée, réfléchie, presque imbriquée, tomen-teuse, trémelloïdes, blanc d'un côté, plis petits, alvéolaires, à saillies aiguës, variées, incarnat pâle. Automne sur les solives humides. — Coriace.

14ᵉ GENRE, **SOLENIA**

Champignon haut de 2 à 3 millimètres, membraneux ; hyménium tubuleux, cylindrique, avec un orifice contracté et tourné vers le sol.

Solenié en faisceaux, **Solenia fasciculata**, planche LX, fig. 309.

Ce Champignon se trouve sous forme de tubes pâles, hauts de deux millimètres, comprimés, disposés en faisceaux, glabres ou finement villeux. Automne et hiver, écorce de hêtre.

15ᵉ GENRE, **HYDNUM**

Chapeau de forme variable, portant à sa partie inférieure des aiguillons plus ou moins libres, coniques, comprimés ou subulés, dirigés en bas, donnant issue, aux basides et qui contiennent les spores à leurs extrémités. Pédicelle central, terrestre.

Hydne sinué, **Hyd. repandum**, planche LVIII, fig. 293.
Linn., Suec., n. 1250 ; Schæff., t. 318 ; Bull., t. 172 ; Krombh., t. 50, f. 1, 9 ; Barla, t. 32, f. 1, 9 ; Huss., I, t. 16 ; Fr., *Epic.*, p. 601.

Chapeau charnu, dur, étalé inégalement, sinué, convexe, ru-gueux, sans zones, d'un blanc roux, aiguillons inégaux, décurrents, un peu épais, entiers ou incisés. Pédicelle difforme, épais à sa base, souvent excentrique, de la couleur du chapeau.

Été, automne, dans tous les bois ; il est connu sous les noms de Barbe-de-vache, Pied-de-mouton-blanc, le Mouton, Chevrelle, etc.; chair un peu amère. — Comestible.

Hydne en forme de coupe, Hyd. cyathiforme, planche LVIII, fig. 294.
Bull., t. 156.

Chapeau en gobelet rugueux, fibreux, zoné, glabre, ferrugineux, se terminant insensiblement en un pédicelle court de couleur plus claire. Aiguillons courts, extérieur roux, disposés par séries, la pointe tournée en bas. Vient en groupes, il ressemble à une grande Pezize. Septembre et octobre dans les bois. N'est pas vénéneux.

Hydne membraneux, Hyd. membranaceum, planche LVIII, fig. 295.
Bull., t. 481, f. 1 ; Pers., *Myc. Eur.*, 2, p. 188 ; Fr., *Epic.*, p. 613.

Chapeau étalé, mince, glabre, ferrugineux. Aiguillons égaux trifurqués, droits. Entoure la partie inférieure des branches mortes comme une membrane de cire. Toute l'année.

Hydne cendré, Hyd. cinereum, planche LVIII, fig. 297.
Bull., t. 419; Quelet, p. 277; Trog., n. 446; Fr., *Epic.*, p. 604.

Chapeau coriace, subéreux, globuleux d'abord, puis s'ouvrant en entonnoir, lobé régulièrement, un peu incarnat, plus obscur au centre. Aiguillons grêles, égaux, blanc cendré, courts, très décurrents. Été, automne, en groupes. Ne se mange pas.

Hydne hybride, Hyd. hybridum, planche LVII, fig. 298.
Bull., t. 453.

Chapeau mou, soyeux, peu lobé, souvent soudé infundibuliforme, ferrugineux, noirâtre, sans zone en dedans. Aiguillons noirs, courts. Pédicelle sans écailles, gros, court, bosselé, tubéreux à la base. Automne, dans les bois de pins.

Hydne cure-oreille, Hyd. auriscalpium, planche LVII, fig. 299.
Linn., Suec., n. 1260; Schæff., t. 143; Bull., t. 481, f. 3; Krombh., t. 50, f. 15, 17; Fr., *Epic.*, p. 607.

Chapeau coriace, petit, horizontal, réniforme; hérissé de poils raides, noir fuligineux. Aiguillons égaux, bruns. Pédicelle latéral, tomenteux, grêle, de la couleur du chapeau. Toute l'année sur les cônes de pins.

16ᵉ GENRE, **SISTOTREMA**

Ce genre de Champignons diffère des Hydnum, parce qu'il porte des lames fructifères libres, verticales, au lieu d'aiguillons.

Sistrotema confluent, **Sist. confluens**, planche LVIII, fig. 296.

Chapeau charnu, irrégulier, horizontal, simple ou confluent, infundibuliforme, à bords ondulés, blancs puis jaunâtres. Lamelles entières, d'autres incisées, de la couleur du chapeau. Pédicelle excentrique blanc, atténué en bas. Été, automne, au bord des chemins.

17ᵉ GENRE, **IRPEX**

Champignons coriaces, à chapeau irrégulier, sessile ; hyménium à la partie inférieure, en forme de dents subcoriacés, aiguës, en séries ou réunies par un réseau.

Irpex blanc, **Irp. canescens**, planche LIX, fig. 303.
Fr., *Epic.*, p. 621.

Chapeau coriace, orbiculaire, puis confluent ; d'une couleur grise, à pourtour byssoïde ; dents inégales incisées, naissant d'alvéoles très apparentes dans l'état jeune du chapeau. Toute l'année sur les arbres.

18ᵉ GENRE, **RADULUM**

Hyménium amphygène, couleur de cire, tuberculeux, rude, difforme, généralement allongé et cylindrique, obtus, épars et fasciculé.

Radule Fr., **Radulum orbiculare**, planche LIX, fig. 304.

Appliqué en coussinet, orbiculaire ou confluent, d'un blanc jaunâtre avec le contour byssoïde. Tubercules allongés, difformes ou arrondis, épars ou en faisceaux. Automne et hiver, sur les écorces.

19ᵉ GENRE, **PHLEBIA**

Les Champignons de ce petit genre sont étalés, lisses ou rameux, élargis, rampants, gélatineux, d'une belle couleur incarnat rouge ; les bords dentés radiés. L'hyménium est gélatineux; recouvre le côté supérieur du Champignon qui est papillaire, étalé, retourné, ou ridé en crête. Les spores sont très petites, hyalines.

Phl. Fr., **Phlebia merismoides,** planche LVII, fig. 289.

Huss., II, t. 44; Quelet, p. 281 ; *Mer. fulous,* Lasch., Linn., IV, p. 552 ; Fr., *Epic.,* p. 624.

Étalé, lisse et rameux, comme incrusté ; d'une couleur incarnat, puis livide, villeux et blanchâtre en dessous, orangé et hérissé au pourtour.

Automne et hiver, sur les mousses des troncs d'arbres.

20ᵉ GENRE, **CRATERELLUS**

Champignon charnu, membraneux, hyménium inférieur, céracé, persistant, lisse, puis ridé, putrescent en vieillissant. Ces Champignons ressemblent aux Chanterelles, le Cornucopioïdes a des rapports avec les Pezizes et les Helvelles.

Craterelle trompette des morts, **Crat. cornucopioides,** planche XLVIII, fig. 258.

Schæff., t. 164 et 276, fig. 4 ; Krombh., t. 45, f. 13, 17; Pers., *Myc.,* I ; Fr., *Epic.,* p. 631.

Chapeau turbiné, tronqué, déprimé, non lisse, d'un gris fuligineux, noirâtre, finement écailleux; hyménium lisse, puis ruguleux, cendré. Pédicelle tubuleux, terminé en trompe et membraneux; odeur agréable.

Été et automne, en groupes dans les bois. — Comestible.

Craterelle en forme de trompe, **Crat. lutiformis,** planche XLVIII, fig. 260.

Chapeau submembraneux, en trompette, de bonne heure tubulé et ondulé, brun et floconneux, avec la marge rabattue, souvent lobée, d'un gris fauve jaunâtre. Lamelles en forme de nervures, jaune obscur. Pédicelle assez grêle, fistuleux, puis comprimé ; orangé fauve. Été et automne dans les bois. — Comestible.

21ᵉ GENRE, **THELEPHORA**

Les Théléphores sont des Champignons charnus, fibreux, puis rigides, coriaces, formant tantôt un chapeau distinct, porté sur un pédicelle court, central ou latéral, tantôt un demi-chapeau, fixé par le côté, tantôt enfin une sorte de membrane adhérente dans toute son étendue. La membrane fructifère est en dessous, adhérente à la supérieure; lisse ou porte des papilles arrondies, obtuses et des basides éparses, grêles, disparaissant rarement tout à fait.

Thelephore pourpre, **Thel. purpurea,** planche LX, fig. 308.
Auricularia reflexa, Bull., t. 583, f. I.

Chapeau imbriqué, coriace, mou, velu courtement, marqué de zones, pâle, déprimé, fauve, glabre et purpurin en dessous. Automne, sur les troncs d'arbres morts.

22ᵉ GENRE, **STEREUM**

Chapeau coriace, subéreux, horizontal, retourné ou étalé, à bords libres, hyménium tuberculé, ou papillaire distinct.

Stereum taché de sang, **St. sanguinolenta,** planche LX, fig. 310.
Fr., *Epic.*, p. 578; Berkl. et Br., n. 1290; Kickx., p. 235.

Chapeau mince, coriace, étalé, réfléchi, soyeux, substrié, pâle; marge aiguë, blanche. Hyménium lisse, glabre, cendré, brunâtre. Automne, hiver, sur les écorces de pins.

23ᵉ GENRE, **AURICULARIA**

Chapeau coriace, gélatineux, en entonnoir, ou seulement auriculé. Hyménium placé extérieurement en grillage, contenant les basides et les spores.

Auriculaire mésentérique, **Aur. mesenterica,** planche LVII, fig. 291.
Auricul. tremelloides, Bull., t. 290; Pers., *Syn.*, p. 571; Berkl., *Outl.*, p. 272; Michel, t. 66, f. 4; Fr., *Epic.*, p. 646.

Chapeau fixé latéralement, ou sessile, moyen, presque imbriqué, à bords réfléchis, zonés, velus en dedans, d'une couleur gris rougeâtre, à disque purpurin, plissé. Ce Champignon commence par un point qui s'agrandit, se relève en cornet.

Automne, sur les souches placées à l'humidité. Ne se mange pas.

24ᵉ GENRE, **CORTICIUM**

Ce genre présente un réceptacle adhérent, entièrement étalé, retourné ; papilles, le plus souvent apercevables. Hyménium hétérogène, se contractant par le temps sec, imposé sur le mycélium et formant rarement un chapeau.

Corticium jaune blanc, **Cort. ocraceum**, planche LX, fig. 312.

Berkl., *Outl.*, p. 275; Kickx., p. 267; Pers., *Myc. Eur.*, I, n. 38, 62; Fr., *Epic.*, p. 653; Quelet, p. 291.

Étalé jaunâtre, mou, glabre, à pourtour blanc radié. Hyménium pâle, jaune, parsemé de grains dorés, puis nu et papilleux. Automne et hiver sur le bois pourri de pin, sapin.

25ᵉ GENRE, **CYPHELLA**

Ces Champignons affectent plusieurs aspects ; la figure 306 représente la forme de dés à coudre, d'autres espèces sont en clochettes coniques, d'autres en forme de poire. Il en existe aussi de membraneux, à hyménium infère, uni, puis rugueux, chagriné.

Cyphella en forme de dé, **Cyp. digitalis**, planche LIX, fig. 306.
Dessin de Léveillé.

Ce petit Champignon est obliquement suspendu ; en forme de dé, parcheminé, ridé par des fibres longitudinales sur la surface externe ; brun. Hyménium bleuâtre blanc, assez lisse. Eté, automne, sur les branches de sapin.

26ᵉ GENRE, **CLAVARIA**

Champignons gélatineux, charnus ou cornés, épaissis au sommet, simples ou rameux, le plus souvent atténués, à réceptacle dressé, cylindrique, homogène, se confondant à la base, et recouvert en grande partie de l'hyménium ; mais les basides et les spores sont généralement au sommet des rameaux. Pour la plupart comestibles.

Clavaire en crête, **Clav. cristata**, planche LXI, fig. 314.

Pers., *Syn.*, p. 591; *Fl. dan.*, t. 1304, f. 2; Krombh., t. 53, f. 12; Schæff., t. 170; Fr., *Epic.*, p. 668.

Rameaux dilatés en haut et incisés en crête mince et aiguë. Tige tenace, lisse, pleine, blanche, grisâtre et veloutée, ou fuligineuse. Été, automne dans les bois. — Comestible.

Clavaire améthyste, **Clav. amethystina**, planche LXI, fig. 315.

Bull., t. 496. f. 2; Pers., *Syn.*, p. 286; Berkl., *Outl.*, p. 279; Fr., *Epic.*, p. 667.

Rameaux partant de la base, gros, allongés, arrondis, à divisions très courtes, aiguës, rameux lisses; à base atténuée, d'une belle couleur violacé. Été, dans les bois. — Comestible.

Clavaire compacte, **Cl. condensata**, planche LXI, fig. 316.

Fr., *Epic.*, p. 672; *Cl. rubella*, Schæff., t. 117.

Dressé en buissons, très rameux, plan, lisse, dilaté, palmé, d'une couleur pourpre jaune ; mycélium blanc membraneux. Été, automne, dans les bois. — Comestible.

Clavaire en grappe, **Cl. botrytis**, planche LXI, fig. 317.

Pers., *Syn.*, p. 587; Barla, t. 40, f. 1, 3; Krombh., t. 53, f. 1, 3; Berkl., *Outl.*, p. 278; Quelet, t. 21, f. 4; *Cl. acroporhyrea*, Schæff., t. 176.

Tronc épais, gros, difforme, décombant, extrêmement rameux, un peu rugueux, court, à divisions obtuses, rouge incarnat au sommet ; le tronc varie du blanc au jaune. Été, automne, dans les bois. — Comestible.

Clavaire jaunâtre, **Cl. flava**, planche LXI, fig. 318.

Schæff., t. 175; Pers., *Syn.*, p. 586; Barla, t. 40, f. 5; Fr., *Epic.*, p. 666.

Tronc épais, rameaux droits, très rameux, arrondis, denses, fastigies à divisions obtuses. Il varie du blanc au jaune, et du jaune au rougeâtre. Automne, dans tous les bois ; odeur exquise. — Comestible.

Clavaire canaliculée, **Cl. canaliculata**, planche LXII, fig. 319.

Ehrenb., Nov., *Act. nat. cur.*, X, t. 14; *Crispula*, Fr., *Epic.*, p. 673; Quelet, p. 298.

Solitaire, très glabre, tenace, fistuleux, puis comprimé, cannellé ou rayé dans le sens de sa longueur ; d'une couleur blanche. Automne, dans les bois. — Comestible.

Clavaire cendrée, **Cl. cinerea**, planche LXII, fig. 320.

Bull., t. 354; Letell., t. 708, f. 1; *Cl. grisea*, Krombh., t. 53, f. 9, 10; Fr., *Epic.*, p. 668; Quelet, p. 295.

Tige épaisse, rameaux dilatés, comprimés, glabres, solides, les latéraux un peu incomplets, à divisions courtes, légèrement rugueux et obtus. Cette Clavaire se trouve en automne dans les bois ; sa couleur doit être blanche, mais on la rencontre presque toujours cendrée, grâce à la présence des spores du Spheria clavariarum, qui colore les rameaux en cendré roux. Je conseille de ne pas manger le Cinerea.

Clavaire coquette, **Cl. crispula**, planche LXII, fig. 321.

Weimm., p. 503; Berkl., *Outl.*, p. 281; Kickx., p. 127; Fr., *Epic.*, t. 673; Bull., t. 358, f. 1, a. b.

Glabre, fragile, très rameux, blanc ocracé, tronc grêle, à rameaux flexueux, multifides, à divisions divariquées, radicules fibrilleuses. Automne, dans les bois. — Comestible.

Clavaire pilon, **Cl. pistillaris**, planche LXII, fig. 322.

Linn., Succ., n. 1246; Bull., [t. 244; Krombh., t. 54, f. 1, 11; Quelet, t. 21, f. 2; Schæff., t. 290; Fr., *Epic.*, p. 676.

Grand, gros, piriforme renversé, solitaire, glabre, ferme, épaissi en haut et obtus, jaune, plein, tige d'abord cylindrique, se ridant, puis prenant une couleur bistre, blanc ; inodore. Automne ; désagréable au goût. Ne se mange pas.

Clavaire inégale, **Cl. inæqualis**, planche LXIII, fig. 325.

Fl. dan., t. 873, f. 1; Weinm,, p. 510; Kickx., p. 125; *Cl. bifurca*, Bulb., t. 264, Fr., *Epic.*, p. 674.

En groupes, fragiles, d'une couleur jaune ; rameaux versiformes, simples ou fourchus. Tout l'été dans les bois. — Comestible.

Clavaire petit jonc, **Cl. juncea**, planche LXII, fig. 329.

Fr. *Epic.*, p. 677; Kickx., p. 124; Berkl., *Outl.*, p. 283.

Groupé, grêle, presque égal, rouge, mou, pubescent étant jeune, glabre ensuite, un peu fistuleux, pâle ou roux, à base fibrilleuse ; rampant. Automne, hiver, dans les bois, sur les feuilles tombées.

Clavaire pistilliforme; **Cl. pistilliforma**, planche LXIII, fig. 328.

Solitaire, glabre, ferme, légèrement épaissi en haut, un peu obtus ; tige cylindrique, blanche ; chair blanche, inodore. Automne, dans les bois. — Comestible.

Clavaire blonde, **Cl. helvola,** planche LXIII, fig. 329.
Cl. cylindrica, Bull., t. 463, f. 1, B.

Moyen, groupé, fasciculé, branches graduellement renflées, fistuleuses, simples, fragiles, allongées, obtuses, d'une couleur jaune à base plus claire. Été, automne, sur la terre dans les prés. — Comestible.

Clavaire en crête, **Cl. cristata,** planche LXIII, fig. 330.
Clavaria laciniata, Bull., t. 415, f. 1; *Thelephora cristata*, Fr., *Epic.*, p. 637; *Merisma cristata*, Pers.; *Clavaria cristata*, Quelet, p. 295.

Presque décombant, glabre, incrustant, tuberculeux, d'une couleur fauve pâle, rameaux plats, dilatés, laciniés, un peu difformes, frangés en crêtes minces et aiguës, velouté. Été, automne, dans les bois, parmi les Graminées. Ne se mange pas.

Clavaire hydnoïde, **Cl. hydnoides,** planche LXIII, fig. 331.

Presque en buisson, à peine long d'un demi-centimètre; mou, subuliforme, pellucide, d'une couleur bleuâtre, pâle, rameaux dressés sur le bois mort. Été, automne.

27ᵉ GENRE, **CALOCERA**

Espèces cornées, gélatineuses, tenaces, visqueuses, venant sur le bois, sans tige distincte.

Calocaire en pointe, **Caloc. cornea,** planche LXIII, fig. 327.
Batsch., f. 161; *Clav. aculeiformis*, Bull., t. 463, f. 4; Mong., nº 682; Desm., *exs.*, nº 73; Fr., *Epic.*, p. 680.

Extrêmement petit, groupé, simple ou bifurqué, visqueux, jaune orangé, très fragile, à base adhérente. Automne, sur le bois demi-pourri. Ne se mange pas.

Calocaire palmé, **Caloc. palmata,** planche LVII, fig. 290.
Schum., Saell., 2, p. 442; Kickx., p. 120; Fr., *Epic.*, p. 680; Quelet, p. 298.

Tenace, comprimé, rameux, dilaté et divisé vers le haut, où les petits rameaux sont arrondis et même écartés; d'une belle couleur jaune d'or. Automne sur les souches.

28e GENRE, **TYPHULA**

Réceptacle simple ou rameux, très grêle, cylindrique, séparé du pédicelle, revêtu de la membrane fructifère partout, celle-ci portant des basides dans toute son étendue, souvent oblitérées, à cause de leur ténuité. Petits Champignons filiformes, venant sur les bois morts. Ils diffèrent des Clavaires par leur ténuité et par l'oblitération des basides.

Typhulé pied rouge, **Typh. erytropus,** planche LXX, fig. 383.

Tige très grêle, flexueuse, un peu rameuse, allongée, découpée en pinceau au sommet, portée sur un petit tubercule radical d'une couleur fauve. Dans les bois, sur les branchages morts, les copeaux pourris. Printemps, automne.

29e GENRE, **HIRNEOLA**

Ce genre offre des Champignons à chapeau coriace, gélatineux, en entonnoir, ou seulement en forme d'oreille, comme celui que représente la fig. 313. La membrane hyméniale est située extérieurement en grillage ; tous ces Champignons se gonflent par les temps humides.

Oreille de Judas, **Hirneola Judæ,** planche LX, fig. 311.
Batt., t. 3, fig. T ; Huss., I, t. 58 ; Krombh., t. 5, f. 50 ; Barla, t. 44, f. 17, 18 ; Linn., Bull., t. 427, f. 2.

Ce Champignon est sessile, mince, étendu ; horizontalement, il présente presque toujours des échancrures qui lui donnent la forme d'une oreille d'homme. Sa surface supérieure est d'un brun rougeâtre, creusée en soucoupe, diversement plissée ; la face inférieure se montre plus pâle, pulvérulente, parsemée de veines saillantes et divergentes ; sa consistance est gélatineuse, mais ferme et élastique. On le rencontre l'été, l'automne sur les vieux troncs d'arbre, principalement le sureau. Légèrement purgatif.

30e GENRE, **EXIDIA**

Réceptacle mou, gélatineux, homogène, horizontal, presque bordé, velu, veiné, plissé en dessus, lisse en dessous, composé de

deux membranes, dont la supérieure est ornée de papilles hétéro-
gènes et d'une membrane qui recouvre les basides et les spores
explosibles.

Exidie plissée, **Exid. plicata,** planche LIX, fig. 305.
Klotzsch., Bor., t. 475; Fr., *Epic.*, p. 694.

Coussinet discoïde, ondulé, brun noir, parsemé de papilles
coniques scabres, cendré, ponctué à l'extérieur, rétracté et très
aminci par le temps sec. Automne, sur les branches de bouleau.

31ᵉ GENRE, **TREMELLA**

Réceptacle gélatineux, mou, homogène, presque transparent,
polymorphe, lobé, plissé, partout semblable, couvert d'une
membrane glabre, de texture fibroso-celluleuse ; basides épars à
la superficie de l'hyménium qui est lisse et sans papilles. Champignons assez grands ou moyens, se développant entre l'écorce et
le bois des racines ; de couleur ordinairement jaune orangé.

Tremelle foliacée, **Tremel. foliacea,** planche LVII, fig. 292.
Pers., Obs., 2, p. 98; *Myc. Eur.*, I, p. 101; Berkl., *Outl.*, p. 287; Kickx.,
p. 117; Bull., t. 406, f. t. a.; Fr., *Epic.*, p. 690; Quelet, 301.

Groupé, grand, lisse, diaphane, ondulé, plissé, à base crépue,
sillonnée, très entière, de couleur cannelle incarnat.
Automne et hiver, se trouve sur les troncs d'arbres.

32ᵉ GENRE, **PHALLUS**

Volva arrondie, composée d'une double membrane pleine de
gelée, qui se rompt en plusieurs morceaux. Champignon campanulé ou conique, entier et donnant issue à un mucus sporulifère,
tenace. Les spores blanches sont sessiles sur les basides. Pédicelle spongieux. Champignon pourvu d'un chapeau perforé à son
sommet et réticulé ou marqué d'enfoncements polygones, d'où
sort une liqueur visqueuse dans laquelle sont engagées les spores;
marge au bord du chapeau libre. Les spores sont, en général,
ellipsoïdes, allongées, rondes, quelquefois un peu réniformes et
mesurent, en moyenne, de 4 à 5 millièmes de longueur.

Phallus satyre impudique, **Ph. impudicus,** planche LXIV, fig. 332.

Linn., *Spec.*, 1648; *Satyre*, Bull., t. 182; Mich., t. 83; *Fl. dan.*, t. 175 ; Schæff., t. 196, 197, 198; Corda., f. 7, f. 50; Krombk., t. 18, f. 10, 15 ; Berkl., t. 20, fig. 3; Barla, t. 46, fig. 1, 4; Paul, t. 191.

Chapeau en forme de cône tronqué ou de cloche, adhérent par son sommet à l'extrémité supérieure du pédicelle, libre dans le reste de son étendue (V'); la face externe est parsemée d'alvéoles polygonales, invisibles dans le jeune âge. Elles sont remplies d'une couche charnue, d'un vert foncé, qui est interrompue de temps en temps par de petites veines blanches; ce sont les cloisons des alvéoles qui font saillie. Le pédicelle (fig. O), naît au centre de la volve, sur la partie même du plateau; il représente une colonne renflée à sa partie moyenne et atténuée aux deux extrémités. La volve (fig. 333, V), (332, B), qui enveloppe le Champignon est de la même nature que le mycélium; si on fait une coupe longitudinale on voit qu'elle est composée de deux membranes fermes, résistantes, élastiques, l'une externe, V, l'autre interne, E, qui se terminent en cul-de-sac, *b;* et recouvrent comme une opercule l'ouverture qui existe au sommet du chapeau (fig. 333, U), et se prolonge dans l'intérieur du pédicelle (*d*), en représentant le mucus de la volve.

Toute la plante exhale une odeur cadavéreuse qui la fait reconnaître de loin; elle vient à terre, dans les bois, à la fin de l'été et en automne. Ne se mange pas. (Fig. 334 petit et grand œuf de *Phallus*.)

Phallus chien, **Ph. caninus,** planche LXV, fig. 340.

Schæff., t. 330; Bott., t. 40, f. E, F; Sow., t. 331.

Chapeau adhérent, nu, conique, perforé de cellules irrégulières. Pédicelle de 6 à 10 centimètres, flasque, celluleux, atténué en bas, rougâtre à son sommet. Sa base est entourée par un volva qui, au jeune âge, enveloppe le Champignon. Dans les bois, l'été, l'automne, entre les feuilles, sur les troncs d'arbres pourris. Ne se mange pas. La fig. 341 représente un œuf de *Phallus caninus*.

33ᵉ GENRE, **SIMBLUM**

Receptacle ou péridium en forme de volva, sessile, radiculé en forme de lobe.

Simblum Klotzsch, **Simblum periphragmoides,** planche LXV, fig. 335. Dessin de Léveillé.

Chapeau en forme de cloche, à face externe parsemée d'alvéoles polygonales, même dans le jeune âge, comme chez les Pézizes ; une figure non numérotée les représente sans spores. Ces alvéoles sont enduites d'une pulpe muqueuse mêlée à la masse fibrineuse du chapeau. Les basides, les cystides et les spores se trouvent dans cette masse pulpeuse ou à sa surface. Le pédicelle naît dans une volve qui reste à la base et représente une petite colonne. On rencontre ce Champignon dans le.Midi de la France. Tout l'été. On le mange jeune.

34e GENRE, **COLEUS.** — A. Chevalier et P. Léchier

Péridium en forme de volve radiée, rompu en lobes portant à son centre une columelle, composée de deux membranes disjointes par de la gélatine.

Coleus hirudiné, **Çol. hirudinosus,** planche LXV, fig. 336. Dessin de Léveillé.

Pédicelle court, se divisant en rameaux charnus, droits, réunis au sommet sur une base en forme d'entonnoir et anastomosés, simulant à la surface un petit bassin aréolé, spores à la surface. La fig. 336 représente le Champignon soulevé hors de sa volve ; la fig. 336, B, montre le sommet en grillage sans substance mucilagineuse. Ce Champignon est très commun dans les environs de Toulon. Ne se mange pas.

35e GENRE, **LYSURUS.** — Fr.

Réceptacle pédiculé, charnu, enfermé dans un volva, divisé en lanières du sommet à la base, surface fertile. Dans ce genre les basides, les cystides et les spores sont situées à la base des divisions des lanières.

Lysurus de Mokusin, **Lysurus Mokusin,** planche LXV, fig. 337. Dessin de Léveillé.

Chapeau rétréci à son sommet, se divisant en cinq lobes égaux, simples, avec bord à arêtes. Ces lobes sont parsemés sur leur bord externe de basides, de cystides et de spores.

Le pédicelle sort d'une volve mince, blanche; il est comme entouré par quatre lobes, deux de chaque côté en forme de colonne d'un gris pâle en bas, souvent rougeâtre en haut ou mucilagineux ou visqueux selon le terrain. Si on fait une coupe transversale du pédicelle, on voit la cavité centrale vide de tissu dans toute son étendue. La fig. 337, le représente jeune, prêt à se développer.

36e GENRE, **LATERNEA**. — Turp.

Réceptacle formé de plusieurs branches simples, réunies vers leur sommet, sortant d'un volva simple arrondi.

Laternea en colonne, **Laternea columnata**, planche LXV, fig. 338. Dessin de Léveillé.

Réceptacle externe en forme de volva, simple, ensuite déchiré, ouvert, composé inférieurement de columelles charnues, simples, jointes au sommet, portant au dehors de leur point de réunion un réceptacle cupuliforme auquel sont attachées les spores. Dans le Midi de la France, en Italie, à Saint-Domingue.

37e GENRE, **CLATRACÉS**

Champignon sessile, ovoïde ou globuleux, formé de rameaux charnus, anastomosés en grillage, émettant de tous côtés une humeur visqueuse où tombent les spores.

Clatrus (en grillage), **Clat. cancellatus**, planche LXV, fig. 339. Dessin de Léveillé.

Champignon sessile, globuleux ou ovoïde, vide dans son centre; tient à la terre par une petite racine; sa volve est blanche, lisse, quelquefois plissée par de petits carreaux. Développé, il est charnu, globuleux ou ovoïde, vide dans le centre, haut de 4 à 8 centimètres, de couleur rouge feu, quelquefois orangé, jaune ou blanche. Les rameaux s'anastomosent entre eux, formant une espèce de voûte, percée de part en part de larges trous carrés ou en losanges. Il est visqueux; à une certaine époque, les rameaux tombent en déliquescence et entraînent cystides, basides et spores. Très commun dans les Landes; très fétide. Ne se mange pas.

38e GENRE, **LYCOPERDON** (VESSE-LOUP)

Réceptacle turbiné ou globuleux, double, porté sur un pédicelle plus ou moins long. L'extérieur à aréoles écailleuses, furfuracées, aplaties, disposées régulièrement, parfois en tubercules polygones, formant des espèces d'aiguillons; l'intérieur est membraneux, se rompant irrégulièrement au sommet, contenant des basides et des spores membraneuses mêlées de filaments d'abord secs, puis se ramollissant à leur maturité. L'enveloppe devient subéreuse, pulvérulente en séchant.

Vesse-loup des prés, **Lyc. pratense,** planche LXVI, fig. 342.
Pers., *Disp. meth.*, 7; Bull., t. 435, f. 2.

Ce lycoperdon est peu élevé, hémisphérique, large de 4 à 6 centimètres, blanc, luisant, mou, un peu lisse, à verrues rares. Pédicelle court ou nul.

Été, automne, dans les prés, dans les herbes. Se mange jeune.

Vesse-loup hérissé, **Lyc. perlatum,** planche LXVI, fig. 346.
Person., Syn., 7.

Ce Vesse-loup est d'abord blanc, ensuite fauve ou brun; large de 4 à 6 centimètres. La base se prolonge plus ou moins en forme de pédicelle. Sa surface est recouverte de verrues ou papilles fragiles, allongées, comme digitées ou lacérées au sommet; chair blanche, ferme dans le jeune âge; à sa maturité il se convertit en une poussière brune qui s'échappe du sommet.

Été, dans les bois. Se mange.

Vesse-loup piriforme, **Lyc. piriformis,** planche LXVII, fig. 350.
Schæff., t. 293; Huss.. I, t. 70; *Lyc. ovoideum,* Bull., 435, f. 3.

En touffes, piriforme, presque plissé sur le pédicelle, fuligineux, pâle, à écailles très minces, un peu arrondies, ensuite radicules, fibreuses, longues. Été, automne, sur les troncs d'arbres en décomposition. Se mange très jeune.

Vesse-loup d'hiver, **Lyc. hyemale,** planche LXVII, fig. 351.
Bull., t. 340, 375; Vaill., Bot., t. 12, f. 15 et 16.

Couleur fuligineuse, à verrues compactes, piquantes, distantes, persistantes, se détachant rarement dans leur vieillesse. Pédicelle un peu long, presque cylindrique, à peu près nu; fibrilles radicales blanches, allongées. Dans les bois, l'automne.

Se mange très jeune.

Vesse-loup géant, Lyc. giganteum, planche LXVII, fig. 354.
Schæff., t. 191; Batsch., t. 20, f. 165; Paul, t. 200; f. I, 201, f. 4; *Lyc. borista,* Linn., Pers., *Syn.,* I; Huss., I, t. 26.

Ce Vesse-loup des bouviers, comme on le nomme vulgairement, acquiert quelquefois jusqu'à 40 centimètres de diamètre; il est constamment rond, blanc, fragile, souvent lisse, mais plus ordinairement peluché ou floconneux. Presque sessile; sa chair d'abord blanche passe peu à peu au jaune verdâtre, puis au gris brun et finit par se convertir en une masse de poussière brun fuligineux, après quoi il se gerce et s'ouvre à son sommet. On le mange lorsqu'il est jeune, c'est-à-dire tant que la chair reste blanche et ferme. Croît à terre, en automne, dans les pâturages, les jardins. Il a le goût d'un bon Champignon.

On manque de caractères certains pour distinguer nettement les espèces du genre Lycoperdon. On pourrait en faire autant d'espèces que d'individus, suivant leur âge, le lieu, le temps où ils croissent.

39e GENRE, **GEASTRUM**

Péridium globuleux, double; l'extérieur coriace, distinct, persistant, se déchirant en plusieurs lobes étoilés; l'intérieur est membraneux, pourvu d'une ostiole plus ou moins irrégulière.

Entre les deux péridium il y a un roseau, regardé comme une sorte de volva, par M. DE CANDOLLE.

Geastrum roux, Geast. rufescens, planche LXVI, fig. 343.
Fr., *Syst.,* p. 10; Mich., t. 100; *Lyc. stellatum,* Bull., t. 338.

Le péridium ou enveloppe extérieure est divisé en six ou sept rayons, épais, coriace, de couleur marron. L'enveloppe ... alement marron, est sphérique, se déchirant ... met, et répandent une poussière de spores

lonneux; à Vincennes.

40ᵉ GENRE, **TYLOSTOMÉS**

Réceptacle globuleux, déprimé en dessous, papyracé, enveloppé dans une volve fugace, s'ouvrant par un pore régulier, cartilagineux ou se déchirant irrégulièrement. Pédicule allongé, fibreux, plein ou fistuleux.

Tylostomé de l'automne, **Tyl. brumale**, planche LXVI, fig. 344.
Lycoperdon pedunculatum, Linn., *Spec.*, 1654; Bull., t. 271, f. 2.

Péridium à ostiole allongée, blanc, globuleux, déprimé. Pédicule long de 4 à 6 centimètres, fistuleux, presque glabre, parfois squammuleux. Parmi les mousses, sur le sable, les vieux murs.

L'hiver et au commencement du printemps. Ne se mange pas.

41ᵉ GENRE, **LYCOGALA**

Réceptacle presque arrondi, double. L'extérieur verruqueux, l'intérieur persistant, papyracé, plus ou moins fugace, s'ouvrant à sa partie supérieure; contenant une matière pulpeuse qui renferme, à sa maturité, des spores sessiles sur des filaments capillaires. Petits Champignons sessiles de la grosseur d'un pois.

Lycogala miniata, planche LXVII, fig. 352.
Pers., *Syn.*, 158; *Ly. esperdon, epidendrum*, Bull., t. 503.

Réceptacle globuleux, groupé, d'abord d'un rouge vif, puis brun ponctué. Spores roses. Sur le bois mort, l'été.

42ᵉ GENRE, **SCLERODERMA**

Réceptacle presque globuleux, sessile ou pédiculé, coriace, indéhiscent ou se brisant au sommet; parenchyme compacte, puis pulvérulent. Basides pressées les unes contre les autres.

Scléroderme à verrues, **Sclerod. verrucosum**, planche LXVI, fig. 347.
Pers., *Syn.*, 154; *Lycoperdon verrucosum*, Bull. t. 24.

Réceptacle presque globuleux, verruqueux, brun jaune, violet en dedans. Pédicelle épais, radical; écailles ramassées, petites. On le trouve fréquemment en automne, à terre, dans les bois. Ne se mange pas.

Scléroderme commun, **Sclerod. vulgare**, planche LXVII, fig. 353.
Pers., *Syn.*, 6; *Lycoperdon aurantinus*, Bull., t. 270; Berkl., t. 15, f. 4.

Réceptacle globuleux, aréolé, écailleux, d'un brun jaunâtre. Pédicelle court, radical, se terminant par une racine formée de prolongements réunis en touffes. Sur le bord des bois, en automne. Ne se mange pas.

43ᵉ GENRE, **TRICHODERMA**

Réceptacle arrondi ou en forme de coussin, sessile ou pédiculé, partie supérieure filamenteuse et disparaissant spontanément pour donner issue aux spores rondes.

Trichoderme vert, **Tricho. viride**, planche LXVIII, fig. 360.

Arrondi, étalé, 2 à 3 lignes, pulvérulent, verdâtre ; villosités blanches, fugaces.

Sur l'écorce des bois morts, les tiges des grandes plantes, après les pluies.

44ᵉ GENRE, **HYPHELIA**

Réceptacle sessile, irrégulier, étalé, composé de filaments lâches ou d'une membrane fugace, de figure diverse ; spores nues, réunies, rarement entremêlées de filaments. Vient sur les écorces.

Hyphelia rosea, planche LXVIII, fig. 359.

Un peu étalé, planiscule, couvert d'une poudre rosée ; villosités très ténues, d'un beau rose ; les plaques ont 3 ou 4 centimètres de large.

Sur les rameaux morts, en automne et au printemps.

45ᵉ GENRE, **STEMONITIS**

Réceptacle globuleux ou allongé, presque cylindrique, très fugace, disparaissant en entier. Pédicelle se prolongeant en une longue columelle axiforme ; après la disparition du réceptacle on voit les filaments nus de la columelle former le réseau sur lequel sont éparses les spores sessiles.

Stemonitis typhina, planche LXVIII, fig. 361.
Pers., *Obs.*, I, p, 37; *Trichia typhoïdes*, Bull., t. 477, f. 2.

Réceptacle cylindrique, épars, très délicat, presque courbé, se

détruisant facilement; filaments ronds, obtus. Pédicelle noir,
spores brunes. Il ne reste, après la chute des réceptacles, que de
longs crins noirs formés par le pédicelle et la columelle qui en est
le prolongement. Été, automne, sur les troncs, la terre.

46e GENRE, **SPUMARIES**

Réceptacles nombreux, fixés à une membrane muqueuse commune, recouverte d'une enveloppe molle, diffluente comme de
l'écume et qui se réduit enfin en poussière.

Spumaria alba, planche LXVIII, fig. 355.
Dec., *Fl. fr.* II, 260; *Reticularia alba*, Bull., t. 326.

Masse irrégulière, étendue, plissée d'abord, comme écumeuse,
diffluente, prenant de la consistance et montrant des réceptacles
agglomérés d'un blanc bleuâtre, souvent pendants, se réduisant
en poussière blanche à leur dessiccation. Spores noires sessiles. En
automne, sur les tiges, les feuilles, les rameaux tombés, les
mousses. R. Spores rondes.

47e GENRE, **ÆTHALIUM**

Réceptacle difforme, double; l'extérieur fibreux, disparaissant;
l'intérieur membrano-celluleux, s'ouvrant au milieu, contenant
des basides et des spores réunies par couches, séparées par des
membranes. Champignon d'abord mou, diffluent, puis pulvérulent.

Æthalium flavum, planche LXVIII, fig. 356.
Reticularia lutea, Bull., t. 380, f. 1.

Étalé, presque arrondi, d'abord jaune, représentant une légère
écume, ensuite plus solide, à superficie tomenteuse, à spores brun
noir, ramassées. Été, automne, sur la terre, les feuilles, les
mousses, les tiges mortes.

48e GENRE, **LIGNIDIUM**

Réceptacle arrondi ou en forme de coussin, d'abord mou, diffluent, puis pulvérulent, se déchirant. Spores groupées, mêlées et
attachées à des flocons rameux, réunis par la base.

Lignidium vesiculiferum, planche LXVIII, fig. 357.

Sporanges régulièrement arrondis, vésiculeux, lisses, soyeux, assez fragiles, papilleux, sessiles, ramassés, blanchâtres, puis noirs. Spores mêlées de filaments luisants, fasciculés. Été, automne, sur les feuilles. A, grandeur naturelle.

49º GENRE, **DIDYMIUM**

Réceptacle globuleux ou irrégulier, double, tous les deux membraneux, crustacés, se rompant. L'extérieur devient squammuleux. Filaments fixés à sa base.

Didym. lobatum, planche LXVIII, fig. 358.

Petit, persistant. Réceptacle arrondi, globuleux, hémisphérique, sessile, à membrane externe cendrée, rousse; l'interne noire. Spores globuleuses, noirâtres. Sur les branches pourries des arbres. Automne, hiver.

Didym. cinereum, planche LXIX, fig. 367.

Physarum cinereum, Pers., *Syn.*, 170; *Trichia cinerea*, Bull., t. 477, f. 3.

Membrane blanche sur laquelle s'élèvent une foule de petits pédicules simples, un peu écartés, portant chacun un réceptacle ovoïde, blanc, puis gris, transparent, dont la membrane externe s'en va en poussière, à réseau gris, sur les feuilles, les écorces et le bois mort. Automne. Q. Grandeur naturelle.

50º GENRE, **PHYSARUM**

Réceptacle globuleux ou irrégulier, se rompant au sommet, puis s'en allant en écailles; filaments attachés au fond du réceptacle; columelle proéminente ou nulle. Spores agglomérées.

Phys. bullatum, planche LXIX, fig. 364.

Spærocarpus viridis, Bull., t. 481, f. 1.

Réceptacle lenticulaire, granuleux, vert. Pédicelle allongé, grêle, briqueté; filaments et spores brun noir. Sur la terre et les branches mortes. Automne, hiver.

51º GENRE, **CRATERIUM**

Réceptacle elliptique, papyracé, simple, lisse, tronqué au sommet et fermé par un opercule plan; filaments très fins, disparaissant peu à peu ; filaments et spores blancs.

Sur les feuilles sèches, les mousses.

Crat. leucocephalum, planche LXIX, fig. 362.
Dittm., t. 11.

Réceptacle en forme de coupe, brun, ainsi que le pédicelle ; opercule convexe, blanchâtre, très fin, disparaissant peu à peu ; filaments et spores blancs. Sur les feuilles sèches. Réceptacle grossi en G.

52e GENRE, **DIDERMA**

Péridium globuleux ou difforme, double membrane de chaque côté; l'externe est entr'ouverte, comme écailleuse; les filaments sont floconneux, tournés intérieurement vers la base; columelle nulle; spores blanches ou ferrugineuses, rondes et rassemblées.

Did. contextum, planche LXIX, fig. 363.
Duby, Bot., 858; Sturm., t. 39.

Réceptacle sessile, aggloméré, fixé, flexueux, contourné plusieurs fois, un peu comprimé; membrane externe d'une couleur citrin; l'interne, pâle; filaments blancs; spores ferrugineuses. Dans tous les bois, sur les mousses, les brindilles, les feuilles humides, à terre. Réceptable grossi en N.

53e GENRE, **CIONIUM**

Réceptacle double ; l'extérieur est d'une couleur blanc jaunâtre, persistant; la membrane interne est membraneuse, irrégulièrement ouverte à la maturité ; parenchyme formé par un réseau solide, sans élasticité, se rompant au sommet. Pédicelle court, blanchâtre.

Cion. iridis, planche LXIX, fig. 361.

Réceptacle sphérique, d'un blanc jaunâtre, à pédicelle court, de la couleur du réceptacle; spores noires mêlées, de globules jaunes. Sur le bois ou les feuilles en putréfaction. Réceptacle grossi en F.

54e GENRE, **LEOCARPUS**

Réceptacle double; l'externe est en forme de petit cône fragile ;

l'interne est membraneux, très léger, naissant sur l'externe. Pédicelle court, blanchâtre ou coloré, léger. Spores simples, obscures.

Leocarpus vermicosus, planche LXIX, fig. 363.

Réceptacle ovoïde, oblong, rouge, luisant. Pédicelle grêle, blanc, à base membraneuse; filaments blanchâtres, spores noires. Sur les feuilles, les rameaux, les mousses, etc. Dans les bois, à l'automne. Réceptacle grossi en O.

55ᵉ GENRE, **LEANGIUM**

Réceptacle globuleux, irrégulier, simple, membraneux, crustacé, fragile, se rompant en étoile au sommet; filaments vagues, attachés à la base; columelles nulles ou à peine proéminentes. Spores agglomérées.

Leangium lepidotum, planche LXIX, fig. 363.

Nombreux, presque coriace. Réceptacle globuleux, paillé, se fendant au sommet en segments étoilés, réfléchi. Pédicelle allongé, grêle, roux; columelle grande, conique, ramassée. Sur le bois mort, en automne. Réceptacle grossi en L.

56ᵉ GENRE, **ANGIORIDIUM**

Réceptacle indéterminé, simple, papyracé, fragile, comprimé, verticalement, rompu en une fente longitudinale; spores rassemblées sous forme de corpuscules droites, éparses, linéaires.

Angioridium sinuosum, planche LXIX; fig. 366.

Réceptacle convexe, oblong, sessile, lisse, de formes diverses, adhérent; membrane externe blanche; l'interne bleuâtre; spores brunes. Sur les petites tiges des arbres et des herbes en putréfaction. Automne. Réceptacle grossi en N.

57ᵉ GENRE, **TRICHIA.** — Hall.

Réceptacle simple, se rompant irrégulièrement au sommet, globuleux, allongé. Pédicelle nu, cylindrique, ferme; spores simples, d'abord attachées, puis réunies en forme de tétraèdre, se divisant à la maturité.

Tirchia cerina, planche LXX, fig. 378.

Réceptacle ovoïde, d'abord blanc, mou, puis d'un fauve sale. Pédicelle court, conique, filiforme. Spores noires, sur les troncs pourris dans les bois. Réceptacle grossi en U.

58° GENRE, **ARCYRIA.** — HALL.

Réceptacle membraneux, simple, presque cylindrique, s'ouvrant en travers ; la partie supérieure très fugace, l'inférieure persistante, cupuliforme. Spores éparses parmi les filaments, qui, de la base, sortent avec élasticité sous forme de réseau. Columelle nulle.

Arcyria incarnata, planche LXIX, fig. 369.

Ramassé, couleur rouge. Pédicelle court, canaliculé ; chevelure ovoïde-cylindrique, étalé ; membrane sous-jacente nulle. En automne, sur les branches pourries des chênes.

59° GENRE, **CIRRHOLUS.** — MART.

Réceptacle simple, globuleux, membraneux, se fondant irrégulièrement ; columelle en spirale ; spores très petites, globuleuses, non entremêlées de filaments (espèce très rare).

Cirrholus flavus, planche LXX, fig. 376.

Réceptacle rond, couché, se déchirant très irrégulièrement pour donner passage à une columelle élastique en forme de spirale. Automne, sur le bois mort. Réceptacle et columelle grossis en S.

60° GENRE, **DICTYDIUM**

Receptacle globuleux, simple, membraneux, veiné, réticulé, formé entièrement de filaments, s'ouvrant presque toujours en une sorte de grillage. Spores agglomérées, entourées par le réseau filamenteux.

Dictydium cernuum, planche LXX, fig. 377.

Réceptacle globuleux, dénudé, droit, dressé, grillé, d'une couleur brun pourpre. Pédicelle simple, un peu court et épais. Automne, sur le bois mort. Réceptacle grossi en R.

61ᵉ GENRE, **CRIBARIA**. — Schrad.

Réceptacle presque globuleux, simple, membraneux, s'ouvrant par moitié dont l'inférieure persiste. Filaments formant en dessus un réseau libre qui maintient les spores réunies.

Cribaria vulgaris, planche LXX, fig. 375.

Réceptacle rapproché, globuleux, penché, jaune, strié à la base. Pédicelle allongé, roux, flexueux. Sur les troncs putrides, les mousses, les feuilles dans les bois. Automne, hiver. Réceptacle grossi en T.

62ᵉ GENRE, **LICEA**

Réceptacle papyracé, déterminé, simple, persistant, lisse, cylindrique ou globuleux, s'ouvrant irrégulièrement ou en travers. Spores opaques, ramassées, mêlées de filaments rares ou nuls. Petits Champignons sessiles, tubuleux ou arrondis.

Licea strobilina, planche LXX, fig. 379.

Réceptacles presque arrondis, oblongs, très nombreux, d'une couleur brun terne, à spores jaune sale. Automne, sur les écailles des sapins, sur les feuilles, à terre. Réceptacle grossi en V.

63ᵉ GENRE, **CLISOSPORIUM**. — Fr.

Réceptacle membraneux, sessile, s'entr'ouvrant irrégulièrement. Spores globuleuses, petites, très nombreuses, d'abord gélatineuses, ensuite transparentes.

Clisosporium carii, planche LXX, fig. 380.

Filaments extrêmement courts, comme pulvérulents, formant des plaques blanchâtres ou jaunâtres. Spores rondes, petites, gélatineuses ou transparentes. Champignon qu'on peut observer, en automne, sur les feuilles et les bois pourris.

64ᵉ GENRE, **POLYANGIUM**

Réceptacle sessile, globuleux, hyalin, puis ouvert, creux à l'intérieur, sans tissu cellulaire ; sporangioles peu nombreuses, libres ou réunies en petits tas. Réceptacle externe coloré jaune ou rougeâtre. L'intérieur parsemé d'une masse granuleuse.

Polyangium vitelinum, planche LXX, fig. 382.

Réceptacle oblong, globuleux, petit, sessile, couleur jaune d'œuf, aggloméré en petits tas, ayant à la base un coussin un peu tomenteux. Automne, sur le bois mort. Coussin grossi en **Z.**

65ᵉ GENRE, **CILICIOCARPUS**

Réceptacle floconneux, fugace, supporté par une racine rameuse, blanche à la base ; sporanges nombreux, rassemblés, agglomérés, lâches, globuleux, rempli à l'intérieur d'une pulpe gélatineuse, floconneuse et un peu fibreuse. Spores simples, continues, poudreuses et colorées. Champignon épiphyte à racine en forme de pédicelle, rameuse, blanche, charnue.

Ciliciocarpus hypogeus, planche LXX, fig. 381.

Réceptacle pédiculé, urcéolé, fibreux, arrondi, subéreux, d'une couleur roux pâle, verruqueux extérieurement, s'ouvrant irrégulièrement. Sporanges sphériques. Pédicelle court, blanc, rameux. Spores nues, ovales. La fig. X représente un réceptacle grossi. Été, automne, sur les couches.

66ᵉ GENRE, **CYATUS**

Réceptacle coriace, légèrement filamenteux à l'extérieur, presque arrondi ou cupuliforme, renfermant dans sa jeunesse une pulpe gélatineuse où sont contenus les péridiums, de la forme et presque du volume d'une petite lentille ; à la maturité ils restent attachés dans cette corbeille par un étroit funicule ayant les spores fixées au centre. Petit Champignon en forme de godet, croissant en groupes sur le bois.

Cyathus striatus, planche LXVIII, fig. 362.

Réceptacle épars, conique, renversé, laineux, grisâtre, ferrugineux, strié longitudinalement ; de couleur plombé en dedans. Opercule membraneux, blanc ; péridium pâle. Été, sur la terre et le bois pourri.

On voit un opercule détaché en **B.**

67° GENRE, **NIDULARIES**

Réceptacle arrondi ou urcéolé, coriace ; ouverture irrégulière ou orbiculaire, nue ou munie d'un épiphragme. Sporanges superposés, le plus souvent lenticulaires, sessiles ou attachés à un funicule élastique.

Nidularia granulifera, planche LXVIII, fig. 365.

Réceptacle cylindrique, à peine tomenteux, légèrement ocré, rose pâle en dedans, non strié. Péridium petit, lisse, rose, puis un peu pâle. Printemps, sur le bois mort.

68° GENRE, **GAUTIERA.** — Vitt.

Réceptacle rond, s'entr'ouvrant à l'extérieur ; l'intérieur est celluleux, poreux, en forme d'alvéoles, radié à la base. Cellules couvertes d'un hyménium basidiophore ; basides la plupart à deux spores, les petites portées sur de petits stérigmates. Spores ovales atténuées à la base ; épispore plié, strié longitudinalement ou en forme de mosaïque.

Gautiera morchelliformis, planche LXVIII, fig. 363.

Réceptacle rond, globuleux, strié, ocracé, tacheté et marqueté de grisâtre ; l'intérieur est poreux, en forme d'alvéoles étroites ; la surface est tapissée par l'hyménium ; basides à deux spores, à deux loges, portées par des stérigmates courts.

Été, automne, au pied des bouleaux, des charmes, dans la terre à une petite profondeur.

69° GENRE, **HYDNANGIUM.** — Vitt.

Réceptacle couvert, toujours fermé, fibreux, charnu, finement membraneux, d'une couleur chair un peu ferrugineux ; l'intérieur élastique gélatineux, à cavités étroites, inégales, rondes ou oblongues. Hyménium celluleux ; basides en forme de petit cône pointu, stérigmate court. Spores petites, globuleuses, très caractéristiques pour ce genre.

Hydnangium carneum, planche LXVIII, fig. 364.

Réceptacle tuberculeux, arrondi, non rugueux, d'un roux

ocracé, assez régulier, filamenteux à la base, charnu intérieurement, parsemé de veines jaune rose, à anastomoses fréquentes. Spores globuleuses, petites, portées sur des stérigmates courts.

On les rencontre en automne, dans les bois, quelquefois à la surface du sol où leur base est entourée d'un mycélium mince.

Division II. — THÉCASPORÉS

Les Champignons de cette division sont extrêmement nombreux et faciles à reconnaître par leur structure spéciale.

On y distingue, à l'œil nu, le réceptacle proprement dit et, au microscope, trois espèces de tissus ; le cortical, le parenchymateux, l'hyménial ; ce dernier formé de thèques dans lesquelles les spores sont renfermées. Ces thèques placées à l'intérieur ou à l'extérieur du réceptacle peuvent être entremêlées de paraphyses ou nues.

Les Thécasporés se développent sur les feuilles mortes, les tiges des plantes, les troncs d'arbres qui commencent à se décomposer, sur la terre et dans tous les pays. Ils sont très variables comme forme, structure, taille, couleur; de plus, leur singulier mode de végétation les signale à l'attention de l'observateur. Afin d'en faciliter l'étude, je les divise en Thécasporés charnus, comestibles, et en Thécasporés charbonneux, non comestibles.

Prenons pour type une espèce très estimée : la Morille, regardée comme une friandise par les amateurs de Champignons.

Les Morilles commencent leur développement sous la terre, sur un mycélium uniformément composé d'un mucilage unicolore, mais d'une texture très appréciable au microscope. Si on examine les filaments d'une petite Morille sur son mycélium, on observe des cellules plates très fines, diversement ramifiées et anastomosées; puis, au sommet du petit cône et sur les côtés, un lacis de cellules globuleuses qui acquièrent en peu de temps un volume assez considérable par rapport à l'exiguïté du support qui restera le pédicelle. Ces filaments sont remplis d'une substance plastique à laquelle le sommet de la Morille devra sa coloration jaunâtre et les cellules globuleuses s'allongent par leur sommet, formant un grand nombre de tubes distincts. Épais, très obtus, à cavités continues. Peu à peu il apparaît dans l'intérieur une substance granuleuse et globuleuse, inégale: c'est le protoplasma qui servira d'aliment à d'autres tubes de la même sorte, naissant sur la même cellule globuleuse. Cette nouvelle génération atteint un allongement qui peut égaler de trois à cinq fois le diamètre du filament générateur ; mais le plus remarquable c'est surtout le mode d'accroissement de ces filaments qui se divisent sur le chapeau de la Morille en plusieurs loges ou alvéoles séparées par des cloisons verticales et qui se coupent à travers leur axe de figure. Au fur et à mesure que chacun de ces filaments parvient à sa croissance normale, toute la longueur de la cellule se renfle insensiblement de distance en distance en six ou huit petits corps sphéroïdes à peine visibles ; ce sont les spores formées librement au sein du protoplasma qui remplit ces cellules désignées sous le terme de thèques et qui se recouvrent peu à peu d'une enveloppe, sans adhérer à la cellule mère. Ce mode de développement a valu aux Champignons le nom d'Endosporés. Dans cette division, l'organe fertile de l'hyménium appelé thèque est toujours entouré d'autres cellules stériles, d'une forme grêle, allongées en simples filaments : ce sont les paraphyses qui, plus ou moins abondantes, se transforment quelquefois en thèques. (La fig. 384, 2, de la planche LXXI, représente les thèques ; la fig. 3, les paraphyses). A la maturité, les thèques laissent échapper des spores qui se déposent en fine poussière.

Quelques espèces d'Helvelles s'emploient aux mêmes usages, bien que leur apparence soit différente ; les Morilles et les Helvelles peuvent être séchées facilement (ce qui augmente leur prix) et servent d'assaisonnement en hiver, saison dans laquelle les Champignons frais de toute nature sont difficiles à rencontrer.

Le genre, très nombreux, des Pezizes se divise en plusieurs groupes ; les espèces à grande taille sont généralement terrestres ; elles ont la réputation d'être comestibles, mais sans grande valeur. Quelques-unes, possédant une saveur franche de Champignon, prennent à la cuisson un goût nitreux très marqué, et sont fort peu recherchées par conséquent. Les plus petites espèces se trouvent sur les menues branches, les vieilles souches, les feuilles des plantes mortes, etc.

En France, les Truffes abondent; on en trouve aussi quelques espèces en Algérie. Ce sont des Champignons souterrains, de structure assez particulière. L'hyménium est en forme d'asques ou larges sacs, contenant de grandes et belles spores, souvent colorées, composées d'une membrane nommée épispore, qui peut être suivant les espèces, lisse, verruqueuse ou lacuneuse. L'épispore est souvent partagée en alvéoles polygonales, terminées par des cloisons minces, membraneuses et proéminentes. Chez les Truffes il n'y a pas de disposition spéciale pour la dissémination des spores, car la vie souterraine de la plante les rendrait toutes inutiles; mais on peut distinguer deux cas : tantôt le sac, contenu à l'intérieur de la cellule mère, se forme par un renflement plus ou moins sphérique ou allongé à l'extrémité du filament qui constitue seul le réceptacle : les spores sont immobiles; tantôt le réceptacle donne naissance à des cellules cylindriques ou sphériques, soit disséminées dans un parenchyme, soit groupées côte à côte en hyménium, et il n'est pas rare de voir les cellules ainsi créées aux dépens du tissu parenchymateux, s'isoler en partie les unes des autres. Ces cellules de formation secondaire se divisent, se séparent en groupes sur le même filament, de façon à produire deux sortes de cellules distinctes que l'on nomme stylospores et paraphyses.

FÉCONDATION DES THÉCASPORÉS

On a longtemps soupçonné chez ces Champignons, mais sans preuves certaines, l'existence d'une reproduction sexuée; depuis, des observations multiples, des faits nombreux se sont accumulés et aujourd'hui on n'a plus aucun doute sur ce phénomène. Parmi les savants qui ont reconnu certains actes de copulation dans les cellules des Thécasporés jeunes, je citerai le professeur de BARY (1), le docteur WORONIN (2), M. TULASNE (3), dans l'*Ascobolus pulcherrimus* de CROUAN. WORONIN s'est assuré que la coupe doit son origine à un tube court et flexible, plus gros que les autres branches du mycélium, et qui bientôt est partagé, par des cloisons transversales, en une série de cellules dont l'accroisse-

---

(1) DE BARY, *Ann. des Sc. nat.*, 5ᵉ série, p. 343.
(2) WORONIN, *Beitr. zur Morph. und Phys. de Pilze*, par de BARY, II, 1866, p. 1-14.
(3) TULASNE, *Ann. des Sc. nat.*, 5ᵉ série, octobre 1866, p. 211.

ment successif donne finalement à l'ensemble une apparence noueuse et inégale. Il appelle vermiforme le corps ainsi formé et désigné maintenant sous le nom de Scolécite. M. Tulasne dit que le corps annulaire ou scolécite peut être aisément isolé dans l'*Ascobolus purpuraceus*. Quand les jeunes réceptacles, encore sphériques et blancs, n'ont pas atteint un diamètre de plus d'un vingtième de millimètre, il suffit de les comprimer légèrement pour en déterminer la rupture au sommet et pour chasser le scolécite, placé au centre d'une petit sphère et formé de six ou huit cellules courbées en forme de virgules.

J'ai fait une série d'expériences sur la fécondation dans toutes les classes, mais un Champignon de cette division, le *Bulgaria inquinans* (planche LXXIII, fig. 393), m'a particulièrement donné des résultats que je dois rapporter. Le *Bulgaria* se développe entre les écorces du chêne, du charme, du châtaignier; on doit le choisir jeune; plus tard sa coloration noire rend les phénomènes de la fécondation très difficiles à observer; puis sa surface nè tarde pas à se couvrir de gerçures irrégulières à mesure que la cupule se creuse; ces gerçures rejettent au dehors une matière pultacée ou semi-pulvérulente, plus ou moins abondante, presque toute composée de stylospores; à cet âge, la cupule est formée du réceptacle et de l'hyménium, occupant toute la surface supérieure. Quand l'été est suffisamment humide, cette Pezize se développe avec rapidité sous forme de cupule jaunâtre très obtuse, entre les fissures des écorces d'arbres morts.

Primitivement la masse comprend un lacis confus de filaments très fins au milieu d'un mucilage épais, divisé en lobes multiples et irréguliers: ce sont les extrémités obtuses de ces lobes réunis au sommet du petit tubercule qui engendrent dans leur milieu les spermaties et s'entr'ouvrent pour leur livrer passage. Une coupe longitudinale très mince, placée sur le champ du microscope, présente des filaments droits, cylindriques, fistuleux, hyalins, colorés en jaune foncé ; sur ces filaments naissent, de distance en distance, des cellules plus allongées qui se ramifient: c'est l'ébauche du tissu hyménial encore mal défini. Ces cellules ont l'apparence de petites papilles et sont encore mélangées aux filaments, sans cependant s'anastomoser avec le mycélium. Le moment de leur formation est le plus favorable pour étudier la fécondation.

Le mycélium est pour ainsi dire couvert d'une multitude de petits mamelons obtus, peu saillants, d'une couleur jaunâtre, premier rudiment de la Pezize; les filaments intérieurs de chaque mamelon se partagent en petites cellules et les deux extrémités d'un filament formé croissent régulièrement en longueur, paraissant comme des rameaux superposés; cetle formation s'opère graduellement de la base du petit mamelon à son sommet. A ce moment, la couche de filaments la plus extérieure s'isole circulairement en se courbant un peu au dehors; la couche interne est comme gélatineuse.

Dans ce milieu, on distingue une cellule d'une forme toute particulière, beaucoup plus rigide que celles de même provenance et qui de moment en moment gagne considérablement en volume, devient plus forte, plus rigide que les autres cellules de même provenance, engendre sur toute sa surface des hyphes étagés en verticilles imparfaits et rapprochés. Ces cellules nouvelles se bifurquent à peu de distance de leur base, et leur diamètre de plus en plus inégal s'allonge en décrivant un arc de cercle; en même temps la cavité de la cupule d'abord continue, se divise au sommet par des cloisons perpendiculaires en plusieurs articles pour donner naissance aux thèques et aux paraphyses. La cellule mère qui les avait produits devient plus globuleuse, son intérieur est plein d'une substance jaunâtre, hyaline, qui ne tarde pas à se diviser en plus ou moins de portions distinctes, s'arrondissant en petites sphères qui s'éloignent alors des parois de la cupule pour se grouper vers son centre où cette masse nage dans un liquide aqueux; le sommet de la cellule devient globuleux et prend la forme d'une sphère. Si le scalpel n'a pas tué les cellules, si la préparation sur laquelle on observe est bien faite, on aperçoit assez distinctement un filament venant du mycélium, ayant d'abord un aspect grêle et une forme particulièrement cylindrique; il arrive au sommet de la sphère, cesse de s'allonger, se renfle un peu en se limitant au bas par une cloison; puis son intérieur s'organise et le protoplasma se sépare en petits globules; cette cellule grêle, cylindrique, change en quelques heures de forme, prend l'aspect d'une cellule oblongue faiblement courbe, s'allonge en pointe tubuleuse, traverse la paroi de la sphère, et, en s'ouvrant à son extrémité, lui épanche son protoplasma. J'ai cherché bien des fois à voir le contenu de cet organe mâle sans y parvenir, à cause de la rapidité du mouvement et du changement de préparation.

M. TULASNE, qui a suivi ce développement dans d'autres espèces, donne le nom de scolécite à la sphère et nomme anthéridie ou organe mâle le filament cylindrique.

A la suite de la fécondation, le scolécite s'allonge de plus en plus, jusqu'à ce qu'il forme un tube légèrement courbe, sur lequel apparaissent d'autres filaments ; à sa surface interne naissent de petits ramuscules qui se dirigent en haut, se ramifiant dans leur partie basilaire et s'allongeant pour former l'hyménium : on reconnaît là les paraphyses. A côté se développent d'autres filaments qui se dirigent tantôt à droite, tantôt à gauche de la cupule, sont plus ou moins étalés, se cloisonnent, se ramifient plus ou moins considérablement, selon la saison. La seconde formation après le mycélium ce sont les Hyphes qui, avec les paraphyses, constituent une partie importante du réceptacle ; le sommet de la cupule est formé par ces cellules qui n'ont pas de communication immédiate entre elles. Après la fécondation seulement, les hyphes offrent de distance en distance, des excroissances latérales qui grossissent peu à peu, s'allongent, se séparent ensuite de la cellule mère par une paroi transversale ; la nouvelle cellule absorbe tout le protoplasma de la cellule mère, acquiert peu à peu la forme d'une thèque, et lorsqu'elle a atteint sa plus grande dimension, il se forme dans son milieu une substance plastique, d'apparence granuleuse.

Si on l'observe attentivement, on voit qu'elle est comme oléagineuse et très réfringente ; des vacuoles se forment de distance en distance ; à ce moment paraissent les nucléus, facilement reconnaissables à leur forme sphérique et à leur réfringence. Ces thèques s'arrondissent dans leur partie supérieure, sans rien perdre de leur structure ; puis les nucléus disparaissent tout à coup, le protoplasma se divise, devient plus granuleux, principalement à la partie supérieure ; les spores commencent à se former, la première au sommet de la thèque, mais souvent elles apparaissent toutes à la fois au nombre de huit. On ne distingue d'abord qu'une petite masse globuleuse de protoplasma qui prend rapidement la forme sphéroïdale et peu à peu devient refringente ; au centre de chacun de ces globules, on aperçoit un petit nucléus ayant le même aspect, la même forme, un peu moins de réfringence peut-être, que le générateur de la thèque. Bientôt la spore change ; sa forme primitive devient ovoïde ; c'est à ce moment que s'opère la fécondation dans toutes les thèques, et, phénomène curieux, ce petit globule qui était trouble devient plus réfringent et s'entoure de l'endospore.

Cette dernière membrane passe par une série de transformations successives ; elle s'épaissit d'abord, puis se dédouble pour donner naissance à l'exospore. La spore, parvenue à sa maturité parfaite, se compose donc de son contenu protoplasmique, d'une membrane incolore, l'endospore, et de l'exospore coloré ; chaque spore, dès cet instant semble vivre par elle-même ; mais à leur maturité, toutes se dirigent vers le sommet de la thèque, s'y groupent de manières diverses et sont prêtes à être lancées au dehors au moment de la déhiscence.

De récentes observations microscopiques de l'atmosphère montrent la grande quantité de spores et de cellules qui y sont continuellement en suspension. La majorité de ces cellules sont vivantes et prêtes à entrer en germination dès qu'elles trouvent des conditions favorables, c'est ce qui est hors de doute, car lorsque les préparations ont été tenues en observation pendant assez longtemps, la germination a eu lieu rapidement dans beaucoup d'entre elles.

Tels sont les principaux phénomènes de la fécondation, phénomènes que j'ai dû me contenter d'analyser succinctement, car un examen complet m'eut entraîné trop loin.

70° GENRE, **GEOGLOSSUM.** — Pers.

Pédicelle allongé, cylindrique, dressé, terminé par une massue ; hyménium solide, ovoïde, épaissi, portant des thèques de toutes parts, distinctes du pédicelle. Ce sont des Champignons terrestres, allongés, groupés, charnus, simples, vert foncé, à pédicelle très grêle et très distinct du sommet.

Geoglossum glabrum, planche LXII, fig. 323.

Glabre, sec, noir, linguiforme, lisse, comprimé ; pédicelle un peu écailleux, à base blanche, velue. — Vient en automne, sur les souches, dans les bois.

71° GENRE, **MORCHELLA.** — Pillenius

Les Morilles ont un chapeau ovoïde ou conique, plissé, réticulé, formant des alvéoles nombreuses et irrégulières, portées par un pédicelle creux ; hyménium supérieur, persistant, renfermant des thèques fixes. Ce sont des Champignons mous, fragiles, semi-transparents, venant sur la terre au printemps.

Morchella nigra, planche LXXII, fig. 384.

Chapeau presque cylindrique, aigu, noir, à côtes longitudinales constantes, liées par des rides transversales formant des aréoles profondes, oblongues linéaires. Pédicelle lisse, petit, mince. Sur le bord des chemins, au printemps. — Comestible.

Morchelle comestible, **Morch. esculenta,** planche LXX, fig. 385. Linn., *Spec.*, 1648 ; Pers., *Syn.*, 618 ; Bull., t. 218.

Chapeau fort, gros, ovoïde, obtus, à côtes formant des aréoles anastomosées. Pédicelle lisse, cylindrique, blanc, mou, gros. Au printemps, sur la terre, dans les bois. — Comestible délicat.

72° GENRE, **VERPA.** — Swartz

Chapeau pédicellé, conique, fixé par le centre, charnu, membraneux, n'adhérant pas latéralement au pédicelle, lisse sur les deux faces ; membrane fructifère supérieure, ridée, contenant des thèques fixées par la base. Ce genre ne diffère des Helvelles que par la forme régulière du chapeau.

En forme de dé, **Verpa Krombholzii,** planche LXX, fig. 386.

Chapeau un peu cylindrique, digitiforme, d'une couleur terre sombre. Pédicelle grêle, atténué en bas, blanc pâle. Avril, mai ; Chantilly, Compiègne. — Comestible.

73° GENRE, **HELVELLA.** — Linné

Chapeau irrégulier, orbiculaire, sinué, réfléchi sur les bords, bombé en dessus, concave et stérile en dessous, divisé en lobes pliés et rabattus, libres ou adhérents au pédicelle ; membrane fructifère supérieure lisse, persistante, sans veines ni aréoles, portant des thèques fixes. Les Helvelles sont des Champignons fragiles, semi-transparents.

Helvelle crépue, **Helv. crispa**, planche LXXII, fig. 388.

Fries., *Syst. myc.*, II, 14; Bull., t. 466, *Helvella mitra*,

Chapeau courbé en mitre, lobé, libre, crispé, très grand et gros, pâle en dessus, un peu noirâtre en dessous. Pédicelle fistuleux, blanc, à côtes anastomosées, lacuneux. Tout l'été, dans les bois humides. — Comestible.

Helvella farinosa, planche LXXII, fig. 389.

Chapeau moyen, en forme de mitre, uni en dessous et en dessus, non ondulé ; ce chapeau a deux lobes aigus et, en complète croissance, devient chamois pâle. Pédicelle grêle, plein, lisse, cassant, élastique, effleuri. Assez fréquent dans les bois, en septembre, octobre. — Comestible.

74ᵉ GENRE, **PEZIZA**

Le genre Pezize, très étendu, se partage en groupes parmi lesquels les *Aleuria* sont généralement terrestres. Ce groupe renferme presque toutes les espèces à grande taille ; quelques-unes cependant, appartenant au genre *Lachnea*, sont en partie terrestres, en partie épiphytes. Les plus petites espèces se trouvent sur les menues branches et les feuilles des plantes mortes ; d'autres sont parasites sur les vieux Champignons. Les Pezizes ont un réceptacle cupuliforme, bordé, d'abord presque fermé par contiguïté de l'épiderme, puis ouvert ; hyménium lisse, persistant, distinct, contenant des thèques amples, fixes, lançant avec élasticité leurs spores. Ce sont de petits Champignons charnus ou ciriformes, sessiles ou pédicellés.

Pezize orangé, **Peziza coccinea**, planche LXXIII, fig. 392. A, thèques et paraphyses.

Schæff., t. 148; Bull., t. 474.

Groupé, presque sessile ; cupule d'abord régulière, puis irrégulière, est parfois creusée en soucoupe et régulière, d'autres fois roulée en oublis, dimidiée ou lobée ; d'une couleur rouge orangé en dedans, jaune blanc au dehors. Dans les bois, en été et en automne, sur la terre, la mousse, au bord des fossés.

Comestible ; sans saveur.

Pezize des sapins, **Peziza abietina**, planche LXXIII, fig. 395.

Champignon de grande taille, presque sessile, groupé ; cupules membraneuses, cériformes, roulées en limaçon, à grande ouverture, jaune chamois clair en dehors et en dedans. Sur la terre, dans les bois de pins, août, septembre ; saveur faible. — Comestible.

Pezize en coupe, **Peziza acetabulum**, planche LXXIII, fig. 396.
Linn., *Spec.*, 1650 ; Bull., t. 485, f. 4 ; Bot., t. 13, f. I.

Cupule grande en forme de coupe, fuligineuse et à veines épaisses, rameuses en dehors. Pédicelle fistuleux, court, pâle, lacuneux, sillonné. Cette espèce est la plus grande dans un large rayon autour de Paris. Sur la terre, les lieux ombragés, au printemps. — Comestible. La lettre Z représente les thèques et les paraphyses faiblement grossies.

75ᵉ GENRE, **ASCOBOLUS**

Mon savant collègue, M. Boudier, a étudié ce groupe (voir son Mémoire sur les Ascobolés, *Annales des Sciences naturelles*, 5ᵉ série, volume X, 1869.). Ces petits Champignons se présentent d'abord sous la forme d'un petit globe arrondi et presque entièrement cellulaire ; A, réceptacle hémisphérique ou en forme de cupule. Les thèques sont proéminentes, grandes, claviformes, distinctes, adhérentes, se rompant avec élasticité et contenant huit spores sur une seule série.

Ascobulus furfuraceus, planche LXXIII, fig. 394.
Pers., Obs., I, t. 4, f. 3,6 ; *Peziza stercoraria*, Bull., t. 376.

Cupules sessiles, fragiles, concaves, grises ou verdâtres, d'abord plissées et fermées en haut, puis s'ouvrant ; à bords calleux, furfuracées à l'extérieur. Très commun à la fin de l'été, sur la bouse de vache ancienne ; on voit à la loupe les thèques qui sont allongées et de couleur noire.

76ᵉ GENRE, **BULGARIA**

Ces Champignons ont un réceptacle orbiculaire, ventru, turbiné, d'abord clos, puis ouvert, un peu plan, gélatineux en dedans, rugueux en dehors ; ils sont souvent accompagnés de corps claviformes de même couleur qui, dans la saison, peuvent se trouver seuls et s'appelaient autrefois *Tremella*. La partie supérieure de

ees massues répand une grande abondance de spermaties recti-
lignes et très déliées. Mais auparavant elles sont couvertes de
conidies globuleuses. Le *Bulgaria*, à sa maturité complète, développe sur son hyménium des asques délicats claviformes, renfermant chacun huit spores transparentes, allongées, de sorte qu'il
existe, dans ce genre curieux, trois sortes de fruits, appartenant au même Champignon, savoir : des conidies et des spermaties hors de la phase Tremella, et des spores contenues dans des
thèques à la maturité. Pour plus de détails, j'engage le lecteur à
lire la description de Tulasne, dans le *Selectœ Fungorum Carpologia*, volume III.

Bulgaria inquinans, planche LXXIII, fig. 393.
Fr., *Syst. myc.*, II, 167 ; *Peziza nigra*, Bull., t. 460, f. t.

Cupules d'abord régulières, ovoïdes, closes, puis à disque dilaté,
plan, concave, turbiné, enfin irrégulier, ferme, ridé, sillonné,
rougeâtre à l'extérieur, noir, teignant les doigts en dedans. Très
commun sur le vieux bois, dans les chantiers, les forêts. Ce Champignon a parfois plus de cinq centimètres d'étendue. — Comestible, mais peu délicat.

77ᵉ GENRE, **SPHÆRIA**. — Haller

Ce genre, qui varie considérablement selon les espèces, contient
une très grande quantité de Champignons dont le nombre s'accroît
chaque jour. Le caractère général de toutes ces espèces, c'est le
réceptacle qui enveloppe l'hyménium et qui, à la longue, s'ouvre
au sommet par un pore ou ostiole. Dans quelques espèces, le
réceptacle est simple ; il est composé chez d'autres ; plongé dans
un stroma, ou libre ; charnu ou cireux, enfin membraneux. Une
remarque importante à faire, c'est que l'hyménium n'est jamais
à nu. Le conceptacle consiste ordinairement en une couche
extérieure, de structure cellulaire, lisse ou poilue, ordinairement
noirâtre, et en une couche intérieure de cellules compactes qui
donnent naissance à l'hyménium. Un savant de grand mérite,
M. Fabre, d'Avignon, bien connu pour ses livres pédagogiques,
publie, dans les *Annales des Sciences naturelles*, un travail remarquable sur les spores des *Sphœria* qui présentent des variétés
presque infinies dans leurs types et leurs formes. M. Tulasne nous

a fait connaître parmi les Sphæriacées, un grand nombre d'individus chez lesquels existent des organes multiples de reproduction.

Sphæria ophroglossoides, planche LXII, fig. 324.

Ehrb., Ens., 160; *Clavaria radicosa*, Bull., t. 440, f. 2; *Sphæria radicosa,* Dec., *Fl. fr.*, II, p. 283.

Tige longue, charnue, grêle, jaune à l'intérieur, d'un jaune noirâtre en dehors, renflée au sommet en une courte massue, autour de laquelle sont nichées les loges, et donnant naissance inférieurement à de longues racines flexueuses et jaunâtres, au moyen desquelles cette espèce est toujours fixée ; les thèques sont filiformes, transparentes et contiennent des spores simples, disposées sur deux rangs.

Réceptacle plus ou moins sphérique, charnu, indéhiscent et non séparable du parenchyme sans déchirement, lisse ou verruqueux, pourvu d'un mycélium persistant ; sa chair est composée d'un tissu cellulaire condensé, sous forme de membranes ténues et anastomosées, qui imitent les veines d'un tissu cellulaire simple, parsemé de sporanges arrondis, ovoïdes ou allongés, sessiles ou munis d'un court funicule, transparents et renfermant d'une à huit spores rondes ou ovales, lisses ou papilleuses.

78ᵉ GENRE, **TUBER**

Pour compléter l'énumération des espèces comestibles, il ne me reste plus qu'à parler des Champignons souterrains, dont la Truffe est le type.

En France, nous avons l'espèce la plus parfumée du monde, le *Tuber cibarium, Tuber melanospernum, Tuber magnatum,* etc. La Truffe, qui appartient à presque toutes nos provinces, est abondante dans la Guyenne, le Périgord, la Provence, le Dauphiné, le Poitou, le Languedoc; se retrouve dans le Nivernais, etc.

Les diverses opinions formulées sur la nature de ce précieux produit ont été groupées et décrites par M. CHATIN, dans son très intéressant travail sur la Truffe (Bouchard, Huzard, éditeurs, 1869, Paris). Avant d'écrire son livre, M. CHATIN a étudié sur place les conditions de la production ; il a recueilli les observations de tous ceux, trufficulteurs, rabassiers ou chercheurs de truffes, négociants et autres qui pouvaient l'éclairer de leurs appréciations personnelles.

Tuber cibarium, planche LXXI, fig. 390.

Chevall., *Fl., par.*, I, T, 10, f. 5; Bull., t. 356.

Enveloppe d'un noir brunâtre, verruqueuse, à verrues prismatiques, polygonales, souvent marquées de taches couleur de rouille, de la grosseur d'une noisette jusqu'à celle du poing et plus. L'intérieur est d'un noir violet ou rougeâtre, parcouru de veines d'abord blanchâtres, puis rougeâtres ; sporanges ou capsules souvent prolongés en un appendice caudiforme, et contenant ordinairement quatre spores, parfois une à trois seulement. Spores elliptiques arrondies, opaques, noirâtres, hérissées de courtes papilles conoïdes aiguës. — Comestible ; odeur des plus agréables.

79ᵉ GENRE, **ELAPHOMICES**

Réceptacle hypogé, arrondi, tubéreux, lisse à sa surface ; chair devenant pulvérulente avec l'âge ; péridium épais, dur ; thèques globuleuses. Champignons d'habitudes souterraines et de structure assez particulière.

Dans ce genre, une couche extérieure de cellules forme une sorte de réceptacle plus ou moins développé. Cette enveloppe renferme l'hyménium, qui est sinueux et présente souvent des lacunes. Depuis quelques années, un nombre relativement considérable de ces tubercules a été découvert dans les environs de Paris par les cryptogamistes. La structure générale des *Elaphomices* peut être étudiée dans l'espèce *Muricatus*.

Elaphomices muricatus, planche LXVI, fig. 348.

Champignon souterrain, de forme globuleuse, de la grosseur d'une noix, sans racines, à réceptacle dur, ferme, d'un blanc rougeâtre, sans verrues ; sa chair, dans le jeune âge, est d'un blanc rougeâtre, passe petit à petit au brun et finit par se transformer en une poussière brunâtre, entremêlée de filaments jaunâtres. On le rencontre du printemps à l'automne, dans les bois de châtaigniers et de chênes des terrains sablonneux. — Ne se mange pas.

Division III. — CLINOSPORÉS

Les Champignons appartenant à la division des Clinosporés
sont extrêmement nombreux et ordinairement peu volumineux.
Les spores sont fixées sur un clinode, et le clinode est tantôt nu,
tantôt renfermé dans l'intérieur d'un réceptacle, le plus souvent
corné. Ces Champignons se composent presque entièrement d'un
mycélium filamenteux, d'où naissent directement les sporanges.
Beaucoup d'espèces sont sessiles, comme les Tuberculaires, dont
la forme à conidies est un des Champignons les plus communs, et
croît en petits nodules rouges sur toutes les branches mortes. La
surface de ces branches est souvent couverte, d'un bout à l'autre,
de petites proéminences roses, brillantes, faisant saillie à travers
les écorces. Vers l'une des extrémités de la branche, les proéminences sont d'une couleur plus foncée et plus riche, comme de
la sanguine. L'œil nu suffit pour découvrir les différences entre
deux pustules, et, au point où ces deux pustules se mêlent, on
remarque de petites taches de sanguine qui se détachent sur
les marques roses.

En enlevant l'écorce, on voit que les corps roses sont plus
pâles, et s'épanouissent vers le haut en une tête globuleuse couverte
d'un cendré délicat. A la base, cette tête pénètre jusqu'à l'intérieur
et il s'en détache, dans toutes les directions, des fils de mycélium
confinés à l'écorce, et ne parvenant pas dans les tissus du bois
placés au dessous. Le même Champignon a deux sortes de fruits :
l'un, propre à la forme rose du *Tubercularia*, avec des conidies
nues et délicates ; l'autre, appartenant aux Champignons mûrs,
enfermé dans des asques et engendré dans les parois du réceptacle.
On sait depuis longtemps que de tels cas ne sont pas rares,
mais ils ne peuvent toujours, ni même souvent, être aussi distinctement observés que dans les Tuberculariés : c'est pourquoi j'ai
choisi comme exemple une espèce aussi universellement connue
et que chacun peut facilement rencontrer sur les plantes mortes.

Occupons-nous maintenant des Champignons qui se développent
sur les plantes vivantes et prenons comme exemple le genre *Sphacelia*, formé par LÉVEILLÉ. Ce nom rappelle en même temps, et
l'action de l'ergot de seigle sur l'économie, et la couleur noire qu'il

imprime à l'ovaire. On sait que l'ergot des céréales occupe depuis longtemps les esprits; chacun croit en connaître la nature et la cause; tous les ans on parle de nouveaux moyens appliqués à en prévenir la formation. Malheureusement, de tous les procédés proposés jusqu'à ce jour, il n'en est aucun qui remplisse son but. Le développement de l'ergot commence par la formation d'un mycélium filamenteux qui s'établit à la surface de l'ovaire des Graminées. Au début ce n'est qu'un corps mou, visqueux et fétide, difforme en raison de la compression qu'il éprouve de la part des enveloppes florales. Si on fait une coupe transversale de la fleur et qu'on l'examine au microscope avec un grossissement de 400 diamètres, on voit, à la base de l'épillet, un point noir qui n'est pas homogène; au-dessus, une masse visqueuse formée de petits filaments distincts, invisibles à l'œil nu: c'est le mycélium de la sphacélie. Ces filaments mycéliens se développent rapidement, se feutrent, se rangent concentriquement de dehors en dedans en couches demi-solides, au milieu d'un magma de nature chimique différente. L'ovaire est donc ainsi remplacé peu à peu par ce tissu mycélien; mais il conserve sensiblement sa forme; on aperçoit le stigmate à son extrémité supérieure. En détachant une petite parcelle du tissu mycélien, on voit, avec le même grossissement, sa surface creusée de sillons profonds donner naissance à des basides rayonnantes, et, au sommet de ces basides, naître quatre ou six conidies. Ces conidies peuvent germer rapidement, si le milieu leur est propice, en reproduisant aussitôt de nouvelles conidies qui, à leur tour, parvenues sur d'autres fleurs de gramimées, donnent une nouvelle *sphacélie*. A mesure que l'ovaire prend de l'accroissement, il pousse en dehors l'ergot. Celui-ci se rompt quelquefois en traversant les glumes; dans ces cas, toutes les parties de la fleur sont agglutinées ensemble. On rencontre souvent les anthères collées à la surface des glumes; elles sont entières, linéaires; leur loges sont fermées et remplies de pollen, circonstance qui prouve que le développement de la sphacélie précède l'anthère. Au résumé, le développement de l'ergot des Graminées commence par la formation d'un mycélium filamenteux qui s'établit à la surface de l'ovaire; celui-ci est donc remplacé peu à peu par ce mycélium, donnant naissance à des *conidies* (variété de spores) qui en produisent sponta-

nément d'autres d'où naît la *sphacélie*. Le mycélium de la sphacélie forme à la surface de l'ovaire, quand la germination des
conidies a atteint son apogée, un feutrage dense de filaments
solides, tout d'abord entouré par le tissu de la sphacélie : c'est le
début de l'ergot qui s'accroît, mûrit et durcit. Sur l'ergot, au
printemps, se développent des réceptacles fructifères en forme de
tête sphérique, et pleins de spores qui, placées dans un milieu
favorable, émettent autant de tubes germinatifs : c'est le mycélium
de la *sphacélie*.

80ᵉ GENRE, **USTILAGO**

Les *Ustilago*, les *Uredo*, sont certainement, parmi les petits
Champignons les plus anciennement connus. Les livres saints nous
apprennent, en effet, que Moïse menaçait de la rouille, les Hébreux
rebelles à ses volontés. Chez les Romains, cette maladie était considérée comme le plus redoutable ennemi des agriculteurs ; aussi
avaient-ils élevé au dieu et à la déesse Rubigo des temples où ils
invoquaient ces divinités pour préserver les champs du terrible
fléau. Le jour de la fête des Rubigoles, fixé au 15 avril par Numa,
la onzième année de son règne, on immolait, au rapport d'Ovide,
Columelle, Varron, etc., une brebis ou un chien ; pendant le sacri-
fice, l'encens fumait dans le temple, et le vin coulait abondamment.

La famille des Urédinées, telle que les auteurs la reconnaissent, est assez nombreuse en genres ; la nature, le nombre, la
position respective des organes qui la distinguent, ne permettent
guère d'en exposer les caractères d'une manière succincte et
claire. Elle comprend des Champignons parasites ordinairement
très petits et réunis en grand nombre, qui se développent sous
l'épiderme ou dans les tissus des plantes, et se montrent au dehors
après la déchirure de ceux-ci ou leur désorganisation. Les spores,
rondes ou ovales, transparentes ou opaques, semblables à de
la poussière, diversement colorées, isolées, réunies en gâteau,
ou articulées bout à bout comme les grains d'un collier, naissent
immédiatement d'un clinode charnu ou filamenteux, nu ou
contenu dans un réceptacle ; elles sont nues ou renfermées dans
des sporanges sessiles ou pédicellés, à une ou plusieurs loges.
Les Urédinées comprennent quatre sections que l'on peut regarder

comme autant de petites familles, les *Acidies*, les *Phragmidies*, les *Urédinés*, les *Ustilaginés*; la première appartient aux Clinosporés endoclines, et les trois autres aux Clinosporés ectoclines.

Ustilago segetum, planche LXXIV, fig. 401.

Le charbon (*Ustilago segetum*) se développe sur presque toutes les Graminées; on ne le voit jamais sur les feuilles ou les chaumes, mais il attaque les pédicelles des épillets, les glumes et les grains: le froment, l'orge, l'avoine en sont particulièrement affectés, même quand leurs épis se trouvent encore profondément enfermés dans les feuilles. Les plantes malades sont plus petites, leur vert moins vif; à la sortie des épis, les grains sont noirs, rapprochés; quelques jours après, par l'agitation du vent, ils se réduisent en une poussière noire et il ne reste plus que le squelette fortement défiguré de l'épi.

Une autre espèce de charbon (*Ustilago maydis*) se développe dans toutes les parties de la plante; sur la tige elle détermine les tumeurs qui après s'être ramollies, tombent en poussière et laissent des ulcères sanieux à leur place; lorsque l'épi est envahi, il n'est pas rare de le trouver entièrement stérile. On ne peut confondre le charbon avec aucune autre maladie des grains, parce qu'il se dissipe en poussière au moindre contact. Les spores, vues au microscope, sont extrêmement petites, très lisses, d'un noir fuligineux, et dépourvues de toute espèce d'appendice. La germination se produit facilement par un temps chaud; le tube, un peu plus petit à sa base, germe dans l'espace de quinze à dix-huit heures; son contenu devient grossièrement granuleux. En même temps se montrent sur le tube de petits appendices, rétrécis à la base, dans lesquels passe une partie du protoplasma; ils mûrissent alors pour former des sporules, tandis qu'un sporule terminal apparaît généralement sur les fils.

Du sporule primaire naissent des sporules secondaires qui sont d'ordinaire plus petits et donnent lieu quelquefois à une troisième génération.

La rouille, mais surtout le charbon et la carie, causent de grands ravages; aussi les agriculteurs ont-ils sérieusement cherché à les détruire sans y parvenir, toutefois.

Tessier, *Traité des maladies des grains*, p. 236.

Division IV. — CYSTOSPORÉS (ASCOMYCÈTES)

Ces Champignons ont le réceptacle floconneux, cloisonné, simple ou rameux; des spores continues, renfermées dans un sporange terminal, membraneux, muni ou non d'une columelle centrale. Cette division comprend beaucoup d'espèces très intéressantes et très instructives, plusieurs des phénomènes remarquables qu'elles présentent ayant plus ou moins de rapports avec la reproduction. Récemment MM. VAN THIEGHEM et LEMONNIER ont fait sur un groupe de *Mucorinées* (*Ann. de Sc. Nat.*, 1873, p. 335); des recherches par lesquelles on peut se former une idée générale de la structure des *Mucors*. Prenons comme exemple le *Mucor mucedo*, qui est l'espèce la plus commune. Si on place du fumier frais de cheval dans une atmosphère humide et renfermée, sous une cloche de verre, la surface se couvre en peu de jours d'une sorte de nielle blanche. Des filaments de la grosseur d'un cheveu s'élèvent à la surface, chacun d'eux formant bientôt vers sa pointe une petite tête ronde qui graduellement devient noire: c'est un sporange et chacun des filaments blancs est leur support. Dans les premiers temps, ils sont toujours sans ramifications ni cloisons; mais lorsque le sporange est mûr, il se forme souvent, dans l'espace intérieur, des cloisons transversales en ordre et en nombre variables, et, sur la surface, des branches également variables pour le nombre et la taille, dont chacune porte un sporange à sa pointe. Les sporanges qui se produisent les derniers ressemblent souvent aux premiers; quelquefois, pourtant, ils en diffèrent beaucoup, car leur paroi est très épaisse et ne se détruit pas à la maturité; elle s'ouvre irrégulièrement, ou reste entière, avec les spores à l'intérieur, pour tomber sur le sol quand le Champignon s'est flétri. Les spores contenues dans les sporanges sont petites, cylindriques, allongées. Si on les sème dans un milieu convenable, par exemple dans une solution de sucre, sur des confitures, etc. elles se gonflent et donnent naissance à des utricules susceptibles de germination, qui forment promptement un mycélium : d'autres spores en naissent et le *Mucor mucedo* se développe sur toute matière capable de nourrir la moisissure. D'un autre côté, le *Mucor mucedo* a d'autres organes de propagation qui diffèrent des sporanges et de leurs produits et qu'on peut appeler conidies. Sur le fumier ils se montrent en même temps que les supports des sporanges, ou un peu après, et, à l'œil nu, ils ressemblent à ces organes ; mais un examen plus attentif à la loupe en montre la différence. Un filament plus épais, sans cloisons, s'élève et se ramifie généralement en se trifurquant, après avoir crû d'un millimètre, en plusieurs séries de ramuscules. Les branches fourchues de la dernière série, portent, au-dessous de leurs pointes, généralement capillaires, de petits rameaux courts et dressés, et ceux-ci avec lesquels les extrémités des branches principales s'articulent par leur sommet un peu élargi, supportent des spores et des conidies rapprochées les unes des autres ; quinze à vingt de ces corps naissent à l'extrémité de chaque rameau. Après la formation des conidies, leurs supports s'affaissent par degrés et disparaissent tout à fait ; les conidies mûres sont rondes, leur surface est à peine colorée et presque entièrement lisse. Le professeur de BARY a décrit la formation de ces branches conidifères dans son Mémoire sur les Champignons parasites. (*Ann. des Sc. Nat.*, 4ᵉ série, XX, p. 6).

81ᵉ GENRE, MUCOR

Mucor mucedo, planche LXXII, fig. 391 bis.

Ce petit Champignon se développe sur tous les corps en décomposition, principalement sur le pain bouilli, les confitures altérées, etc., où la germination des spores se produit facilement. COOCK dit avec juste raison qu'un grand nombre de spores de Champignons sont constamment flottantes dans l'atmosphère, ce qui est confirmé par le fait que partout ou une substance convenable se présente, des spores s'en emparent et la convertissent bientôt en une forêt de végétation. Il est admis que les spores des moisissures communes sont si largement répandues qu'il est presque impossible de les exclure des vases fermés, ou des préparations les plus soigneusement abritées. Au contact de l'eau la spore du *Mucor mucedo* perd sa couleur, se gonfle et absorbe le fluide qui l'entoure, jusqu'à ce que son volume se double et qu'elle devienne ovoïde. Alors, de l'une de ses extrémités, ou des deux, elle émet un fil épais qui s'allonge et porte des ramifications en forme d'ailes. Quelquefois l'exospore se rompt et se détache de la spore en germination ; quarante-huit heures après, le mycélium envoie dans l'air des branches qui se subdivisent elles-mêmes abondamment; d'autres branches, courtes, submergées, restent simples ou présentent des ramifications en touffes, se terminant chacune par une pointe, de sorte que l'ensemble se trouve hérissé de poils épineux. En deux ou trois jours, des branches brusquement gonflées en forme de massue font leur apparition sur les fils, et se prolongent en un nombre égal de fils, porteurs de sporanges (en A, on voit une touffe de *Mucor*; en B, un fil porteur de sporanges).

Division V. — TRICHOSPORÉS (HYPHOMYCÈTES, DE FR.)

Les Champignons appartenant à cette division constituent les moisissures parmi lesquelles on compte quelques-unes des formes microscopiques les plus élégantes et les plus délicates. Il est vrai que beaucoup de ces Champignons ne sont que des formes conidiales de variétés plus élevées, mais il reste toujours un grand nombre d'espèces qui, dans l'état actuel de nos connaissances, doivent être acceptées comme autonomes. M. LÉVEILLÉ en a fait trois sous-divisions, et classe dans la première les Isaries, parasites des Insectes. Les opinions sont partagées sur la question de savoir si, dans ce cas, le Champignon cause la mort de l'insecte ou la suit ; pourtant la croyance générale des entomologistes est que le Champignon frappe mortellement l'insecte. COOCK dit, page 199, qu'on a trouvé une mite posée sur une feuille comme pendant sa vie, avec l'*Isaria sphingum* sortant de son corps. Le docteur LEIDY, assure que le Champignon peut commencer l'attaque sur les larves, y développer son mycélium et produire une masse sporuleuse dans la nymphe.

La mouche commune est fort sujette, en automne, à l'atteinte d'une moisissure, le *Sporendonema*, qu'on regarde aujourd'hui comme la forme terrestre d'un Champignon *Saprolegnia*. Les mouches deviennent paresseuses et finissent par se fixer sur un objet où elles meurent les pattes étendues, la tête déprimée, le

corps et les ailes couverts d'une petite moisissure blanche dont les
articles tombent sur l'objet placé au-dessous. Dans le genre *Isaria*
il est presque certain que les espèces trouvées sur les insectes
morts, papillons, araignées, mouches, fourmis, sont simplement
les *Conidiophores* d'espèces de *Torrubia*.

La seconde sous-division renferme les *Phycocladés* ; c'est de
beaucoup le plus grand Champignon, le plus typique et le plus
intéressant de cette classe. Il contient les moisissures blanches et
noires connues sous les noms de *Dématiées* et de *Mucédinées*.

Dans les premiers, la tige a une membrane enveloppante distincte qui tombe comme une écorce ; les filaments, souvent aussi
les spores, sont de couleur noire comme s'ils étaient brûlés. Chez
beaucoup d'espèces, les spores sont très développées, grandes,
multiseptées et nucléées.

Dans les *Oxycladées*, le réceptacle est simple ou rameux, cloisonné ; les filaments n'ont jamais d'enveloppe et sont ordinairement blancs ou de couleur claire ; les spores, continues ou
cloisonnées, fixées en plus ou moins grand nombre, ou solitaires
à l'extrémité des rameaux terminés en pointe. Dans quelques
genres comme les *Botrytidées*, dans le *Peronospora*, par exemple,
un fruit secondaire est produit par le mycélium, sous forme de
spores dormantes ; celles-ci engendrent, comme les spores de la
première espèce, des zoospores.

La dernière sous-division, renfermant les Sclerochètes, se distingue par un réceptacle plein ou cloisonné, formé d'un seul rang
de cellules ou de plusieurs rangs réunis ensemble, simples ou
rameux ; les spores sont isolées çà et là, ou groupées en plus ou
moins grand nombre à la base ou au sommet.

82ᵉ GENRE, **BOTRYTIS**. — Fʀ.

Filaments simples ou rameux, épars ou réunis, libres, cloisonnés ; les fertiles dressés, à sommet simples. Spores simples,
non cloisonnées, globuleuses ou oblongues, ramassées autour des
divisions des filaments ou à leur sommet.

Très petites moisissures naissant sur des corps divers. La maladie destructive des vers à soie est due au *Botrytis bassiana*, qui
attaque l'insecte vivant et le tue. On a écrit beaucoup de choses

sur ce parasite, mais sans pouvoir le faire disparaître, on prétend aussi qu'une certaine forme imparfaite de moisissure offre de grands rapports avec la maladie des abeilles connue sous le nom de *Couvain*.

Botrytis agaricina, planche LXXIII, fig. 404.

Filaments étalés, blancs laineux, formant buisson ; filaments fertiles très rameux (fig. B), à rameaux divariqués, à spores rondes, grandes. Cette espèce vient sur les Agarics, les Bolets, qui souffrent considérablement des atteintes d'un tel parasite.

83ᵉ GENRE, **PERONOSPORA**

Filaments délicats, flexibles, à parois minces, sans couches corticales extérieures. Le *Peronospora infestans*, qui attaque la pomme de terre, est malheureusement trop connu des cultivateurs. La maladie qu'il détermine fut jadis attribuée à différentes causes ; mais, depuis longtemps on a reconnu sa véritable nature. De Bary l'a étudiée avec soin dans son Mémoire sur le *Peronospora*. (*Die Gegenwärtige herschende Kartoffelkrankheit.*). Les uns voient la cause de l'épidémie, dit-il, dans l'état maladif de la pomme de terre elle-même, produit accidentellement par les conditions défavorables du sol et de l'atmosphère, ou due à une détérioration de la plante par le fait de la culture. Suivant ces opinions, la végétation du parasite serait purement accidentelle, la maladie absolument indépendante, et même le parasite pourrait fréquemment épargner les organes atteints. D'autres croient reconnaître dans la végétation du *Peronospora* la cause immédiate ou indirecte des différents symptômes de la maladie, soit que le parasite envahisse les tiges de la pomme de terre et, en les détruisant ou, pour ainsi dire, en les empoisonnant, détermine un état maladif des tubercules ; soit qu'il s'introduise dans tous les organes de la plante et que sa végétation soit la cause immédiate de tous les symptômes du mal, rencontrés, en effet, dans toutes les parties. Les observations du savant professeur prouvent rigoureusement que l'opinion des derniers est la seule admissible, car toutes les altérations dites spontanées se retrouvent lorsque le Peronospora est semé sur une plante. Ses expériences ont conduit M. De Bary à affirmer que la moisissure détermine directement la maladie des tubercules et des feuilles, et que la végétation du Peronospora est seule cause de la redoutable épidémie qui ravage les pommes de terre. Depuis quelques années d'autres savants, et parmi eux, Berckeley, le docteur Hassal, ont étudié le même genre de moisissure sur des plantes maraîchères, comme les laitues qui sont, dans certaines contrées, envahies par le *Peronospora gangliformis;* le *Peronospora effusa* se trouve sur les épinards et les plantes analogues ; le *Peronospora scleideniana*, De Bary, est quelquefois très funeste aux oignons ; les champs de luzerne sont très sujets au *Peronospora trifoliorum*, etc.

Peronospora infestans, planche LXXIV, fig. 403.

Mycélium délicat qui pénètre les cavités intercellulaires des plantes vivantes. Il donne naissance à des filaments dressés, ramifiés (fig. J), portant aux extrémités de leurs dernières ramuscules, des spores subglobuleuses, ovales ou elliptiques, ou, comme de Bary les appelle, des *conidies*. Profondément enfoncés dans le mycélium, au sein de la substance de la plante nourricière, naissent d'autres corps reproducteurs, appelés *oogones* (fig. L"). Ceux-ci sont sphériques, plus ou moins verruqueux, brunâtres; leur contenu se transforme en *zoospores* très vifs, capables, une fois sortis, de se mouvoir dans l'eau à l'aide de cils vibratiles.

84ᵉ GENRE, **VERTICILLIUM**

Filaments droits, rameux, rapprochés par touffes, à rameaux verticillés. Spores globuleuses, solitaires à leur extrémité. Très petits Champignons naissant sur les tiges mortes.

Verticillium allochroum, planche LXXIV, fig. 400.

Petit Champignon étalé, rose, fig. G ; à filaments fertiles, rameux, dressés ; à rameaux alternes, portant au sommet une spore ronde rose (fig. H), globuleuse. Sur les menues branches tombées à l'automne.

Division VI. — ARTHROSPORÉS (PHYCOMYCÈTES)

Ces Champignons se distinguent par la disposition des spores qui sont articulées entre elles et placées bout à bout, comme les grains d'un collier ou d'un chapelet. Le réceptacle qui les supporte est filamenteux, simple ou rameux, cloisonné et atténué de la base au sommet.

Il n'y a pas d'hyménium propre; les filaments procédant du mycélium portent des vésicules qui contiennent un nombre indéfini de spores; les filaments fertiles sont libres ou légèrement feutrés. Dans la tribu I des Antennariés, les filaments se présentent noirs et en chapelets, plus ou moins feutrés, portant des sporanges irréguliers. Un grand nombre de faits très intéressants ont été mis en lumière, depuis ces dernières années, sur les différentes formes que prennent les Arthrosporés dans le cours de leur développement. Un frappant exemple nous est fourni par DE BARY, déjà cité (1). Dans chaque maison, écrit le savant professeur, il y a souvent un hôte visible qui se montre particulièrement sur les fruits conservés : c'est la moisissure appelée *Aspergillus glaucus,* appartenant à la tribu II de cette division. On la voit à l'œil nu sur la substance, comme une enveloppe laineuse, d'abord d'un blanc pur, puis graduellement couverte de petites têtes fines, poudreuses, glauques ou d'un vert sombre. Un examen plus attentif montre que le Champignon se compose de filaments fins, fortement ramifiés, en partie disséminés dans la substance nourricière, en partie dressés obliquement sur elle. Ils ont une forme cylindrique, avec des extrémités arrondies et sont partagés en longs articles étendus, dont chacun est une vésicule dans le sens ordinaire du mot; il contient, enfermés dans une paroi délicate, sans structure, des corps qui ont l'apparence d'une substance muqueuse finement granulée, et qu'on désigne sous le nom de protoplasma. Cette matière, dans certains cas, remplit également les cellules ; mais parfois, et à mesure que la cellule vieillit, elle se remplit de cavités aqueuses appelées *vacuoles*. L'accroissement en longueur des filaments se produit par suite

(1) A. DE BARY. Sur la moisissure et la fermentation, *Magasin trimestriel allemand*, vol. II, 1872.

d'un développement qui a lieu, surtout près de leur pointe : celle-ci s'avance toujours et, près de l'extrémité, il se forme successivement de nouvelles cloisons ; mais, à une certaine distance, l'accroissement en longueur cesse. Ce mode d'expansion s'appelle développement par la pointe. Les rejetons et les branches naissent comme des dilatations latérales des principaux filaments et, une fois formés, grandissent d'une façon illimitée, jusqu'à un certain point, par l'accroissement en pointe comme le montre la fig. 394, G. Les filaments développés dans la substance nourricière et sur sa surface, sont les premières parties du Champignon ; elles durent tant qu'il végète. Comme ces parties absorbent seules la substance entière et lui empruntent la nourriture, on les appelle le *mycélium*. Les fils superficiels du mycélium produisent d'autres filaments porteurs des fruits ou fils à *conidies* : ils sont en moyenne plus gros que les fils du *mycélium*, et on ne les voit que par exception ramifiés ou munis de cloisons ; ils s'élèvent presque perpendiculairement dans l'air et atteignent généralement une longueur d'un demi-millimètre. Leur extrémité supérieure libre se gonfle et s'arrondit (fig. 394, H) ; un filament grossi, prend une forme ovale et une longueur presque égale à leur rayon ou, dans les spécimens les plus faibles, au diamètre de la tête arrondie.

Les protubérances divergentes produisent directement, les cellules reproductrices, spores ou *conidies*, et sont appelées *stérigmates*. Chaque stérigmate émet d'abord à sa pointe une petite protubérance ronde, qui, par une base forte et étroite, repose sur le *mycélium* ; ce corps se remplit de protoplasma, se renfle plus ou moins, et au bout de quelques temps se sépare du *mycélium* au moyen d'une cloison, pour former une cellule reproductrice, spore ou conidie.

La formation de la première spore a lieu à l'extrémité du stérigmate ; une seconde suit de la même manière, puis une troisième ; chaque spore qui naît pousse celle qui l'a précédée dans l'axe du stérigmate, à mesure qu'elle croît elle-même ; les spores successivement formées sur un stérigmate restent pour quelque temps en file les unes après les autres. Ainsi chaque stérigmate porte à son sommet une chaîne de spores, qui sont d'autant plus anciennes qu'elles s'éloignent plus du stérigmate. Tous les stérigmates naissent au même instant et marchent ensemble dans la formation des spores. Chaque spore croît un certain temps et à la fin se sépare de ses voisines. Les spores sont donc articulées en file, l'une après l'autre, aux extrémités des stérigmates.

La spore ou la conidie mûre est une cellule de forme ronde ou largement ovale et remplie d'un protoplasma incolore, et si on l'observe séparément, on la trouve pourvue d'une membrane brune, finement verruqueuse et ponctuée. Le même mycélium qui forme le pédicelle des conidies quand il est près de la fin de son développement, produit par sa végétation normale une seconde sorte de fructification. Elle commence par de petites branches fines et délicates, qui ne se distinguent pas à l'œil nu, et qui, après une croissance généralement terminée en peu de temps, finissent en faisant cinq ou six tours à la façon d'un tire-bouchon. Les sinuosités décroissent de plus en plus en largeur, finissent par se rapprocher les unes des autres, et toute l'extrémité perd la forme de tire-bouchon pour prendre celle d'une vis creuse. Dans l'intérieur et sur la surface de ce corps en vis, il se produit un changement compliqué qui fait de lui un oogone reproducteur par la formation d'un réceptacle globuleux, consistant en une fine paroi à membrane délicate, et en une file de cellules étroitement engagées les unes dans les autres, entourées par cette masse épaisse.

Par l'accroissement de toutes ces parties, le corps en vis grandit tellement qu'au temps de sa maturité il est visible à l'œil nu. La surface extérieure de la paroi devient compacte et d'un jaune brillant, tandis que la plus grande partie des cellules de la masse intérieure se transforment en asques où naissent des spores. Ces cellules s'affranchissent de leur union réciproque, prennent une forme ovale, large, et produisent, chacune dans son intérieur, huit spores; celles-ci bientôt remplissent entièrement l'asque. Quand elles sont tout à fait mûres, la paroi du conceptacle devient cassante, et par des fissures irrégulières, que le contact amène facilement, les spores rondes et incolores sont mises en liberté. Les pédicelles des deux sortes de fruits se forment de ce même mycélium dans l'ordre décrit par DE BARY. Avant que leur connexion fut connue, les conceptacles et les pédicelles de conidies étaient considérés comme des organes de deux espèces bien différentes. Les conceptacles s'appelaient *Eurotium herbarium* et les porte-

conidies Aspergillus glaucus. Si nous passons au genre *Penicillium*, on voit ici le filement séminifère principal naître, à différentes hauteurs, des rameaux qui portent un pinceau de filaments secondaires produisant à leur extrémité des spores en chapelets (planche LXXIV, fig. 405, Q).

Dans ces différents cas, le réceptacle ne se distingue du mycélium que par sa direction et les divers articles de ramification qui rappellent la variété des inflorescences et de leurs combinaisons mixtes. Dans la forme typique des *Penicillium*, une cellule prend naissance d'un filament mycélien, se dresse, s'allonge, se ramifie, se distingue bientôt par son calibre plus grand, ses parois plus épaisses, et des articles qui multiplient la surface fructifiante ; de toute cette surface s'élèvent des cellules cylindriques ou effilées, assez courtes, qui donnent naissance aux organes reproducteurs disposés en chapelets comme dans les *Aspergillus*. Sous des influences encore mal connues, les réceptacles simples ou filamenteux s'appliquent les uns contre les autres, et forment une sorte de tige ou de colonne connue sous le nom de *coremium*. On avait basé sur cet accident un genre détaché des *Penicillium*, mais les *Penicillium* ne présentent pas seuls des formations *corémiales*, et celles-ci sont comme un passage aux réceptacles plus complexes, parenchymateux ou sarcodes. Après le *coremium*, vient le genre *Oïdium*. Ces Champignons se développent sur les parties vertes des plantes vivantes, l'*Oïdium Tuckeri* sur les raisins, tous les phénomènes de végétation de cet *Oïdium* se passant à l'extérieur. Les tissus sont affectés d'abord, puis le Champignon se développe. Lorsqu'une tache blanche commence à paraître, quelque petite qu'elle soit, si l'on passe le doigt dessus, elle disparaît ; en regardant alors avec une loupe, on voit dans le point qu'elle occupait, et autour d'elle, là même où ne se soupçonnait par la maladie, on voit, dis-je, de très petits points bruns ou noirs sur lesquels se manifestent successivement les Champignons. Le parenchyme correspondant à ces points est également brun, moins pénétré de sucs que celui qui l'avoisine ; si à cette époque il était recouvert ou traversé par un mycélium, on devrait le trouver, mais il n'y en a pas.

Plus tard l'épiderme s'éraille, le parenchyme se dessèche, et le Champignon, après avoir vécu quelque temps, disparaît. Lors-

que la rafle est atteinte dans toute son étendue, le raisin périt en
entier ; quand la maladie attaque les grains dans les premiers
moments de leur formation, ils se dessèchent ou tombent ; si, au
contraire, ils ont déjà acquis un certain volume, ils peuvent résis-
ter ; les uns se gercent, s'ouvrent et mettent leurs pépins à découvert, les autres se déforment et arrivent à maturité, mais jamais
ils n'acquièrent alors leur grosseur normale. M. Duchartre, professeur à la Faculté des sciences de Paris, a proposé de lancer sur
la vigne malade, à l'aide d'une seringue de jardinier percée de
trous un peu larges, de l'eau dans laquelle on tient en suspension
de la fleur de soufre. Ce moyen simple, peu coûteux, a eu les plus
heureux résultats. L'emploi du soufre, sous cette forme, avait
été déjà conseillé par M. Kile, agriculteur anglais, qui en avait
reconnu les propriétés bienfaisantes. Aujourd'hui le soufrage se
pratique à l'aide d'un soufflet.

85ᵉ GENRE, **ANTENNARIA.** — Linck

Filaments rameux, couchés, fortement mêlés, moniliformes ;
articles renfermant des spores à plusieurs loges, placés à la base
des filaments. Spores granuliformes ; petites productions pilifor-
mes, noirâtres.

Antennaria pinophyla, planche LXXIV, fig. 402.
Neés., Fung., f. 298 ; *Torula fuligniosa*, Pers., *Myc. cur.*, I, p. 21 ; *Torula
pinophyla*, Cheval., *Fl. par.*, I, t. 3, f. 5.

Petites touffes épaisses de filaments noirs, croissant sur les
rameaux morts du sapin. Spores visibles, ayant presque une ligne
de diamètre. Toute l'année, Fontainebleau, Chantilly, Vincennes.

86ᵉ GENRE, **ASPERGILLUS.** — Micheli

Filaments droits, réunis en touffes, articulés, simples ou
rameux, renflés au sommet, et présentant à l'extrémité de chacun
d'eux un groupe de spores globuleuses. Moisissures blanchâtres,
puis jaunâtres, venant sur toutes les substances gâtées.

Aspergillus glaucus, planche LXXIV, fig. 379. — F, grandeur naturelle; E, grossie 125 diamètres.

Linck., *Obs.*, I, p. 14; *Monilia candida*, Pers., *Syn.*, 692; Chevall., *Fl. par.*, I, t. 4, f. 17.

Épars ou réunis en touffes grêles, blanches, à filaments fertiles simples; péridioles globuleux. Toute l'année sur les plantes déposées dans les lieux humides, les Champignons qui se pourrissent, etc.

87° GENRE, **PENICILLIUM**. — LINCK

Filaments simples ou rameux, les stériles couchés, cloisonnés, simples ou rameux; les fertiles dressés, terminés par un faisceau de rameaux couverts de spores, formant un capitule terminal. Très-petites fongosités d'un aspect velu, naissant sur les substances qui se décomposent.

Penicillium glaucum, planche LXXIV, fig. 405.

Linck., *Obs.*, I, p. 15; *Mucor penicilliatus*, Bull., t. 504, f. XI.

Plus ou moins épais, blanc, à filaments fertiles un peu rameux. Spores globuleuses, blanches, puis glauques, vient sur les confitures et autres corps mous en putréfaction. La fig. Q, représente un filament grossi de 250 diamètres.

Penicillium sparsum, planche LXXIV, fig. 398.

Filaments droits, simples, membraneux, arrondis, divisés en deux ou trois segments comme le montre la fig. L. Les spores sont, au sommet, réunies en chapelets et forment un faisceau de filaments longs, rarement droits, plus souvent inclinés; elles sont blanches, transparentes et simples, rondes. On trouve cette belle espèce en automne sur la paille, le foin humide. La fig. M, la représente grossie de 125 diamètres; C, grandeur naturelle.

DEUXIÈME PARTIE

CHAPITRE PREMIER

EXAMEN CHIMIQUE DES CHAMPIGNONS

En examinant la constitution des Champignons, nous avons vu qu'ils étaient formés d'éléments anatomiques associés en tissu, ayant sensiblement la même composition. Ces filaments sont gorgés d'eau, de substances grasses et de gaz, mais il ne suffit pas de dire : les Champignons contiennent toutes ces substances; on doit pousser l'étude plus loin et chercher l'origine de ces produits, expliquer leur formation, puis les suivre dans leur évolution à travers la plante. C'est tout un système de recherches nouvelles qui se présente à nos efforts, car cette partie chimique de l'étude des Champignons est une des plus importantes, bien qu'un certain nombre d'analyses aient pourtant été faites.

Bouillon-Lagrange le premier (1) publia quelques travaux sur les *Boletus laricis, ignarius* et sur le *Tuber cibarium.*

Braconnot (2) donna ensuite l'analyse des *Agaricus acris, volvaceus, stypticus,* etc. et des *Boletus juglandis* et *viscidus.*

Vauquelin (3), entre les deux publications de Braconnot, analysa les *Agaricus campestris, bulbosus, muscarius,* etc.

(1) Bouillon-Lagrange. *Ann. de chimie.* Paris 1804, tome LXXXV, p. 198, et tome LI, p. 75.

(2) Braconnot. *Ann. de chimie.* Paris 1811, tome LXXIX, p. 205, et tome LXXXVII, p. 237.

(3) Vauquelin. *Ann. de chimie.* Paris 1813, tome LXXXV, p. 5.

Ces chimistes en rendant compte de leurs belles analyses, ont les premiers donné une idée exacte de la composition chimique des Champignons, et leurs travaux resteront comme la pierre fondamentale de l'édifice, quoique d'éminents savants en aient depuis légèrement modifié les résultats.

Le docteur LETELLIER (1) fit quelques temps après 1826, de nombreuses expériences toxicologiques sur ce sujet. Il suit en général BRACONNOT et VAUQUELIN, mais s'étendant sur le principe âcre des Lactaires, et des Russules. Il étudie particulièrement le caractère vénéneux des Amanites. Le savant médecin trouve à ce principe l'apparence d'un alcaloïde, mais il l'a constamment obtenu mêlé à des matières salines ; et comme on isole généralement avec assez de facilité un alcaloïde de ses sels cristallisables, et qu'on peut l'obtenir assez pur pour le bien définir, les chimistes qui ont parlé de la découverte du savant docteur l'ont toujours acceptée avec doute.

Après ces travaux on est longtemps resté sans nouvelles recherches, puis sont venues celles de M. PAYEN sur le Champignon de couche, *Agaricus campestris,* qu'il décompose de la façon suivante :

1° Eau de végétation........................... 91,01
2° Composé azoté avec trace de soufre.......... 04,68
3° Cellulose, dextrine, sucre matière tertiaire..... 03,45
4° Sels, phosphates et chlorures alcalins, calciques,
    magnésie, silice........................... 00,46
5° Azote pour cent de matières sèches........... 07,33

celles de MM. KNOP et SCHNEDERMANN, PELOUSE, LIEBIG, prouvant que le sucre de Champignon n'est que de la mannite; celles de M. DESSAIGNE montrant que l'acide fungique comprend les acides citrique et malique mêlés d'un peu d'acide phosphorique, et que l'acide bolétique est absolument semblable à l'acide fumarique.

MM. JULES LEFORT et GOBLEY firent presque en même temps l'analyse du Champignon de couche, *Agaricus campestris,* et M. LEFORT un peu plus tard, celle de la Truffe. M. GOBLEY précise mieux encore que M. PAYEN :

(1) LETELLIER. *Dissertation sur les propriétés alimentaires médicales et vénéneuses des Champignons qui croissent aux environs de Paris,* 1826, p. 17.

Eau	90,50
Albumine	00,60
Cellulose	03,20
Substances grasses : oléine, margarine	00,25
Mannite	00,35
Matières extractives aqueuses et alcooliques	03,80
Chlorures de sodium et de potassium	00,45
Phosphate de potasse et de chaux	00,45
Carbonate de chaux	00,45
Chlorhydrate d'ammoniaque	00,16
Citrate, malate et fumate	00,15

Mais le plus remarquable travail sur la partie chimique des Champignons est sans contredit celui de M. E. Boudier (1), chimiste distingué. Du reste, ce savant mycologiste est parvenu à isoler 22 substances de l'*Agaricus campestris*, récolté par lui dans les bois de Montmorency; 20 du *Boletus edulis*; et à prouver qu'il existe dans les Champignons un grand nombre de principes immédiats, variant suivant les espèces et l'époque de leur vie. Cependant on ne peut nier une certaine ressemblance dans leur constitution propre; quand on examine les analyses de MM. Gobley, Payen, Chevallier et Boudier, on est frappé même de leur accord sur certains points, mais on remarque aussi que sur d'autres tous se sont trouvés en présence des mêmes éléments, sans pouvoir surmonter la difficulté.

M. Boudier a découvert dans l'Amanite bulbeuse un principe toxique qu'il regarde comme un alcaloïde; il propose d'appeler *bulbosine* ce principe qui diffère totalement par ses caractères de l'amanitine de M. Letellier. En ce qui concerne le principe âcre des Russules et des Lactaires, les expériences de M. Boudier ne laissent rien à désirer, et malgré ses lacunes son Mémoire sera toujours consulté avec le plus grand fruit. On peut lui reprocher cependant d'avoir suivi une vieille méthode, qui ne lui a pas permis d'isoler entièrement son alcaloïde et de l'obtenir cristallisé. Je crois être parvenu à rendre cet isolement plus facile par le procédé que je vais décrire.

Après avoir récolté cinq kilogrammes d'Agaric mouche, *Ama-*

(1) E. Boudier. *Des Champignons, au point de vue de leurs caractères usuels, chimiques et toxicologiques*, 1866, Paris, J.-B. Baillière et fils, mémoire couronné par l'Académie de médecine.

nila muscaria, dans les circonstances convenables, je les ai lavés avec soin pour enlever le sable et autres détritus ; puis, les laissant égoutter, je les ai coupés très fin dans une terrine vernissée. Alors j'ai versé dessus sept à huit fois leur poids d'eau distillée acidulée par l'acide chlorhydrique, 50 grammes d'acide pur par kilogramme d'eau. J'ai laissé en macération pendant trois heures à froid, puis en ébullition durant une heure dans une capsule de porcelaine. Après avoir exprimé dans un linge préalablement lavé à l'eau distillée, je filtrai la liqueur obtenue, en l'évaporant à une basse température jusqu'à consistance sirupeuse, et j'obtins ainsi un sirop d'une odeur de champignon très sensiblement vireuse, très riche en substances résineuses, avec l'alcaloïde.

On choisit alors un ballon à long col et il faut que le liquide sirupeux arrivant juste à la naissance du col, remplisse le contenu du ballon. Il ne reste plus qu'à isoler l'alcaloïde. On remplit le col du ballon d'alcool amylique bouillant ; on bouche et agite vivement pendant une ou deux minutes ; on laisse reposer ; l'alcool amylique revient petit à petit dans le col chargé d'alcaloïde impur ; on le retire au moyen d'une pipette, on répète cinq ou six fois la même opération, pour être certain d'avoir convenablement épuisé la liqueur de son alcaloïde dissous dans l'alcool amylique.

On filtre l'alcool amylique, on l'évapore au bain-marie à une basse température. Qand on est parvenu au degré de concentration sirupeux, on laisse refroidir, on sature par l'ammoniaque dans une éprouvette, le papier tournesol indiquant le degré de saturation, on verse dessus quatre ou cinq fois le volume d'éther acétique non acide ; on agite vigoureusement la liqueur, en séparant l'éther acétique au moyen de l'entonnoir à robinet.

Pour être certain d'avoir épuisé la liqueur, on renouvelle une seconde, même une troisième fois l'opération ; les solutions éthérées sont réunies, filtrées et évaporées au bain-marie à une basse température. On obtient une masse jaunâtre qu'on traite à plusieurs reprises par de l'eau distillée froide ; on filtre ; on lave le filtre ; on fait évaporer sous une cloche sur de l'acide sulfurique. Si le résidu n'est pas suffisamment pur, on le redissout dans l'éther acétique, on reprend par l'eau distillée, on laisse recristalliser. Par ce procédé, j'ai obtenu avec trois kilogrammes d'Agaric mouche, un alcaloïde qui présente les caractères suivants :

Vingt centigrammes suffisent pour tuer un chien de moyenne taille en moins de deux heures.

A l'aide des réactifs on obtient:

Avec l'iodure double de mercure et de potassium, un précipité blanc;

Avec l'iodure de bismuth et de cadmium, un précipité jaune;

L'iodure de cadmium et de potassium donne un précipité blanc floconneux;

Le bichlorure de mercure, un précipité blanc;

Le chlorure d'or, un précipité blanchâtre;

L'acide phosphomolibdique, un précipité grenu;

Ces diverses réactions suffisent pour mettre hors de doute l'alcaloïde, que j'ai présenté à l'Institut et que j'ai nommé *Fungine*.

Pour rendre complète l'étude chimique des Champignons autant que l'état de la science le permet, je vais décrire la localisation des éléments constitutifs les plus importants que l'on retrouve à l'analyse.

Commençons par l'eau, agent indispensable de la vie animale et végétale; le Champignon en renferme de 80 à 92 pour cent. Tout le monde sait que l'absorption de l'eau par les racines des plantes est la première manifestation de l'activité vitale.

Cette fonction a depuis longtemps frappé les observateurs; HALES a publié, sur la force ascensionnelle de l'eau par les racines, de belles expériences. M. JAMIN a fait connaître en partie le rôle de l'eau pendant la germination de la graine, l'évolution de la racine et de la gemmule.

Le Champignon n'ayant pas de racines, mais un tissu très fin, très délié, le mycélium joue envers la terre humide le rôle de la terre de pipe sur l'humidité de la bouche, et l'eau pénètre dans le Champignon par endosmose; phénomène étudié particulièrement et avec une rare sagacité par M. DUTROCHET.

Toutes les analyses nous dévoilent, dans l'eau des Champignons, une matière azotée insoluble qui se coagule facilement par l'action de la chaleur, et rappelle complètement l'albumine de l'œuf.

L'albumine contenue dans les cellules des Champignons et facilement séparée par l'ébullition, peut être séchée et pesée. Comment apparaît-elle au milieu du tissu? On ne peut, quant à présent, énoncer sur ce sujet que des probabilités.

L'albumine appartient à la famille des ammoniaques composées, produites comme on sait par la combinaison directe de l'ammoniaque avec des composés carbonés, ainsi que cela a lieu dans la synthèse de l'urée par le procédé Wœhler.

Lorsqu'on calcine des Champignons, il s'en dégage des vapeurs douées de cette odeur nauséabonde qui accompagne la décomposition ignée des matières animales. Si la calcination a lieu en présence de la chaux sodée, l'odeur et les réactions caractéristiques de l'ammoniaque apparaissent et ne laissent aucun doute sur la présence de l'azote. Les matières azotées sont neutres ou alcalines; les premières ont une constitution presque identique et forment des corps qu'on désigne sous le nom de matières albuminoïdes ou protéiques, à cause des facilités avec lesquelles elles se métamorphosent.

Les substances azotées alcalines constituent, dans les Champignons vénéneux, un groupe redoutable par leurs propriétés toxiques : ce sont les alcaloïdes.

La matière qui forme les tissus solides des Champignons, les membranes utriculaires, les poils, etc., est composée de substances cellulosiques. La formule générale de ces corps est : $C^{12} H^{10} O^{10}$ ou un multiple.

MM. Chevallier et Gobley ont trouvé dans les Champignons une matière particulière, solide et cristallisable, surtout remarquable par son point de fusion, élevé à 140, et par la propriété de ne point subir d'altération sous l'influence de la potasse caustique. Cette substance n'est pas nouvelle ; Braconnet, en 1811, la nommait *adipocire* ou matière grasse des Champignons, et l'avait reconnue insoluble dans l'eau et dans l'alcool froid, soluble en toute proportion dans l'éther.

Pour l'obtenir il est plus avantageux de laisser sécher les Champignons et de les réduire en poudre grossière, que l'on met dans une allonge de verre du digesteur de Payen. On verse, par le tube à boule, de l'éther anhydre qui dissout et entraîne la matière grasse vers le récipient inférieur, plongeant dans un bain-marie dont l'eau est maintenue à une température supérieure à son point d'ébullition. L'éther, réduit en vapeur, s'élève par un autre tube, vient se condenser dans le ballon supérieur et retombe sur la poudre. On peut, par ce moyen, avec une quantité d'éther limité, obtenir la matière grasse.

Si l'on examine au microscope une tranche de Champignon, on voit une multitude de globules qui se rassemblent et nagent dans un liquide émulsif. Animé du mouvement Brownien, dans les cellules, les globules sont plus gros, de beaucoup plus visibles et se réunissent entre eux.

En présence de l'eau distillée, ces globules se divisent à l'infini ; le liquide perd sa transparence, devient laiteux et opaque ; par l'iode, on a une coloration vineuse ; par la solution alcoolique de potasse caustique, on constate l'insolubilité des globules gras ; l'alcool trouble et précipite certaines substances. Si maintenant nous cherchons, en nous appuyant sur les observations microscopiques, à concevoir le mécanisme et la formation, dans le torrent circulatoire, des matières grasses, nous les voyons, pour devenir aptes à jouer un rôle nutritif, subir une élaboration particulière. Les corps gras ne s'absorbant pas facilement par les cellules organiques, ces globules ne pénètreraient point dans les tissus s'ils n'avaient éprouvé la transformation physique, nommée émulsion, prélude de bien des transformations nutritives, éprouvées par les corps gras. L'émulsion consiste dans une simple modification d'état physique ou de division mécanique du corps gras en un nombre infini de petits globules qui persistent et se maintiennent en suspension.

On pourrait croire, dès lors, que ces globules gras émulsionnés doivent, en vertu de certaines fonctions caractérisées par les réactifs, donner les matériaux du sucre. Si cela était, il faudrait employer, pour expliquer le fait, le terme de mutation chimique dans toute sa rigueur.

M. Claude Bernard a prouvé que les matières grasses de l'organisme doivent en partie passer par un chemin tracé d'avance, dont la formation glycosique est une étape nécessaire, et considérer les globules gras, contenus dans les cellules des Champignons, comme des éthers d'un alcool particulier, la glycérine, qui a la propriété de se combiner avec trois atomes d'acide.

SUCRE DES CHAMPIGNONS

En 1806, Proust (1) retira un sucre de l'extrait aqueux des Champignons au moyen du procédé suivant : on traite l'extrait

(1) Proust, *Ann. de chimie et de physique*, tome LVII, p. 143, 1806.

par l'eau bouillante ; on laisse reposer dix minutes, on décante
la liqueur qui, en refroidissant, dépose des aiguilles soyeuses
d'une couleur grise ayant une saveur légèrement sucrée. On
ne le sépare pas par une première opération ; il faut, pour y
parvenir complètement, réitérer les traitements quatre ou cinq
fois. Les cristaux recueillis sur un filtre et décolorés au moyen
du charbon animal, sont parfaitement blancs et se présentent
sous forme d'aiguilles fines et soyeuses. Pour les obtenir en
longs prismes quadrilatères à base carrée, on les redissout dans
l'eau distillée, en laissant la solution s'évaporer dans une étuve :
l'*Agaricus edulis* en contient de 0,25 à 0,29 centigrammes pour
100 grammes.

Ce sucre soumis à l'action de la chaleur, fond entre 160
et 165 ; on obtient ainsi un liquide incolore, qui cristallise à
la suite d'un refroidissement immédiat.

En 1866, M. Chevallier (1) voulut s'assurer s'il n'existait
pas de sucre fermentescible dans les tissus de l'*Agaricus edulis*.
Ces Champignons ayant été cueillis par moi dans les bois de
Chantilly, le savant professeur de l'Ecole de Pharmacie mit,
dans deux flacons de 250 grammes de capacité, du suc récemment extrait avec de la levûre de bière ; dans le second il
ajouta, en outre de ces deux substances, une petite quantité
d'acide tartrique pour activer la fermentation. Les deux flacons
furent placés à l'étuve chauffée de 18 à 25 degrés ; pendant
trois jours, le mélange ne donna aucun signe de fermentation
et les liqueurs, soumises à la distillation, ne produisirent pas
d'alcool. Dans ces dernières années M. Muntz a fait séjourner
des Champignons de la même espèce dans un ballon ; en présence de l'acide carbonique, il obtint un dégagement d'hydrogène, semblant amené par une combustion intérieure ; dans ce
cas, comme on ne peut admettre la décomposition de l'eau du
Champignon, ce dégagement d'hydrogène ne saurait être attribué
qu'à la mannite qui se transforme en un glycose, pour subir
la fermentation alcoolique.

En 1839, M. Frémy (2) publia un mémoire sur la formation
de l'alcool, $C^4H^6O^2$, aux dépens de la mannite $C^6H^7O^6$; l'équation

(1) Chevallier, *Bull. de l'Académie de médecine*, 19 février 1866.
(2) *Compte rendu*, tome IX, p. 165, 1839.

donne $C^6H^7O^6 = C^4H^6O^2 \times C^2O^2 + H$; cette transformation est corrélative avec un dégagement d'acide carbonique qui peut être absorbé par la potasse et d'hydrogène, dont la production distingue la fermentation alcoolique de la mannite de celle des sucres proprement dits.

On trouve, à l'analyse des mêmes Champignons, de l'acide lactique ; sa formation est beaucoup moins abondante que celle de l'alcool ; elle paraît d'ailleurs indépendante, comme le démontre l'équation de sa formation. L'acide lactique $C^6H^6O^6$, ne diffère de la mannite $C^6H^7O^6$ que par un équivalent d'hydrogène $C^6H^7O^6 = C^6H^6O^6 + H$. Les conditions dans lesquelles l'acide lactique prend naissance aux dépens de la mannite sont les mêmes que celles de la fermentation lactique du sucre.

Pour expliquer un fait analogue, M. BERTHELOT (*Chimie organique fondée sur la synthèse*, p. 71 et suivantes) dit que l'acide acétique qui se produit dans la fermentation de la mannite est dû à une oxydation secondaire de l'alcool, ou plutôt à la décomposition directe de la mannite et de l'acide lactique.

Le savant chimiste a bien soin de faire remarquer que ces formations d'alcool et d'acides butyrique et lactique établissent, entre la mannite et les dérivés des alcools proprement dits, certaines relations analytiques très importantes ; ainsi, la mannite joue au même titre que la glycérine le rôle d'un alcool polyatomique. Si on soumet le *Boletus satanas*, la *Chanterelle*, l'*Agaricus nebularis*, l'*Agaricus fascicularis*, l'*Agaricus stipticus*, à une atmosphère d'acide carbonique, ces Champignons subissent la fermentation alcoolique sans dégager l'hydrogène. Ils ne contiennent pas de mannite, et, chimiquement parlant, on doit diviser les grands Agarics et les Bolets en deux classes : ceux qui renferment comme sucre de la mannite ; ceux qui contiennent de la tréhalose. Pour faire cette division, il faut analyser chaque espèce en particulier ; c'est une étude assez difficile, car certains Champignons en renferment des proportions très minimes. On peut toujours vérifier, puisque les deux sucres présentent des propriétés différentes.

Dans l'état actuel de la science, les expériences que je viens de citer prouvent donc que les Champignons, par leur combustion, peuvent changer la mannite en un autre sucre, la glycose, qui est un aliment pour les végétaux. La mannite est au contraire, un corps difficile à utiliser, ne pouvant servir ni à la nutrition, ni au développement des cryptogames. Il y a ainsi, au point de vue physiologique, une distinction frappante entre ces deux sucres. La glycose existe dans le Champignon pour servir d'aliment de réparation; la mannite est un dépôt qui ne peut entrer dans le mouvement nutritif sans devenir un produit d'excrétion; elle forme des accumulations qui s'emmagasinent dans les tissus pendant la première période de leur développement.

CHAPITRE II

OBSERVATIONS SUR LES CHAMPIGNONS COMESTIBLES ET VÉNÉNEUX

Avant d'apprécier l'influence que les Champignons exercent sur l'homme, je vais présenter quelques observations qui me sont personnelles sur certaines espèces. Presque tous les Champignons supportent parfaitement la cuisson, même la digestion par l'homme et les animaux, sans être sensiblement altérés dans la nature de leur tissu. Les spores résistent bien aussi à la coction dans l'eau et au travail digestif des animaux, car on ne trouve, pour ainsi dire, pas de différence entre la coloration de celles qui ont été cuites et de celles qui sont fraîchement cueillies: elles se présentent toujours avec la même forme, la même grosseur et la même couleur. Quant au tissu du Champignon, il n'est en rien modifié dans la forme et la grosseur des cellules; seulement celles-ci n'ont plus cette transparence qu'on leur reconnaît à l'état normal: toutes sont plus ou moins fanées, plissées de diverses manières, et offrent à l'intérieur un grand nombre de granulations de protoplasma tué par la chaleur.

L'ensemble de ces granulations caractérise précisément les véritables matières albuminoïdes comme la caséine, la fibrine, et l'albumine. On est donc en droit de supposer que des substances de ce genre constituent le protoplasma des Champignons. Il est bon de remarquer toutefois que, dans les cellules ou le suc abonde comme chez le genre Lactaire, le suc protoplasmique, à mesure qu'il devient plus fluide, acquiert une plus grande fermeté et résiste assez longtemps à l'action de la chaleur.

Sous d'autres rapports encore le protoplasma se comporte de la même manière que les matières albuminoïdes. Chauffé à 100 degrés, il se trouble, se raidit et meurt ; l'alcool et les acides minéraux étendus le coagulent aussi.

Quant au noyau, soumis aux mêmes réactifs, il agit comme un protoplasma plein de vie et abondamment pourvu d'eau ; le noyau jeune est même plus sensible ; âgé, il devieut plus résistant. Je donne ces caractères qui auraient leur utilité dans un cas d'empoisonnement ; le médecin légiste peut, au moyen du microscope, déterminer, sinon avec certitude du moins avec de très grandes probabilités, la section à laquelle l'espèce de Champignon appartient, et quelquefois cette espèce elle-même. Lorsque les déjections ont lieu peu de temps après l'ingestion, il doit toujours être possible de rencontrer quelques parcelles du tissu et quelques spores.

Presque toutes les Amanites sont vénéneuses ; quelques variétés comme les *Am. bulbosa, muscaria, mappa, phalloïdes* le sont au plus haut degré ; *Am. ovoidus, strobiliformis* (planche IV, fig. 11 et 12) se rangent dans les comestibles, mais, par leur ressemblance avec les autres Amanites vénéneuses, et surtout avec l'Agaric de couche. Je conseille prudemment de ne manger que trois espèces : l'*Am. cœsarea* (planche III, fig. 8), *Am. rubescens* (fig. 10). *Am. vaginata* (pl. VI, fig. 18 à 20 bis). Les Amanites ne sont pas les seules qui contiennent des Champignons dangereux ; il en existe encore d'autres sections du genre Agaric ; le Nébuleux (planche XVII, fig. 75), que BATSCH cite comme comestible, occasionne des douleurs abdominales très sérieuses ; le docteur CORDIER, pour en avoir mangé en ma présence, a été gravement incommodé. Cette espèce se rencontre fréquemment à Saint-Germain, Meudon, Chantilly, etc. Les Coprins (planche XL, XLI, XLII), répandus sur tout le globe, sont les seuls qui se fondent en une eau noire ; jeunes, ils sont inoffensifs ; avancés, personne n'est tenté de les manger. Les Agarics laiteux appartiennent au genre Lactaires (planche XLIII, XLIV, XLV) ; ils se distinguent par le jus blanc qui en découle quand on les blesse ; les spores sont plus ou moins globuleuses et rugueuses, ou échinulées. L'espèce comestible la plus remarquable de ce genre est le *Lac. deliciosus* (fig. 237), dans lequel le lait est d'abord rouge safran, puis verdâtre; ce Champignon prend une couleur d'un vert livide quand il est meurtri ou brisé. Le *Volemus* (fig. 236) donne un lait blanc, d'une saveur douce et agréable ; c'est un des meilleurs, tandis que dans les espèces délétères à lait blanc, le liquide a un goût piquant et âcre. Le *Lactarius piperatus* (fig. 235) est classé dans certains pays parmi les Champignons dangereux; on le mange pourtant en Bourgogne, en Auvergne; j'en ai fait l'essai, et j'ai constaté que son âcreté disparaît par la cuisson. Ce suc spécial est un liquide albumineux qui tient en suspension des résines solides ou fluides à un degré de division extrême; c'est la résine qui donne au suc la coloration jaune, blanche ou rouge; on peut s'en convaincre par une expérience très simple. Le suc laiteux des Lactaires s'écoule assez facilement, surtout au voisinage des feuillets, quand on brise ou qu'on coupe un Champignon frais ; recueilli dans un tube à analyse ou dans une capsule de porcelaine, le liquide ne tarde pas à se coaguler ; il perd sa couleur blanche et prend celle qu'a généralement la résine qu'il contient.

Boudier (1) a fait différentes analyses chimiques sur plusieurs espèces de Champignons; mais nous savons que, pour isoler les principes immédiats qu'on rencontre dans ces cryptogames, il y a certaines difficultés à surmonter : il faut changer de méthode à cause des substances mucilagineuses, fixer, comme nous avons fait, le principe actif par un acide minéral, l'isoler à l'aide de l'alcool amylique. Ces analyses devraient être reprises par une personne exercée aux manipulations chimiques; on cherche partout des découvertes nouvelles : voilà une mine.

(1) Boudier. *Des Champignons au point de vue toxicologique*, J.-B. Baillière, 1866.

Les Russules (planches XLV, XLVI, XLVII, fig. 241 à 253), ressemblent par beaucoup de points aux Lactaires, mais sans lait ; quelques-unes sont dangereuses, d'autres comestibles.

Parmi les dernières, on peut citer l'*Heterophilla* (fig. 243), Champignon très commun dans tous les bois de la France et qui a un parfum remarquable. Dans beaucoup de nos provinces on mange le *R. virescens* (fig. 248). Une troisième espèce de Russule, *R. alutacea* (fig. 241), reconnaissable à ses feuillets jaune chamois, n'est nullement à dédaigner. Trois ou quatre autres ont aussi le mérite d'être comestibles, les *Russula aurata* (fig. 245), *R. cyanoxantha* (fig. 252), etc.; pourtant je préviens qu'il y a aussi des espèces nuisibles comme le *Russula emetica* à feuillets blancs (fig. 242), le *R. fragilis* (fig. 247). Dans le genre *Panus*, on trouve le *P. stipticus* (planche XXIV, fig. 122), qui est malfaisant ; mais sa petite taille, sa chair coriace et sa saveur désagréable suffisent pour en éloigner les amateurs. Le Champignon des fées, au contraire, *Marasmius orcades* (planche XLIX, fig. 262), bien que fort petit, est un comestible des plus délicieux ; on le trouve en cercles dans les prairies. Ce Champignon a l'avantage de sécher rapidement et de conserver longtemps son arome. Les *Cantharellus* ont une odeur et un aspect charmant et appétissant (planche XLVIII, fig. 254 à 257) ; leur couleur est jaune d'or brillant, et leur goût a été comparé avec raison à celui des abricots mûrs ; on les mange presque universellement. Parmi les Bolets, où les feuillets sont remplacés par des tubes, on rencontre moins d'espèces comestibles que dans les Agarics. Le *Boletus edulis* (planche L, fig. 268) est renommé entre tous ; c'est le cep de Bordeaux ; coupé en tranches minces et séché, il se vend partout en France ; le *Boletus aurantiacus* paraît dès le commencement de l'été et a, quand il est cru, un parfum particulier de noisette ; le *Boletus scaber* (fig. 271), est aussi très commun. Le *Boletus castaneus* (fig. 275), petite espèce à saveur douce et agréable, est très bonne, bien préparée. Plusieurs Bolets sont pourtant dangereux. Le *B. luridus* (fig. 275 bis), fort répandu dans nos contrées, surtout en automne, occasionne des accidents graves. La chair de quelques Bolets change de couleur quand elle est entamée ; celle du Bolet bleuissant, *B. cyanescens* (fig. 276), passe assez rapidement au bleu foncé ; cependant c'est une espèce bonne à manger.

Il y a très peu de vrais Polypores comestibles : le *Polyporus juglandis* (fig. 279), le *P. giganteus* (fig. 280), a la consistance du cuir lorsqu'il est vieux ; quelques-uns sont utiles à l'industrie. Le Bolet amadouvier, *P. fomentarius*, s'emploie généralement pour la fabrication de l'amadou, qui est une branche de commerce assez considérable. Les gantiers font un usage fréquent du *P. hispidus* (fig. 283), pour teindre les peaux en couleur marron fauve. Le *P. sulfureus* (planche LVI, fig. 284) sert à teindre en jaune. On récolte dans la forêt de Saint-Germain, à Chantilly, Fontainebleau, un Champignon charnu, juteux, ressemblant un peu à une langue de bœuf par sa forme et à un bifteck par son apparence, mais beaucoup plus encore par son goût. Aussi lui a-t-on donné le nom de langue de bœuf (planche LIV, fig. 278). On le mange partout à l'égal des meilleures espèces comestibles.

Les Hydnes, au lieu de pores ou de tubes, ont des épines et des verrues, sur lesquelles s'étend la surface fructifère. Le plus commun est l'*Hyd. repandum* (planche LVIII, fig. 293), qu'on trouve dans tous les bois ; il a une légère saveur de poivre, qui disparaît par la cuisson : c'est un Champignon très estimé. Comme il est sec de sa nature, on peut le sécher et le conserver pour l'hiver. Les Clavaires (planche LXI, LXII) sont généralement comestibles ; le *Cl. crispula* est une très belle espèce qui a la taille et un peu l'apparence d'un petit chou-fleur. Parmi les Tremelles, aucune ne mérite d'être citée ; la plus curieuse l'Oreille de Judas, *Hirneola auricula Judæ* (fig. 311), passe pour purgative, à tort sans doute, car elle est employée comme aliment dans diverses parties du monde : en Chine notamment on s'en sert pour faire de la soupe. Il n'y a point, parmi les Phalloïdées (planche LXIV, fig. 332 à 341), d'espèce qui ait une valeur économique ; on mange, dans certains pays, la bourse gélatineuse du *Phallus* (fig. 334), et en Écosse la tige poreuse du *Phallus impudicus* ; mais ces exemples ne doivent pas nous conduire à recommander leur consommation. Une espèce de Vesse-de-loup, *Lycoperdon giganteum* (planche LXVII, fig. 354) a de très zélés partisans, et quand elle est jeune, crémeuse et bien préparée, c'est un bon aliment. J'ai mangé presque tous les Lycoperdons jeunes sans trouver de différence avec les meilleurs Agarics.

Le lecteur trouvera des détails supplémentaires aux descriptions des espèces.

Nous remarquons dans la seconde classe les Thécasporés, Lév., ou Ascomycètes des auteurs, quelques Champignons fort estimés; les délicieuses Morilles; le *Morchella esculenta* et le *M. nigra* sont les plus communes, mais il y a des espèces beaucoup plus grandes, comme le *M. crassipes*, le *M. semilibera*, toutes comestibles; certaines Helvelles (fig. 388), se mangent et se sèchent facilement. Un curieux Champignon, avec son chapeau semblable à un capuchon, le *Verpa digitaliformis* (planche LXXI, fig. 386), se consomme en Italie; quelques espèces de Pezizes, bien que comestibles, ont fort peu de valeur, par suite d'une odeur nitreuse bien marquée : *P. Acetabulum* (fig. 396), *P. coccinea*, etc.

Pour compléter l'énumération des espèces comestibles et vénéneuses, il ne reste plus qu'à parler des Champignons souterrains, dont la Truffe exquise est le type et donne en France les produits les plus parfumés, *Tuber cibarium* (fig. 390), *T. melanospermum*, *T. magnatum*. Les Truffes viennent de préférence au milieu du chevelu des racines des arbres et, en particulier, du chêne rouvre, *Quercus robur*, Lin, du chêne yeuse, *Q. ilex*, Lin, du chêne kermès, *Q. coccifera* Lin. Elles acquièrent sous ces arbres un parfum qui leur manque lorsquelles se développent entre les racines du charme, du châtaignier. La Truffe noire (fig. 390) est celle que l'on récolte de préférence en Périgord; elle vient surtout dans les bois de chêne rouvre. C'est sur les terrains jurassiques et principalement sur les oolithes, que les Truffes croissent en plus grand nombre. La Champagne et la Bourgogne produisent la Truffe rousse (*Tuber rufum*), etc. Les botanistes regardent avec raison les Truffes comme des Champignons souterrains se reproduisant de spores comme les autres Champignons; la plupart des cultivateurs, tout au contraire, n'y voient que des excroissances végétales de la nature des noix de galle, ou un accident dans la végétation de divers arbres. Telle est du moins l'opinion émise par M. Martin-Ravel. M. Chatin, déjà cité, fait bonne justice de toutes les hypothèses émises touchant la reproduction de ces végétaux.

Les enfants, en Auvergne, mangent presque toujours cru l'*Elaphomyces granulatus*, et je n'ai pas eu connaissance du moindre malheur. Les moisissures qui viennent sur les fruits et les confitures (représentées planche LXXIV, fig. 397, 399, 400, 405)

sont moins dangereuses que celles des céréales et du pain.
M. CORDIER et moi, avons mangé, sans en être incommodés, le
Penicillium glaucum, venu sur un pot de confitures. Parmi les
Champignons employés en médecine, la première place doit être
donnée à l'Ergot, que l'on récolte sur le seigle, le blé et beaucoup
de graminées sauvages, à cause de son principe actif: il tient son
rang dans le Codex. D'autres, qui avaient une réputation autrefois,
sont maintenant écartés.

En 1868 M. le docteur CURIE et M. PIERRE VIGIER, savant phar-
macien de Paris, ont cherché à isoler l'alcaloïde des Champignons
vénéneux, dans le même sens que MM. SCHMIDBERG et KOPPE, de
Dorpat. Ils s'occupèrent exclusivement de l'*Amanita mappa,* parce
que c'était celui qui leur avait paru le plus toxique. M. VIGIER a
donné à cette Amanite deux formes pharmaceutiques: 1° une alcoolature qui se prépare en laissant quinze jours en contact un kilogramme de Champignons vénéneux frais écrasés avec un kilogramme d'alcool à 90°, on passe avec expression et l'on filtre.
Cette alcoolature s'administre à la dose de quatre à six grammes
par jour dans certaines affections catarrhales; 2° des pilules
de cinq centigrammes d'extrait provenant de la distillation
de l'alcoolature. Ces pilules se prennent à la dose de trois à
quatre par jour. M. le docteur CURIE publiera certainement bientôt
le résultat de ses recherches thérapeutiques sur ce sujet.

La levûre, rangée aussi parmi les substances pharmaceutiques,
est de peu d'importance. Je ne dirai qu'un mot de l'amadou qui se
prépare avec le *Polyporus fomentarius,* le *P. ignarius* coupés en
tranches séchés et battus jusqu'à ce qu'ils deviennent mous. Cela
complète la liste si importante des Champignons qui rendent
directement service à l'humanité dans l'alimentation, la médecine
ou les arts.

CHAPITRE III

INFLUENCE DES CHAMPIGNONS SUR L'HOMME ET LES ANIMAUX

Après l'examen des propriétés physiques, il ne sera pas sans intérêt d'apprécier l'influence des Champignons sur l'homme et les animaux, plus longuement. En décrivant les espèces, j'ai montré qu'un grand nombre de cryptogames peuvent être utilisés comme nourriture, et que plusieurs d'entre eux fournissent des aliments vraiment délicats. Il est nécessaire aussi de déclarer, d'une façon plus positive encore, que beaucoup sont vénéneux et renferment des poisons violents qui, pris même en petite quantité, peuvent donner rapidement la mort.

Les journaux mentionnent chaque année des empoisonnements, mais ils ne disent jamais par quelles espèces les accidents ont été occasionnés. Les anciens ont dû avoir de nombreux malheurs à déplorer aussi ; la preuve, c'est le soin que mettent les auteurs, depuis Dioscoride, à établir une distinction et à donner les moyens de combattre le poison. Ils faisaient remarquer pourtant que les Champignons donnaient la mort, non seulement parce qu'il y en avait de vénéneux, mais aussi parce qu'on en mangeait sans mesure, et de peu cuits ou de coriaces. Dans ces conditions, en effet, les accidents sont toujours possibles, et il est probable, vu la pauvre nature humaine, qu'ils le seraient encore, quand même chaque Champignon nuisible aurait le mot poison inscrit sur son chapeau.

On nous demande sans cesse des règles claires pour distinguer les Champignons vénéneux des comestibles ; nous ne pouvons cependant répondre que ceci : comment reconnaître le persil de la morelle ; la jusquiame de la pomme de terre ; le stramonium du tabac ou de l'oseille ? Il n'y a pas de caractère général, mais il y a des différences spécifiques. Il en est de même pour les Champignons ; on doit apprendre à les discerner de la même manière que l'on distingue le persil de la ciguë. Les Champignons ont encore un grand avantage à cet égard, puisqu'on peut donner pour eux une ou deux indications générales, tandis qu'il n'y en a aucune d'applicable aux plantes supérieures. Un dicton très répandu dans

la population des villes et des campagnes et qu'un célèbre naturaliste, BULLIARD, avait déjà réfuté dès 1791, c'est que la cuiller
d'argent noircit au contact des Champignons vénéneux. Jamais
les Champignons vénéneux n'altèrent par leur cuisson l'éclat de
l'or ni de l'argent : ce sont des expériences faciles à répéter et que
j'ai faites personnellement sur les Agarics et les Bolets les plus
vénéneux, c'est-à-dire sur ceux qui occasionnent la presque totalité des empoisonnements. Persuadé qu'il est important de faire
connaître au public l'insuffisance absolue de ce moyen, j'aiderai
peut-être ainsi à prévenir bien des malheurs. Il faut se souvenir
que la cuiller d'argent brunit par la cuisson des œufs sur le plat ;
pourtant, voilà un mets qui n'est pas vénéneux. Quand on fait cuire
un chou, la cuiller prend une coloration plombée : le chou n'est
pas malfaisant cependant ; mais les œufs et les choux, comme bien
d'autres substances végétales et animales, contiennent une essence
formant avec l'argent, sous l'influence de la chaleur, du sulfure
qui est noir. Je ne dis pas que, dans certains cas, la cuiller ne
puisse prendre une coloration brunâtre, résultat seulement de
l'état avancé des Champignons, qui contiennent des substances
albuminoïdes, dégageant de l'hydrogène sulfuré, sous l'action de
la chaleur.

On rejette de la consommation toutes les substances altérées ;
il est bon d'agir pareillement à l'égard des Champignons, et de se
bien convaincre qu'une seule exception, à des caractères donnés,
peut, dans le cas qui nous occupe, entraîner la mort de familles
entières, et que les exceptions sont presque aussi nombreuses que
la règle même.

Une des espèces les plus belles, mais des plus vénéneuses que
nous possédions, c'est la fausse Oronge ou Agaric mouche
(planche II, fig. 7), qu'on emploie quelquefois comme poison pour
détruire les mouches. MÉRAT (*Dictionnaire de matière médicale*)
dit que jamais les insectes et les limaces n'attaquent ce Champignon. Je puis assurer, et ne suis pas le seul, qu'on trouve
fréquemment ce joli cryptogame mangé par des larves de Diptères
et de Staphylinides. Les limaces ont un goût très prononcé pour
ses feuillets ; le docteur LÉVEILLÉ a nourri plusieurs jours des
limaces grises et rouges avec les plus vénéneuses Amanites, telles
que le *muscaria,* le *mappa,* *Am. bulbosa* et *phalloïdes.* On

sait que les Champignons se rapprochent des substances animales par l'abondance de leurs principes azotés ; ils contiennent un principe âcre détruit par la dessiccation et l'ébullition, et un principe vénéneux, nommé Amanitine quand on l'extrait du genre Amanite, et Fungine, lorsqu'on l'obtient dans les autres classes ; ce principe vénéneux doit être regardé comme doué d'un caractère basique, parce qu'il est susceptible de s'unir aux acides pour donner naissance à des sels. (Schoras et moi, avons présenté à ce sujet à l'Académie des sciences, dans sa séance du 25 avril 1865, un mémoire sur l'alcaloïde des espèces vénéneuses, travail dont M. Frémy a été nommé rapporteur.)

Les Champignons comestibles, bien préparés, sont un aliment très nourrissant ; aussi les Russes, qui en consomment une grande quantité donnent-ils une attention particulière au mode de cuisson, en y ajoutant force sel et vinaigre ; l'un ou l'autre de ces condiments, par une longue ébullition, devant puissamment agir pour détruire le poison.

Je connais un garde, dans nos environs, qui mange tous les Champignons, comestibles ou vénéneux, par le procédé Gérard, très praticable, du reste. Il consiste à jeter, chaque 500 grammes de Champignons, coupés en morceaux d'assez médiocre grandeur, en quatre pour les moyens, en huit pour les plus gros, dans un litre d'eau acidulée par trois cuillerées de vinaigre ou deux cuillerées de sel gris ; si l'on n'a que de l'eau à sa disposition, il faut la renouveler une ou deux fois. On laisse les Champignons macérer pendant deux heures, puis on les lave à grande eau ; ils sont alors mis dans l'eau froide qu'on porte à l'ébullition, et, après un quart d'heure ou mieux encore une demi-heure, on les retire, on les lave, on les essuie et on les apprête.

Le procédé a été expérimenté par F. Gérard sur lui-même, en présence des membres désignés par le Conseil de salubrité : MM. Beaude, Flandin, Cadet de Gassicourt et le docteur Cordier. Parmi les espèces que Gérard avaient préparées, se trouvaient quelques pieds de fausse Oronge (figure 7), d'Agaric bulbeux (planche V, fig. 14), le Phalloïde (planche V, fig. 16), tous Champignons essentiellement vénéneux. Gérard et sa famille les ont mangés devant la Commission, dont plusieurs membres en ont goûté ; personne ne fut incommodé.

M. Pouchet de Rouen (1) a fait bouillir dans un litre d'eau, pendant un quart d'heure, six fausses Oronges ; la décoction, donnée à un chien, le tua peu d'heures après, tandis que les Champignons eux-mêmes furent mangés sans inconvénient par un autre chien. Cette expérience, répétée un grand nombre de fois, soit avec la fausse Oronge, soit avec l'Agaric bulbeux, lui a toujours donné des résultats semblables. D'après mes expériences personnelles, le blanchiment ne suffit pas pour détruire entièrement le principe actif de certains Agarics ; des chiens sont morts après avoir absorbé des Champignons traités par l'eau bouillante, tandis que je n'ai jamais vu d'accidents par le procédé Gérard. Bulliard a mangé des fausses Oronges avant Gérard, par le même procédé, sans en avoir ressenti autre chose qu'une légère âcreté à la gorge, due sans doute à l'huile essentielle qui est émulsionnée par une cuisson suffisante ; le principe vénéneux est sans saveur et sans odeur. Mais la fausse Oronge est-elle vraiment un poison énergique ? Ce qui en ferait douter, c'est qu'elle compte parmi les Champignons alimentaires à Bonneville et sur d'autres points de la Savoie.

En résumé, dans l'état actuel de nos connaissances, personne n'oserait se permettre de donner un procédé infaillible pour neutraliser le toxique introduit dans l'économie. L'action du vinaigre, quelque peu dilué qu'il soit, a pour effet de favoriser la sortie du suc des Champignons ; c'est pourquoi l'eau acidulée qui a servi à la macération est bien plus colorée que l'eau pure provenant de leur ébullition.

Le vinaigre est donc, malgré ses défauts, le seul préservatif que l'on puisse indiquer pour atténuer le principe vénéneux.

(1) *Journal des Connaissances médicales.* 1838-1839, tome VI, p. 347.

CHAPITRE IV

EFFETS DES CHAMPIGNONS VÉNÉNEUX SUR L'HOMME ET LES ANIMAUX.
TRAITEMENT.

Sans vouloir rapporter ici des exemples particuliers d'empoisonnement sur l'homme, et je pourrais en citer un grand nombre,
je crois avoir fait connaître la dangereuse influence des Champignons autant que le permet l'état actuel de la question; voyons
les effets qu'ils peuvent déterminer. Ces effets varient un peu avec
l'espèce qui les produit, mais en général, ils se réduisent aux
suivants: tranchées, envies de vomir, évacuations par haut et par
bas, chaleur d'entrailles, langueurs, douleurs vives presque continues, crampes, mouvements convulsifs de telle ou telle partie du corps, soif dévorante, pouls petit, dur, tendu et fréquent;
dans certaines circonstances, il se manifeste une sorte d'ivresse,
un délire sourd et une espèce d'assoupissement qui endort le malade, jusqu'à ce que les douleurs ou les convulsions le réveillent.
Quelquefois l'infortuné conserve toutes ses facultés intellectuelles;
des douleurs et des convulsions atroces épuisent ses forces et
finissent par amener la mort. Presque toujours, les effets des
Champignons vénéneux ne se manifestent que 5, 7, 12 ou même
24 heures après qu'ils ont été mangés.

TRAITEMENT

Débarrasser les voies digestives des Champignons qui s'y trouvent par l'émétique, à la dose de 0,15 centigrammes que l'on
dissout dans un verre d'eau. On fera boire la dissolution d'émétique tiède par gorgées, de cinq en cinq minutes jusqu'à ce que le
vomissement ait lieu. Si l'on agit immédiatement après le repas,
le vomissement suffit quelquefois pour entraîner tous les Champignons et faire cesser les accidents; mais si les secours convenables ont été différés, si les symptômes ne sont survenus qu'au
bout de plusieurs heures, on doit présumer qu'une partie des
Champignons vénéneux a passé dans l'intestin, et il faut avoir

recours au médecin. En l'attendant on peut donner un purgatif;
60 grammes d'huile de ricin avec 60 grammes de sirop de fleurs
de pêcher, que l'on fait prendre en trois fois de quart d'heure en
quart d'heure; si on parvient à chasser les Champignons, il faut
combattre l'inflammation qu'ils ont produite; on fait boire à cet
effet de l'eau de riz gommée, ou de la tisane de racine de guimauve, du café noir. Dans le cas de convulsions, on calme le
système nerveux avec une potion éthérée : 60 grammes de sirop
d'éther pour 100 grammes d'eau de fleurs d'oranger. En même
temps, on donnera au malade d'heure en heure un paquet de
0,25 centigrammes de sulfate de quinine; ce moyen m'a réussi une
fois. On fera des frictions sur le ventre avec de l'huile de camo-
mille camphrée tiède pendant 5 minutes avec la main et toutes les
heures; des bains peuvent être prescrits.

Quand on veut expérimenter un Champignon vénéneux sur un
chien, c'est toujours à jeûn qu'on le fait, pour que l'absorption
ait lieu avec une plus grande rapidité. Que ce soit avec les
Amanites ou les Bolets vénéneux ou suspects, on donne généralement 100 grammes de Champignons en pâtée; une ou deux
heures après l'ingestion du Champignon, j'ai toujours constaté
chez les animaux une tendance à la syncope. Mais ce qui frappe
surtout, c'est la dilatation effrayante de la pupille, une soif
ardente, la gorge toujours sèche; le chien meurt quelques heures
après.

J'ai cherché naturellement bien des fois à enrayer les effets
toxiques, en introduisant dans la gueule des chiens 0,15 centigrammes de turbith minéral pour favoriser les vomissements, et
en leur faisant prendre une grande quantité de sirop de nerprun.
Quand la substance toxique était absorbée, on les laissait mourir.
Dans ces dernières années, j'ai cherché un contre-poison physiologique, un contre-poison dont les effets après absorption
fussent diamétralement opposés dans l'organisme à ceux produits
par l'alcaloïde du Champignon, caractérisé comme poison âcre et
stupéfiant. J'ai fait quelquefois, au moyen de la seringue de
Pravaz, d'abord sous la peau au milieu du dos, une injection avec
deux milligrammes de nitrate de pilocarpine. Une demi-heure
après je commençais à donner une seconde injection avec la
même dose, mais cette fois un peu à gauche du cœur. Trois quarts

d'heure après la première, un quart d'heure après la seconde, sous l'influence de ce médicament sudorifique par excellence, on constate à la surface de la peau un faible retour de chaleur, que l'on active encore par des frictions avec un bouchon de foin. Aussitôt que possible on fait boire à l'animal 5 grammes de nitrate de potasse dissous dans 100 grammes d'eau de guimauve. Avec l'aide de ces divers moyens combinés, la pupille devient sensible, se contracte, ce qui n'avait pas lieu précédemment. Pour être rigoureusement vrai, je dirai que jamais le chien ne revient à son état normal, mais il vit, et l'empoisonnement cesse. Ce qui réussit chez le chien est indiqué pour l'homme.

CHAPITRE V

CULTURE DES CHAMPIGNONS POUR L'ALIMENTATION

Les Champignons poussent partout où la végétation peut se manifester; cependant on doit dire que, pour le plus grand nombre des Agarics, l'ombre, une humidité modérée, une chaleur continue, mais douce, sont nécessaires. Il n'est ni sans profit ni sans intérêt, pour ceux mêmes qui ne se proposent pas une étude spéciale, d'avoir des notions sur les habitudes de ces organismes et d'apprendre jusqu'à quel point les circonstances et les corps environnants influent sur leur production. Une promenade dans un bois en automne démontrera la prédilection des Agarics et de quelques autres petits groupes pour de semblables lieux, où ils trouvent plus d'ombre que dans les bruyères et les pâturages découverts. On peut remarquer que certaines espèces croissant sur le sol préfèrent l'ombre d'arbres d'essences particulières; les Agarics qui poussent dans les bois de hêtres diffèrent beaucoup de ceux des bois de chênes, et les uns et les autres se distinguent de ceux que l'on cueille dans les bois de pins ou de sapins. Comme beaucoup de ces Agarics servent à l'alimentation, l'homme a cherché des

moyens factices pour les faire croître et les multiplier à son gré.
Ce n'est pas, du reste, un art moderne ; du temps de DIOSCORIDE,
et probablement avant lui, on reproduisait artificiellement des
espèces comestibles. D'après cet auteur il suffirait, pour avoir des
Champignons, de répandre de l'écorce de peuplier réduite en
poudre, sur une couche de terre bien fumée. Selon MÉNANDRE, un
des procédés mis en usage chez les Grecs consistait à couvrir de
fumier une souche de figuier et à l'humecter fréquemment. Le
docteur BADHAM a obtenu lui-même le *Polyporus avellanus* en flam-
bant au-dessus d'une poignée de paille, un morceau de noisetier,
arrosé ensuite et mis de côté ; au bout d'un mois environ les
Champignons se montrent tout blancs, ayant de six à quinze centimètres de diamètre, et excellents à manger ; leur profusion est
souvent telle qu'ils cachent le bois sur lequel ils poussent. Dans
quelques provinces du midi de la France, on cultive presque de la
sorte l'*Agaricus attenuatus*. M. A. SAINT-HILAIRE, dit de son
côté, qu'en Languedoc on se procure abondamment, dans presque
toutes les saisons de l'année, l'*Agaricus ægerita*. Il suffit pour cela
de recouvrir d'une couche de terre des tranches de peuplier que
l'on arrose de temps en temps afin d'activer leur développement.
En Italie on soumet à une sorte de culture le Bolet tubérastre,
qui est un Champignon très délicat et fort recherché en tous pays.
Dans les environs de Naples, un Polypore inconnu dans notre
pays s'obtient en mouillant la *Pietra funghaia,* ou pierre à
Champignons, sorte de tuf imprégné de mycélium. Les *Polyporus*
mettent, dit-on, sept jours à atteindre leur développement, et on
peut obtenir six récoltes par an de la masse, en la maintenant
convenablement humide. BRUGERIN, médecin de François Ier,
auteur d'un traité ayant pour : titre *De Re Cibaria*, dit en parlant
de cette production : « Qui ne verrait pas avec admiration des
Champignons sortir d'un fragment de roche, et qui, détachés de la
pierre, sont toute l'année remplacés par d'autres, car il semble
qu'une partie de leur pédicule se pétrifie pour grossir la pierre
qui en est ensemencée, phénomène qui nous découvre une vie
d'un nouveau genre. » Le mycélium de ce Champignon est ample,
consistant, englobe et lie ensemble de la terre, des fragments de
pierres, des bois et autres corps qui se trouvent dans le voisinage,
de façon à former des masses quelquefois très considérables ; ces

masses retiennent constamment à leur superficie des spores du mycélium de ce Polypore. Peut-être devrait-on rapporter à cet ordre de faits l'apparition de l'Oronge comestible, *Amanita cæsarea*, tous les deux ans, dans un petit carré du bois de Verrières, près Paris. Ce Champignon est très commun au delà de la Loire, mais, dans nos environs, je ne connais que Verrières et le bois des Essarts-le-Roi, propriété appartenant à M. le professeur Chatin, où l'on rencontre cette délicieuse Amanite. Il y a quelques années M. Chevreul présentait à l'Académie des Sciences quelques magnifiques Champignons produits, au moyen du procédé suivant, par le docteur Labordette : il fait d'abord naître les Champignons en semant les spores sur une vitre couverte de sable mouillé ; ensuite il choisit dans le nombre les individus les plus vigoureux et sème ou plante le mycélium dans le sol humide d'une cave, sol consistant en terreau couvert d'une couche de sable et de gravier de six à huit centimètres d'épaisseur ; puis d'une autre couche de gravois épaisse de cinq à six centimètres. Ce lit est arrosé avec une solution étendue de nitrate de potasse, et, au bout de six à huit jours, les Champignons atteignent une grande taille.

Comme on le sait, il se récolte dans les carrières qui avoisinent Paris d'immenses quantités de Champignons ; dans une seule carrière, à Noisy-le-Sec, le propriétaire fait chaque jour d'abondantes récoltes, et en envoie quelquefois au marché plus de deux cent livres. Dans ce milieu la température est si égale que la culture y est possible en toute saison, mais surtout en hiver. Du reste ce que l'on pourrait appeler la culture domestique des Champignons, faite par des personnes presque inexpérimentées, pour la consommation de la famille, est très facile. Il suffit d'avoir une cave, des cabanes de bois, de vieilles boîtes, un coin de jardin, etc. Même dans les villes cette opération n'est pas impraticable, puisque les écuries et les poulaillers fournissent toujours du fumier, et la méthode fort simple, consiste en ces deux opérations nécessaires et distinctes :

1° Préparation du fumier destiné à for

2° Confection et conduite de ces couches

CHAPITRE VI

PRÉPARATION DU FUMIER

En toute saison, que l'on veuille opérer à l'air libre, ou à couvert, on prend du fumier de cheval, de mulet ou d'âne, en quantité proportionnée au nombre de couches que l'on veut établir. Des auteurs en chambre disent que le fumier des chevaux de trait ou de travail est préférable à celui des chevaux de luxe, ordinairement trop pailleux et pas assez assoupli par le piétinement. Je réponds qu'un peu de paille n'est pas nuisible, car le blanc de Champignon est bien plus beau, plus long, et produit aussi davantage. M'adressant aux classes ouvrières dans nos campagnes, je leur conseille d'abord d'occuper leurs enfants à ramasser le crottin sur les routes ; s'il est mêlé avec un peu de sable du chemin, tant mieux. On choisit un terrain uni et sain, les endroits non pavés sont préférables pour disposer le fumier en toisé ou plancher d'un mètre vingt centimètres d'épaisseur; plus le tas est gros, mieux le fumier se prépare. Le crottin de cheval seul, doit être trépigné solidement; plus il sera pressé, plus il s'échauffera; mais il y faut une certaine limite, car si le bâton qu'on y plonge à dessein devient trop chaud pour être tenu à la main, le Champignon se détruira. Alors on retournera deux fois par jour le fumier pour laisser échapper la chaleur et la vapeur; si l'on néglige cette précaution, le blanc naturel du crottin n'existe plus ; il faut se servir de blanc artificiel quand la couche est faite, mais cet expédient est à éviter pour cause de dépense.

On fait un tas de fumier de cheval uni comme un toisé de moellons et on trépigne avec les pieds; plus il sera serré, mieux il s'échauffera; si c'est en été et que le temps soit très sec et chaud, on le mouille abondamment ; dans le cas contraire on n'arrose pas, le fumier ne devant être ni sec, ni trop humecté. On le laisse pendant huit jours sans y toucher pour que la fermentation se fasse, ce que l'on reconnaît à la couleur blanche qu'il prend intérieurement et qui se manifeste même à sa surface. On procède alors au premier remaniement; on prend le dessus et les côtés pour former le lit d'un nouveau tas, et ainsi de suite en ayant soin de mettre dans l'intérieur le fumier qui était sur les côtés et à la superficie, de bien mélanger le tout et d'en retirer les impuretés ; le tas établi, on le laisse reposer encore une dizaine de jours, pendant lesquels il acquiert autant de chaleur que la première fois. On remanie de nouveau de la même façon ; une huitaine de jours après, le fumier a acquis le degré de douceur nécessaire pour être employé.

C'est de ces opérations précises que dépend la parfaite confection d'une meule. Pour s'assurer si le fumier est bon, on sonde le milieu de la surface supérieure avec une fourche jusqu'à une profondeur de 50 à 60 centimètres. Le fumier retiré de cette profondeur doit être onctueux, avoir une chaleur moite, surtout ne plus rendre d'eau si on le comprime entre les mains. Sec, sa liaison se fait difficilement, il n'est pas au point voulu ; en l'humectant convenablement on peut l'y ramener, et souvent on lui donne un quatrième remaniement. Que se passe-t-il dans ces diverses opérations ? On sait que le fumier est formé par le mélange, et la combinaison des déjections animales avec diverses matières végétales employées comme litière.

Or, la qualité du fumier dépend de celle des aliments que l'animal consomme, et sous ce rapport on peut dire que tout leur azote se retrouve intégralement dans l'organisme des animaux, ou dans leurs excréments.

Les réactions que subit le fumier pendant le remaniement sont des plus complexes. Avant les travaux publiés par le baron Paul Thénard, on n'avait que des idées assez confuses sur ce sujet ; le premier il a su distinguer les trois groupes de corps azotés qui se forment successivement dans l'ordre suivant :

1° Le groupe de corps bruns solubles dans tous les réactifs, prenant naissance au moment où les matières ammoniacales commencent à réagir sur la litière ;

2° Le groupe des corps bruns insolubles dans les acides et dans tous les réactifs, sauf la potasse, la soude, l'ammoniaque, leurs carbonates, et leurs phosphates ;

3° Le groupe des corps bruns insolubles dans tous les réactifs, qu'ils soient acides, neutres ou alcalins.

Il est inutile de connaître un mot de chimie pour distinguer la différence qui existe entre la première réaction et la troisième. On savait que, quand l'urine se putréfie, tout son azote passe rapidement à l'état de phosphate, de benzoate et de carbonate d'ammoniaque, mais sans former de corps fumiques, car, ceux-ci se produisent seulement par l'association des matières végétales aux substances animales. M. P. Thénard, pour dégager ce qui se passe dans les réactions complexes du fumier, a eu recours à l'analyse ; de plus il a obtenu ces produits synthétiquement, pour le premier groupe, en faisant réagir l'ammoniaque sur la glycose, maintenue à la température de 100°, sachant qu'à 100° l'absorption de l'ammoniaque s'opère vivement ; le produit distillé donne de l'eau tenant en dissolution du carbonate d'ammoniaque : c'est la glycose azotée de M. P. Thénard, renfermant 9,72 pour 100 d'azote, soluble dans tous les réactifs.

Pour obtenir la formation par synthèse des corps du second groupe, le savant agronome met en contact pendant quinze à vingt jours, de l'humate d'ammoniaque et du glycose azoté ; ce dernier corps se combine directement et donne naissance à un produit qui contient 4.10 d'azote, ce qui représente, à peu de chose près, un équivalent d'acide humique avec un équivalent de glycose azotée : c'est l'acide fumique qui se forme dans le fumier pendant le second remaniement, insoluble dans les acides, sauf la potasse, la soude. Le troisième groupe est le résultat de la combinaison d'un équivalent de glycose azotée avec 5 équivalents de glycose ordinaire ; le produit de cette réaction est insoluble dans tous les réactifs. Cette courte analyse fait voir que M. P. Thénard, a non seulement étudié les réactions opérées dans le fumier, mais y ajoute ce fait très important, que, des matières animales ou des sels ammoniacaux, mêlés en abondance au fumier vierge, constituent des corps fumiques.

CHAPITRE VII

FORMATION DES COUCHES

Le fumier réunissant toutes les conditions de réussite, il ne s'agit plus que d'établir une couche semblable à la figure 401 (planche LXXV). On prend et on place le fumier avec une fourche de façon à donner à la couche 50 ou 60 centimètres de base. On l'élève à la même hauteur en la rétrécissant graduellement de manière à la terminer au sommet en dos d'âne. Si on peut construire plusieurs couches les unes à côté des autres, on doit laisser entre chacune d'elles une distance de quarante centimètres, pour faciliter les soins à leur donner et pour opérer plus aisément la cueillette.

Le fumier sera placé de manière à ne pas laisser de vide dans l'intérieur, et il ne faut jamais l'arroser en montant la couche ; celle-ci achevée, on bat doucement les côtés avec les dos d'une pelle pour la régulariser et la consolider en même temps ; puis on la peigne, c'est-à-dire qu'avec les doigts ou une fauche on ratisse légèrement de haut en bas les deux surfaces en retirant les brins de paille qui dépassent. On la laisse en cet état de cinq à huit jours, temps indispensable pour que la couche ait environ de 30 à 35 degrés. Si le fumier ne pouvait atteindre cette température, on couvrirait les couches de chemises de longues pailles, afin d'activer la chaleur et l'humidité : avec l'habitude on voit d'un coup d'œil si le fumier jette trop ou pas assez d'humidité ; et s'il est bon de laisser deux ou trois jours de plus. Dans les caves, on établit un courant d'air si la couche rend trop d'humidité ; il faut comme la pratique le demande, qu'elle soit en moiteur et douce au toucher, attendre en un mot que le coup de feu soit passé, et que la température de l'intérieur de la couche ne fasse pas monter le thermomètre à plus de 35 degrés, dans les caves ou à l'air libre.

LARDAGE (Planche LXXV, Fig. 401, A)

La couche terminée ainsi qu'il est dit au chapitre précédent, on procède à la plantation du blanc ou mycélium : cette opé-

ration se nomme lardage. Pour l'effectuer on se procure, chez
les marchands grainiers qui les expédient en bourriches, des
galettes de fumier chargées de ces filaments blanchâtres et
feutrés qui constituent le mycélium, et ont la propriété de sur-
vivre plusieurs années ; il est même très commode quand on
détruit une vieille couche, de conserver le blanc qu'on trouve sur
ses bords et ses parties plus sèches ; on le garde avec soin
dans un endroit très sec, et, lorsqu'on refait une nouvelle couche,
on l'emploie seul ou bien on le mêle au fumier d'été, s'assu-
rant ainsi la continuation d'une excellente récolte.

Pour l'opération du lardage, on relève le fumier comme le
montre la fig. 401 ; à la distance de 25 ou 30 centimètres, puis
on fait des trous d'environ quatre ou cinq centimètres de profondeur et de cinq à huit centimètres de largeur, dirigés obliquement de bas en haut ; on introduit dans chacun d'eux une
galette de blanc de Champignon de même dimension, et on
l'applique à fleur de couche, c'est-à-dire que l'ouverture, faite
avec les doigts se trouve exactement remplie par la galette,
sur laquelle on rabat soigneusement le fumier qui était relevé ;
on appuie légèrement avec le dos de la main pour consolider
la mise de blanc, qui doit être couverte entièrement ou en
partie, le premier rang se met à 10 centimètres de la base
(fig. A'), le deuxième et le quatrième s'espacent dans une proportion convenable pour utiliser la couche, de façon cependant
qu'une distance de 12 à 15 centimètres soit toujours gardée.
Après le lardage, quelques champignonnistes arrosent par-dessus
une couverture en grande litière, appelée chemise ; mais l'ar-
rosage et la chemise ne sont utiles que pour les couches à
air libre : les caves et les carrières n'exigent pas cette précaution. Une dizaine de jours après la mise en place de la galette,
on commence à pouvoir se rendre compte des chances de succès
ou d'insuccès.

Si les endroits où se trouvent les galettes rougissent, le mycélium était mauvais ; il faut remettre de nouveau blanc entre les
premiers, à moins que la couche n'ait pris trop de chaleur,
car on la laisserait alors reposer jusqu'à ce qu'elle revienne
au degré de température convenable. Quand on s'aperçoit que
le mycélium a pris, on peut compter sur une bonne réussite

lorsque les filaments blancs s'anastomosent dans le voisinage des galettes et que celles-ci font corps avec la couche. Le blanc est bien attaché s'il a pénétré jusqu'au sommet de la couche et s'unit étroitement au fumier.

GOBLAGE (Fig. 402, C)

Huit à dix jours après le lardage, on tasse fortement la couche avec les mains, puis on en recouvre la surface d'un mélange de sciure de pierre, de sable et d'un huitième de terre ; on peut se servir avantageusement de terre de décombres ou de démolitions tamisée très fin. Ce mélange se fait à pelle, et doit être répandu le plus uniformément possible, ni trop sec, ni trop humide ; une fois placé sur la couche, on l'humecte légèrement, puis, quelques heures après, on le bat modérément avec le dos d'une pelle, d'une bêche, ou encore avec une planche ; c'est ce que l'on nomme le talochage. Ce travail terminé, on n'a plus qu'à attendre la pousse des Champignons que fait voir la figure C' ; une bonne couche donne trois mois, hiver comme été, dans les caves et les carrières ; il en est de même à l'air libre de mai à octobre. Quelquefois il arrive qu'une couche cesse de produire tout à coup et sans cause apparente ; il faut toujours se souvenir que les Champignons respirent comme les animaux, absorbent de l'oxygène et dégagent de l'acide carbonique en proportion nuisible et qu'on doit renouveler l'air pour chasser l'humidité et le carbone. Quelques-uns croient qu'on peut faire une couche nouvelle sur une ancienne ; erreur ! le fumier qui a servi ne produit plus, bien qu'il ne soit pas épuisé d'azote ; on ne doit pas non plus, lorsqu'on cueille des Champignons mettre de la terre dans le trou laissé vide par le pédicelle, mais raffermir simplement avec le dos de la main ; dans les jardins, à air libre, on donne une légère mouillure si la terre paraît par trop sèche ; ici, à Noisy-le-Sec, dans les carrières, on n'opère pas autrement. L'époque la plus favorable pour établir une couche à l'air est le milieu du printemps : la récolte se fait alors en juillet ; en l'établissant au commencement de l'été la récolte se fera en septembre.

Paris fournit dans ses anciennes carrières d'immenses quantités de Champignons ; on en apporte par jour de 20 à 30,000 maniveaux au carreau de la Halle ; chaque maniveau contient de 8 à 12 individus et se vend, suivant la saison de 20 à 40 centimes. On voit quelquefois d'autres espèces croissant dans les couches à côté des Champignons communs ; il est probable que le blanc étranger, dans ces cas, est introduit avec les substances employées.

La culture des truffes se pratique couramment en Provence, etc., en semant des glands dits truffiers, c'est-à-dire tombés des chênes sur le sol des truffières placées à leur ombre. On doit admettre que les aspérités du gland emportent, avec des parcelles du sol, quelques-unes des spores de la truffe. Deux conditions sont indispensables : sol calcaire et climat de la vigne.

CHAPITRE VIII

HABITATION DES CHAMPIGNONS

En toute région, quelle qu'elle soit, écrit FRIES, il est nécessaire d'abord d'établir une distinction entre ses parties nues et découvertes et ses parties boisées. Dans le pays plat et découvert l'évaporation est plus rapide, grâce à l'action combinée du soleil et du vent : il en résulte qu'il y a moins de Champignons que dans les endroits montagneux et boisés comme le Limousin, où on récolte plusieurs espèces qui lui sont propres, l'Oronge, *Amanita cæsarea,* l'oreille de chardon, *Ag. eryngii,* habite spécialement la Touraine.

Les Coprins, qui augmentent en nombre, surtout dans les environs de Paris, région extraordinairement cultivée et fertile. Les pays bien boisés comme Villers-Cotterets, Chantilly, où l'humidité se conserve plus longtemps, produisent par conséquent, d'immenses quantités de Champignons. Les Agarics et les Bolets dépendent beaucoup de la nature des forêts. Quand les bois sont coupés d'une façon périodique, les espèces semblent changer de place: celles qui abondent dans les fourrés épais deviennent rares ou disparaissent par suite de la coupe, comme nous l'avons remarqué à Meudon, et d'autres, inobservés jusque-là, les remplacent. Quelques espèces aussi sont particulières à certaines essences forestières et diffèrent par exemple sous les hêtres et les sapins. Sous l'ombrage des forêts de sapins comme à Ory, près Chantilly, où à Vincennes près le champ de course, les Champignons se montrent plus tôt; c'est au point que souvent j'ai fait une belle récolte à Ory, tandis qu'à Chantilly, sous les bois feuillus, je voyais à peine commencer la croissance. Il est vrai que, dans les grands bois, les feuilles tombées formant des couches épaisses, retiennent l'humidité dans le sol et retardent ainsi la végétation des Champignons; d'un autre côté, ces bois conservent l'humidité plus longtemps, circonstances qui permettent aux grandes et belles espèces de se mieux développer. Tous les botanistes qui observent une localité sous le rapport de sa Flore mycologique pendant une période de dix ans, ont dû être frappés de la différence produite dans le nombre et la variété des espèces par ce que l'on peut appeler une saison favorable. Il est raisonnable de supposer qu'une succession d'années sèches exerce une influence considérable sur la Flore d'un lieu, et que la chaleur et l'humidité jouent un rôle important dans la végétation mycologique. J'ai remarqué que la véritable Oronge d'abord commune dans une petite localité du bois de Verrières, devient de plus en plus rare; il y a des années même où l'on n'en rencontre plus, sans cependant qu'elle disparaisse entièrement. Bien que nous sachions fort peu de chose sur les conditions de germination de cette Amanite, la cause de ce fait est due sans doute à un changement dans la constitution physique du terrain, car, on a fait une coupe de bois, qui a pu détruire la végétation de ce Champignon. Si on compare la Flore cryptogamique de la forêt de Fontainebleau à celle de la forêt de Compiègne, on peut observer que la première est moins riche en variétés que la seconde, la forêt de Sénart s'appauvrit depuis quelques années par suite des progrès de la culture.

C'est surtout pendant les temps frais et humides de l'automne que les grands Champignons prospèrent le plus vigoureusement dans notre pays, et on remarquera facilement que leur nombre s'accroît avec l'humidité de la saison. Pour s'en convaincre, il

suffit de considérer la production de la zone centrale Européenne,
où la température est moyenne et les pluies assez fréquentes; les
récoltes sont moindres dans le midi, où il y a trop de chaleur et
pas assez d'humidité, et dans le nord, où la température moyenne
est peu élevée. Le nombre des espèces varie dans chaque zone
suivant la nature, les accidents du sol; et, comme elles préfèrent
généralement un arbre à un autre, plus ceux-ci seront variés,
plus elles le seront aussi. Sous le rapport de l'altitude que les
Champignons peuvent atteindre, OSWALD HEER, nous a fourni
quelques renseignements précieux pour les Alpes. A 5,000 pieds
il a rencontré très abondamment l'*Agaricus muscarius* et le *Merulius cantharellus;* l'un et l'autre avaient totalement disparu à
2,550; il a vu un très bel échantillon de *Clavaria cristata* à 5,600
pieds. De 6,500 pieds jusqu'à 7,000, il a trouvé un très grand
nombre d'Agarics, et enfin à 6,780, deux Pezizes : l'une d'elles
croissait sur les tiges mortes du *Chrysanthemum atratum.*

PHILLIPI rapporte que, dans son ascension de l'Etna, il observa
à 3,000 pieds de hauteur le *Nidularia crucibulum* et à 5,100 le
Geastrum hygrometricum. M. AGASSIZ, qui parcourut si longtemps
les régions froides et élevées, a vu un Mycène dont le pied était
très long croître parmi les mousses, sur les bords du glacier de
l'Aar, à 8,000 pieds d'altitude. Les observations de M. JUNGHUHN,
faites sur le Meropi, Kendang, Burang-Rang, Tyermai, etc.,
hautes montagnes de Java, ne sont pas moins intéressantes; elles
nous apprennent que la plus grande partie des Champignons se
montre à la hauteur de 3,000 à 5,000 pieds, qu'ils croissent dans
toutes les saisons et presque toujours solitaires. Au delà de
5,000 pieds, ils deviennent fort rares. Le *Schizophillum* commun,
que l'on trouve presque dans tous le pays, croît depuis le niveau
de la mer jusqu'à 6,000 pieds; de 1,000 à 2,000 pieds, on rencontre les *Polyporus minimus, flavus, Xanthopus, Xerotus
indicus, Telephora papyracea, Sphæria peltata, Hypoxylon alutacea, Cenangium paradoxum;* de 2,000 à 4,000, le *Polyporus
vulgaris, spadicus, lacevus, bicolor, versicolor, Dædelea crustacea,
Thelephora ostrea, Clavraria cristata, Peziza scutellata, Stilbum
incarnatum;* de 4,000 à 5,000 l'*Agaricus campestris, Favolus
pustulatus, Cyphella muscæ, Arcyria punicea, Hysterium flexuo-
sum, Sphæria, Peziza;* enfin de 5,000 à 8,000, le *Chantharellus*

redivivus. MM. DE HUMBOLDT, BONPLAND et GALEOTI, ont trouvé des Champignons à des hauteurs considérables, sur les Cordillières.

On voit par cet exposé que les Champignons diminuent en nombre quand on atteint le sommet des montagnes; par conséquent à mesure que la température s'abaisse. Le résultat est le même si l'on considère la latitude sous laquelle ils se développent. Dans la zone équatoriale, et dans la tropicale surtout, ils paraissent plus abondants et plus variés que dans la zone tempérée, où ils sont partout très nombreux; ils diminuent ensuite à mesure que l'on avance vers les régions polaires. Nous devons à BER-KELEY, que j'ai déjà souvent cité, la description d'un grand nombre de Champignons de l'hémisphère austral. MM. GAUDICHAUD et RAOUL ont enrichi la collection du Muséum de Paris d'espèces récoltées dans les îles Malouines et la Nouvelle-Zélande.

Le professeur EHRENBERG, qui a décrit les Champignons du voyage de Chamisso, note encore les *Uredo interstitialis* et *rosæ*, à Unalaska, par 54° lat. sept; les *Œcidium epilobi*, *Uredo pyrolæ*, *puccinia*, *vesiculosa*, *Eurotium herbarium*, etc., par 65° lat. sept, dans l'île Saint-Laurent, les *Sphæria hederæ*, *Triblidium arcticum*, et, dans l'île de Chamisso, située au 66ᵉ degré, le *Sphæria herbarum*. Enfin ROBERT BROWN, dans sa Flore de l'île de Melville, par 74° 47' lat. sept., mentionne deux Champignons; c'est le point le plus reculé où l'on en ait jamais rencontré.

Il est donc impossible, sur des données aussi faibles, de pouvoir tracer les premières lignes de l'arithmétique des cryptogames; nous nous contenterons de remarquer que la Flore cryptogamique de l'Amérique boréale a les plus grands rapports avec celle de l'Europe. Quelques genres paraissent appartenir à certaines régions : ainsi on n'a observé jusqu'à ce jour les genres *Broomeia*, *Phellorina*, *Scoleiocarpus*, *Polyplocium*, qu'au cap de Bonne-Espérance; *Hymenogramme*, *Cymoioderma*, *Trichocoma*, *Trichamphora*, qu'à Java; *Hyperrhiza* en Caroline; *Peterophyllus* en Egypte; mais rien ne prouve qu'ils n'existent point dans d'autres pays, ou qu'ils ne sont pas représentés par des espèces analogues. Dans mon second volume, les «Champignons parasites», je démontrerai que les différents genres de Champignons ne se renferment pas dans des limites aussi étroites que certaines familles des plantes phanérogames.

CHAPITRE IX

ACTION DES AGENTS EXTÉRIEURS

L'absence de la lumière, d'une influence si remarquable sur les autres plantes, l'est beaucoup moins sur les Champignons. Dans les caves, les souterrains, les galeries de mines, où il y a beaucoup de soutiens en bois, ces parties sont couvertes de rosettes blanches plus ou moins larges, ou supportent de longs flocons blancs, qui ressemblent à des houppes, à des globes; tantôt ce sont des *Rhizomorpha* qui montent, qui descendent ou se laissent pendre: toutes ces végétations, incomplètement développées, appartiennent aux Champignons. Hoffmann Scopoli, de Humboldt nous en ont fait connaître un grand nombre. On a observé que les bois des mines de sel gemme présentent moins de productions fongiques, probablement parce que, pénétrés de sel, ils se décomposent beaucoup plus lentement. L'action de l'air est aussi marquée que celle de la lumière. Les Champignons n'arrivent jamais à leur état normal quand l'air est vicié ou qu'il ne circule pas librement ; ils éprouvent la même modification qu'à l'obscurité, s'étiolent et s'allongent indéfiniment. Une température assez haute, jointe à l'humidité, favorise singulièrement leur croissance : c'est à ces deux causes réunies que l'on doit rapporter le développement de Champignons que Meri, célèbre chirurgien du commencement du XVIIIe siècle, observa chez un malade, sur les différentes pièces d'un appareil de fracture. L'action directe du soleil en fait périr un grand nombre ; elle n'épargne guère que ces petits parasites qui vivent sur les feuilles et ceux qui poussent dans les prairies.

Au-dessous de zéro, les spores et les Champignons sommeillent, mais la rapidité avec laquelle nous voyons, sous la latitude de Paris, l'Agaric pulvérulent, Bull., et l'Agaric à pied noir, Bull., se montrer à divers intervalles, pendant l'hiver, quand le froid vient à cesser, nous prouvent que quelques-uns n'y sont pas très sensibles. L'Agaric champêtre, *Caryophyllœus, comatus, arundinaceus*, etc., ne paraissent en aucune manière influencés par les gelées blanches ; d'autres, brusquement surpris par le froid, con-

servent leur forme et ne pourrissent que lorsque le dégel survient.
L'*Agaricus stipticus* et le *Schizophillum* commun me semblent
faire exception cependant ; car, dans les forêts, on les voit alter-
nativement se flétrir et revenir à leur état naturel, suivant les
circonstances. Mais les Téléphores, les Dœdaleas, les Polypores,
surtout ceux qui sont épais, subéreux, résistent aux froids les plus
intenses de nos pays : ils gèlent, dégèlent et continuent de croître
quand leur bonne saison arrive.

Les effets de l'électricité ne sont pas nuisibles aux Champignons,
puisqu'on en trouve un bien plus grand nombre après les pluies
orageuses qu'après les ondées ordinaires. Les anciens avaient déjà
remarqué que, plus les orages étaient fréquents, plus les truffes se
montraient abondantes. Cette croyance est encore généralement
répandue aujourd'hui dans le pays où croissent ces précieux
tubercules ; la Sphacélie, petit Champignon qui produit l'ergot
des graminées, ne se rencontre que si les mois de mai et juin
sont chauds et orageux.

Les brouillards ont-ils une action sur le développement des
Champignons ? Aucune observation ne le confirme, quoique,
dans les campagnes, on attribue la rouille et le charbon à leur
présence. Toutefois, en automne, époque où l'on observe plus
fréquemment ces maladies, l'humidité continuelle qu'ils entre-
tiennent prolonge leur existence.

L'acide arsénieux a une action fort vive sur les Champignons et
les fait périr très promptement. De nombreuses expériences prouvent que la germination des graines est empêchée quand elles sont
plongées dans un sol inerte, comme le sable lavé, le verre pilé,
et qui est arrosé seulement avec de l'eau, tenant en solution de
l'arsenic. Le bichlorure de mercure est aussi un poison violent
pour les Champignons ; soumis à son action, on les voit se ramollir
à l'instant même, perdre leurs formes et leurs couleurs ; jusqu'à
ce jour, on ne s'en est servi pour leur conservation que quand ils
ont été préalablement desséchés.

Quelques Champignons, comme les *Boletus cyanesceus*, Bull.,
luridus F., Erythropus pers, etc., dont la chair est blanche,
deviennent presque instantanément bleus au contact de l'air, si
on les rompt. Comment ce phénomène a-t-il lieu, et comment se
fait-il qu'en les exposant à la chaleur de l'ammoniaque liquide,

il ne se manifeste pas, tandis que ce même réactif, d'après les belles recherches de M. Decaisne, convertit à l'instant même le principe colorant jaune de la garance en rouge? Aux chimistes de donner la solution de cet intéressant problème.

CHAPITRE X

RÉCOLTE ET CONSERVATION DES CHAMPIGNONS

Le botaniste qui récolte des Champignons doit savoir les préparer, afin que les matériaux, qu'il a souvent acquis avec beaucoup de peine, puissent servir à l'étude. Tous les parasites, comme les *Œcidium*, *Uredo*, *Puccinia*, et ceux qui se rencontrent sur les feuilles mortes, ne demandent pas d'autres soins que n'en exigent les plantes sur lesquelles ils se sont développés. Les nombreuses espèces de Sphéries qui ont une certaine consistance, doivent être enlevées avec la portion de l'écorce ou du bois qui les porte, mais en lame très mince, afin de pouvoir se prêter à la compression. Si les écorces sont trop dures ou desséchées, on peut les amincir ou les rendre flexibles à l'aide de l'humidité ; sans cette précaution, on a un petit nombre d'espèces pour un volume très considérable et fort incommode. Si les Champignons sont visqueux ou d'une consistance gélatineuse, il faut les laisser sécher à l'air libre et ne les comprimer que quand ils ne peuvent plus adhérer au papier. On les conserve encore en les fixant solidement sur une planche, à l'aide d'une ficelle qui les enroule et que l'on fait passer entre les individus, pour ne pas les déformer. Les Champignons rameux, comme les Clavaires, les Mérisma, présentent quelquefois des masses considérables ; on est alors obligé de les diviser, mais il faut avoir la précaution de noter leur couleur et de recevoir les spores sur un papier ; on les laisse exposés à l'air et, quand ils sont flétris, on les soumet à une légère pression, afin de ne pas trop altérer leur forme.

Les Téléphores et toutes les espèces membraneuses se dessèchent très facilement ; si elles sont contournées, irrégulières, on leur rend la souplesse en les exposant à l'humidité. Les Pezizes perdent constamment leur forme et leur couleur, dont on doit toujours tenir note ; si elles sont terricoles, on les dépouille de la terre ou du sable qu'elles ont à leur base et on les expose quelque temps à l'air avant de les comprimer ; si elles vivent sur des bois, des tiges de plantes, on divise ces parties de manière qu'elles aient peu de volume. Il est facile de sécher entièrement les Tubéracés ou de les couper par tranches ; on les conserve aussi très bien dans l'alcool ou dans l'eau salée. Les Lycoperdacés, quand on les trouve secs, peuvent être soumis à la pression, après avoir passé une nuit dehors ; comme ils contiennent des sels déliquescents, ils se ramollissent et se laissent comprimer sans peine ; si ce sont des Geaster, des Tylostoma, il faut s'arranger de manière que leur mode de déhiscence soit visible. Quand on récolte ces Champignons frais, il faut, de toute nécessité, les laisser à l'air parcourir leurs périodes de végétation ; on les voit alors se ramollir, changer de couleur comme s'ils étaient décomposés ; plus tard, le liquide qu'ils contenaient s'évapore entièrement, et on agit avec eux comme s'ils eussent été récoltés secs. On peut encore, après les avoir arrachés de terre, les tremper une ou deux fois dans une solution de sublimé corrosif : alors ils meurent promptement, leur réceptacle prend de la consistance, et on les conserve avec leur forme et leur volume. Ce dernier moyen est le seul qui permette de garder les Trichiacés et autres Myxogastères ; mais dans les uns et les autres, il faut avoir soin de noter la forme des écailles et surtout la couleur, constamment altérée par l'agent conservateur.

Les Phalloïdes, les Clathroïdes, dont il existe un si petit nombre daus les herbiers, sont beaucoup plus faciles à préparer qu'ils ne le paraissent. La planche LXV, vient tout entière de l'herbier du docteur Léveillé. Ces champignons ont été arrachés avec leur volve et, à l'aide d'une ficelle, on les a suspendus dans l'air, le réceptacle en bas ; le latex s'écoule ou se dessèche, les autres parties se déforment un peu ; quand ils sont presque secs, on les met en presse, mais auparavant il faut les ajuster et rétablir les rapports des différentes parties. Cette opération, quoique longue, réussit toujours quand elle est faite patiemment.

Les Morilles, les Helvelles, les grandes Pezizes, les Clavaires, se conservent très bien en entier, presque avec leurs couleurs naturelles, lorsqu'on les met dans du sable fin et très sec, ou bien dans du sable stéariné, mais il faut d'abord leur laisser perdre à l'air une forte partie de l'eau de végétation.

Les Champignons coriaces ou subéreux, comme la plupart des Polypores, des Agarics, n'ont pas besoin d'être préparés; ceux qui peuvent s'aplatir sont soumis à une pression plus ou moins forte. Les *Lentinus*, quand ils sont frais, se dessèchent avec la plus grande facilité; s'ils sont secs, un peu d'humidité leur rend la forme, la souplesse, et ils se prêtent à toutes les opérations. Beaucoup d'espèces ont le chapeau en forme d'entonnoir; en se servant du sable stéariné, comme je l'ai dit plus haut, elles gardent forme et couleurs naturelles. Le sable stéariné se prépare en faisant dissoudre 100 grammes de stéarine pour un kilogramme de sable : on le conserve dans un endroit bien sec.

KLOTZSCH indique, pour les Bolets et les Agarics charnus, un procédé ingénieux, qui respecte assez bien les caractères principaux: j'en emprunte la description aux archives de botanique, (t. I, p. 287). « Avec un instrument en forme de scalpel, partageant la plante en trois portions verticales, à partir du sommet du chapeau jusqu'à la base du pédicule, de manière à pouvoir en retirer la tranche du milieu, on apercevra distinctement les contours du Champignon, la nature interne de son pédicule creux, spongieux ou solide, l'épaisseur du chapeau, la disposition de ses feuillets égaux ou inégaux en longueur, décurrents ou non sur le pédicule, etc. Il reste alors deux portions extérieures, qui donnent une idée parfaite de tous les contours de l'échantillon. Avant de procéder à la dessiccation, il est aussi nécessaire de séparer le pédicule du chapeau, et de gratter les lames ou feuillets si c'est un Agaric, et les tubes si c'est un Bolet. Nous avons cinq portions savoir: la tranche intérieure, les deux côtés du pédicule, et ceux du chapeau. Cette opération terminée, on expose la plante à l'air, le temps indispensable pour enlever une partie de son humidité sans rider sa surface ; on le met ensuite en presse, comme pour les autres plantes, dans une feuille de papier non collée, qu'on a soin de renouveler journellement jusqu'à ce que le Champignon soit parfaitement sec. Il suffit alors d'attacher sur du papier blanc chaque pièce dans sa position naturelle pour avoir une idée nette du Champignon. La volve ou bourse et l'anneau sont pareillement conservés ; dans quelques petites espèces, comme les *Agaricus filopes, supinus, Galericulatus,* il devient inutile d'enlever les feuillets. » Cette méthode, comme on le voit, est extrêmement ingénieuse et offre de sérieux avantages.

Le Botaniste qui veut utiliser ses collections de Champignons charnus, doit en faire un croquis afin d'avoir le port et les proportions ; noter s'il y a une volve ou un anneau, reconnaître la coloration des spores, indiquer l'épaisseur du chapeau, surtout la disposition des lames, leur rapport avec le pédicule, et enfin exprimer par une teinte plate la couleur des diverses parties.

Pour conclure, je dirai à tous ceux qui ont bien voulu me suivre jusqu'ici : Vous avez vu que, depuis une cinquantaine d'années, cette partie de la botanique est beaucoup mieux connue ; quoique le nombre des espèces ait prodigieusement augmenté ; vous savez aussi que la vie de presque toutes ces espèces est encore à décrire. Elles sont grandes les perspectives de découvertes nouvelles, pour le chercheur persévérant et laborieux. Aujourd'hui, l'admiration n'est plus fondée sur un fol engouement ; la célébrité du savant croît en raison du degré d'utilité de ses travaux ; le plus populaire est celui qui fait contribuer la science au bien-être de tous, et qui comprend qu'elle est moins un but qu'un moyen. L'homme ne veut plus se livrer à l'empirisme, depuis qu'il a reconnu qu'en vivifiant l'intelligence, l'expérience et l'observation le préservent du malheur d'errer à l'aventure. Aussi les peuples civilisés se sont-ils jetés à l'envi dans les larges voies que leur ouvrait la science, et se sont-ils empressés de réunir tout ce qui pouvait contribuer à ses progrès.

Les bibliothèques s'enrichissent chaque année de tous les trésors de l'esprit ; les musées accumulent, conservent et classent les produits des trois règnes. Chaque ville de quelque importance a son cabinet d'histoire naturelle, son jardin botanique, sa bibliothèque, son académie. Des chaires d'enseignement sont confiées aux hommes les plus éclairés et les plus dévoués aux progrès de la science; l'étude de la nature a sa part aujourd'hui, même dans l'instruction la plus humble. C'est pour m'associer à ce grand mouvement que j'apporte ma pierre; quelque laborieuses qu'aient pu être mes recherches, je livre à tous les amis de l'instruction un ouvrage qui a de nombreuses imperfections sans doute, mais un livre consciencieux. Je le crois pourtant plus pratiquement utile qu'aucun des travaux du même genre qui l'ont précédé, et, si peu modeste que semble cette assertion, elle n'en est pas moins l'expression de ma pensée.

SUPPLÉMENT A LA DESCRIPTION DES ESPÈCES

LEPIOTA

Agaric granuleux, **Ag. granulo,** planche XXIV, fig. 127.

Batsch., t. 6, f. 24 ; Hartz., t. 44, f. 1; Schum., p. 260; *A. granul. ferrugineus*, Pers., Fr. *Epic.*, p. 36; Quel. p. 36.

Chapeau convexe-plan, d'une couleur jaune, large de 3 à 5 centimètres, élégamment granulé et floconneux. Lamelles légèrement adnées ou libres, blanches. Pédicelle grêle, de la couleur du chapeau, épaissi à la base, muni d'un anneau membraneux, pulvérulent et floconneux, jaune. Spores blanches.

De juillet à novembre, dans les bois, parmi les mousses, les bruyères. — Comestible.

GYMNOPUS

Agaric de souris, **Ag. myomyces,** planche XXIV, fig. 126.

Alb. et Schw., Letell., t. 663, f. 6 ; Laoch., n. 505.

Chapeau charnu mince, irrégulier, gris à écailles fibrilleuses, grises et blanchâtres, chair peu épaisse, jaunâtre. Lamelles émarginées, blanches puis cendrées de brun. Pédicelle cylin-

drique, blanc grisâtre écailleux, floconneux, muni d'une cortine
grise. Spores ocracés.

Été, automne, dans les bois. — Comestible peu délicat.

PRATELLA

Agaric foramineux, **Ag. foraminulosus**, planche XXII, fig. 100.
Bull., t. 535; f. 1.

Chapeau membraneux, campanulé, large de 3 à 4 centimètres, jaune pâle, lisse, plus clair et luisant par le sec.
Lamelles en cône, adnées, paraissant libres, couleur cannelle
pâle. Pédicelle raide, grêle, long de 5 à 8 centimètres, jaune
pâle. Spores jaunes, ovales.

De juin à novembre, dans les herbes, sur les détritus et
les vieilles souches. — Comestible.

Agaric crétacé, **Ag. cretaceus**, planche XXXIII, fig. 174.
Syst. Myc., I, p. 28; *Sv. Bot.*, t. 596, f. 2; *Seyn.* Mont., p. 85; Quel.,
p. 107; Fr. *Epic.*, p. 279.

Chapeau charnu, convexe et aplani, obtus, sec, écailleux,
est très légèrement fauve à son sommet, large de 8 à 10 centimètres, chair épaisse, blanche. Lamelles écartées, ventrues,
étroites vers le pédicelle, blanches, brunissant avec l'âge. Pédicelle ferme, allongé, atténué en haut, lisse, blanc, anneau
supérieur ample, blanc, réfléchi, à bords retroussés.

Été, automne, dans les champs, les prés. — Comestible.

LACTARIUS

Agaric délicieux, **Lact. deliciosus**, planche XLIV, fig. 237.
Hussey, I, p. 67; *Agaricus*, Linn., Suec., n. 1211; Schæff., t. 11; *Fl.
dan.*, t. 1751; Letell., t. 632; Barlat., t. 19; Vittad., t. 42; Krombh., t. 11;
Fr. *Epic.*, 431.

Chapeau charnu, convexe-plan, ombiliqué, glabre, rouge-
brique ou jaunâtre, zoné, rugueux et finement écailleux. Lait
et chair *orangés* puis *verdâtres*; saveur douce. Lamelles planes,
assez épaisses, orangées, verdissant ainsi que les blessures.
Pédicelle creux, *orangé-pâle*, souvent maculé, long de 8 à
12 centimètres. Spore sphérique muriquée jaune.

Été et automne, sous les pins. — Comestible délicieux.

Agaric douceâtre, **Lact. subdulcis,** planche XLIV, fig. 238.

Berk., *Outl.*, p. 208; *Agaricus*, Bull., t. 227; Sowerb., t. 204; Barla, t. 20, f. 4, 10; Quel., t. 11, f. 3; Lenz., f. 11; Fr. *Epic.*, 437.

Chapeau charnu, large de 5 à 8 centimètres, peu épais, avec un petit mamelon au centre, d'une couleur roux-cannelle plus ou moins foncé ; chair rousse douceâtre ; lait blanc. Lamelles décurrentes, minces, serrées, de la même couleur du chapeau. Pédicelle peu épais, long de 3 à 6 centimètres, égal, de couleur fauve rougeâtre.

Été, automne, dans tous les bois. — Comestible.

Agaric à toison, **Lact. vellereus,** planche XLV, fig. 239.

Hussey, I, t. 63; Berkl., *Outl.*, p. 206; Kickx., p. 200; Barla., t. 22, . 6, 8; Krombh., t. 57, f. 10, 13; *A. piperatus*, Poll., Pal., 3; p. 289; Fr. *Epic.*, p. 430.

Chapeau compacte, convexe, puis en entonnoir, large de de 10 à 20 centimètres, blanc finement velouté ; chair et lait blancs. Lamelles épaisses, assez espacées, larges, un peu rameuses, pâles, blanchâtres à reflets rougeâtres, décurrentes. Pédicelle obèse, court, plein, blanc, légèrement velouté.

Été, automne, dans tous les bois. — Comestible.

FIN

INDEX BIBLIOGRAPHIQUE

Annales des sciences naturelles. Paris.

Annales de chimie et de physique. Paris.

BADHAM (C.-D.). — A treatise of the esculent fungusses of England. London, 1847.

BARLA (J.-B.). — Les Champignons de la province de Nice. Nice, 1874.

BATSCH (A.-J.-C.). — Elenchus fungorum Halæ. 1783-1789, 1 vol. in-4°, 42 planches color.

BATTARRA (A.). — Fungorum agri ariminensis historia, savantio 1765, in-4°, 12 pl.

BERKELEY (M.-J.). — Outlines of British fungology, London, 1860. Introduction to cryptogamie botany. London, 1857, in-8° fig.

BOUILLON-LAGRANGE. — *Annales de chimie*, tom XLVI et LI.

BRACONNOT. — *Annales de chimie et de physique*, t. LXIX, p. 434.

BRONGNIART (AD.). — *Dictionnaire classique d'histoire naturelle.* Paris, 1822.
— Essai d'une classification naturelle des champignons. Paris, 1825, in-8°.
— Enumération générale des plantes cultivées au Muséum d'histoire naturelle. Paris, 1845.

BULLIARD (P.). — *Histoire des champignons de la France,* etc. Paris 1791, 1898.

CHATIN (AD.). — De la Truffe. Paris.

CELSE. — De re medica.

CHEVALLIER (F.). — *Flore générale des environs de Paris,* 2 vol. in-8°.

CORDIER (F.-S.). — *Les Champignons de la France,* 1 vol. in-8°, 60 chromo-lithographies. Paris, 1870.

COOK (M.-C.). — Handbook of British Fungi. Londres, 1871.

CURTIS. — *Flora Londinensis,* in-folio. 1817-1828.

CORDA (A.-C.-J.). — Icones fungorum hucusque cognitorum. Pragæ, 1839, 5 vol. in-8°.

DESCOURTILZ (E.). — Des Champignons comestibles suspects et vénéneux. Paris, 1827, in-8°, et atlas.

DESMAZIÈRE (J.-B.). — *Annales des sciences natur.,* etc., plantes cryptogames du Nord, in-4°.

DESFONTAINES (R.). — Flora atlantica, sive historia plantarum quæ in Atlante, etc. Paris, 1798-1800, 2 vol. in-4°.

DE CANDOLLE (A.-P.) et DUBY (J.-E.). — Botanicon Gallicum. Paris, 1818, 2 vol. in-8°.

DE BARY. — Morph. und. phys. der pilze, 1866.

DIOSCORIDES (P.). — De medicinali materia libri sex. J. Ruellio interprete. Francofurti, 1543, in-4°, fig.

— Flora danica, in-fol., 1762.

FRIES (E.-M.). — Systema mycologium. Gryphiswaldiæ. 1821-1832, 3 vol. in-8°. — Epicrisis systematis mycologiæ seu synopsis hymenomycetum. Upsaliæ et Lundæ, 1836-1838. — Hymenomycetum Europæi sive, Epicriseos systematis mycologici. Editio altera. Upsaliæ, 1874.

GOBLEY. — Recherches chimiques sur les champignons vénéneux. Paris, 1865, in-8°.

GREVILLE (R.-K.). — The Scottish cryptogamie flora. Edinburgh, 1829, 360 pl. gr. in-8°.

HOFFMANN (G.). — Vegetabilia cryptogama, in-4°, 1787-1790.

HUSSEY (Mrs T. J.). — Illustrations of British mycology, 2 séries in-4°, pl. Londres, 1849-1855.

JACQUIN (N.-J.). — Miscellanea autriaca, in-4°, 1778-1781.

JUNGHUHN. — In linnæa, vol. V, 1830.

KICKX (J.). — Flore cryptogamique des Flandres. 2 vol. in-8°, 1867.

KLOTZSCH. — Fungi, in-4°, broch.

KROMBLHOLTZ (J.). — Naturgtreue Abbildungen der essbaren, scähdlichen und verdächtigen Schwœmme. Pragæ, 1831-1849, in-fol., 70 pl. color.

LAMARCK (de J.-B.) et de CANDOLLE (A.-P.). — Flore française. Paris, 1815, 6 vol. in-8°.

LENZ (F.-A.). — Die nützlichen und schädlichen Schwœmme. Gotha, 1862.

LETELLIER (J.-B.). — Histoire et description des Champignons alimentaires, etc. Paris, 1826, in-8°. — Journal de la Pharmacie. t. XXIII, 1837.

LÉVEILLÉ (J.-H.). — Annales des sciences naturelles, 1825-1851, etc. Dictionnaire universel d'histoire naturelle (C. DORBIGNY). — Iconographie des Champignons, de Paulet. Paris, 1855, in-4°.

LINK (H.). — Observationes mycologicæ (Ann. d. Naturgesch) 1791.

LINNÉ (C.). — Flora succica, in-8°, 1755. — Systema vegetabilium, in-8°.

MARSILLIUS (L.-F.). — De generatione fungorum. Romæ, 1714, in-fol., pl.

MARCHAND (L.). — Botanique cryptogamique pharmaco-médicale. Paris, 1880-1883.

MÉRAT (F.-V.). — Nouvelle Flore des environs de Paris. 1837.

MICHELI (P.-A). — Nova genera plantarum. Florentia, 1729.

MONTAGNE (J.-F.-C.). — Sylloge generum specierumque cryptogamarum, etc. Paris, 1856.

NECKER (E.-J.). — Traité sur la mycetologie. Mannheim, 1783, in-8°.

NEES VON ESENBECK (E.-T.), HENRY et BALL. — Das System der Pilze. Bonn., 1837-1859, in-8°, pl.

PARMENTIER. — Recherches sur l'usage et les effets des Champignons, 1872.

PAULET (J.-J.) et LÉVEILLÉ. — Iconographie des Champignons. Recueil de 217 planches, dessinées d'après nature et coloriées, 1855, in-fol.

PERSOON. — Traité sur les Champignons comestibles. Paris, 1818. — *Mycologia europea*, 1822-1828, 3 vol. in-8° avec 30 planches color.

PLINE (C.-P.-S.). — Histoire naturelle en 37 livres.

POUCHET. — Expériences sur les champignons vénéneux. — *Journal des conn. méd. prat. et de pharmacologie*, 6° volume.

ROQUES (G.). — Histoire des Champignons comestibles et vénéneux. Paris, 1841.

SCHŒFFER (J.-X.). — Fungorum qui in Bavaria et Palatinata cirea Ratisbonum nascuntur, icones. Ratisbonæ, 1762-1774, 4 vol. in-4°.

SCHMID (J.). — De fungis esculentis et venenatis. Vindebonæ, 1836.

SCOPOLI (J. A.). — *Flora carniolica*. Viennæ, 1772, 2 vol. in-8°, pl.

SECRETAN. — *Mycographie suisse*, in-8°, 1833.

SOWERBY (G.). — Couloured figures of English fungi or mushrooms. London, 1797-1815, 400 pl.

TESSIER. — Expériences sur la carie des blés. 1785, in-8°.

THEOPHRASTI. — De historia plantarum libri decem, græce et latine. Amstelodami, 1644, in-folio, fig.

TODE (H.-G.). — Fungi Mecklenburgenses selecti. Luneburgi, 1790-1791. 1 vol. in-4°, 17 pl.

TRATTINICK (L.). — Fungi austriaci delectis singulari iconibus, 40 observationibusque illustrati. Vindobonæ, 1809-1830, 20 planches.

TULASNE (L.-R. et C.). — Fungi hypogæi. Histoire et monographie des champignons hypogées. Paris, 1862, gr. in-4°, pl. — Selecta fungorum carpologia, gr. in-4°, 1861-1866.

VAUQUELIN. — *Annales de chimie*, liv. XXX, 33, etc.

VITTADINI (C.). — Descrizione dei funghi mungereci piu communi dell' Italia et de velenosi, che possono co' medesimi confondersi. Milan, 1835, fig. — Monographia tuberacearum. Milan, 1831, fig. in-4°.

WALLROTH (C.-F.). — Flora cryptogamica Germaniæ. 1831-1833, in-12.

WEINMANN (J.-A.). — Hymeno et gasteromycetes. 1836, in-8°.

WILLDENOW (C.-L.). — Floræ berolinensis prodomus. Berolini, 1787.

VAN-TIEGHEM et LE MONNIER. — Recherches sur les mucorinées. — *Ann. des Sci. nat.*, 1873, XVII, p. 211.

TABLE DES MATIÈRES

TABLE ALPHABÉTIQUE

A

Pages.

M

R

T

10236. — Paris. Imp. Félix Malteste et Cᵉ, rue Dussoubs, 22.

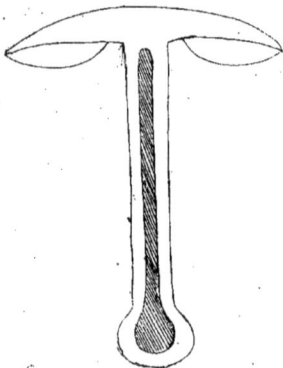

Lames écartées
1

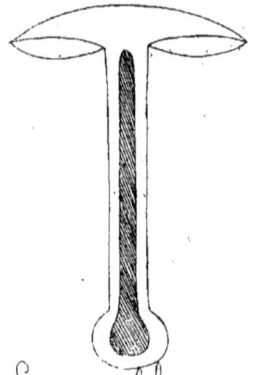

Lames libres
2

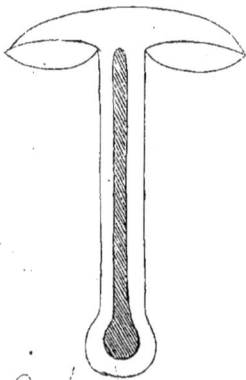

Lames sinuées
3

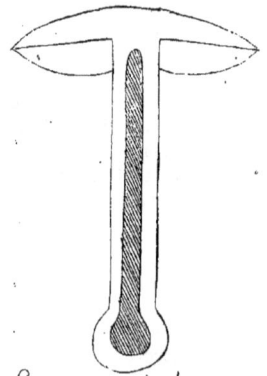

Lames adnées
4

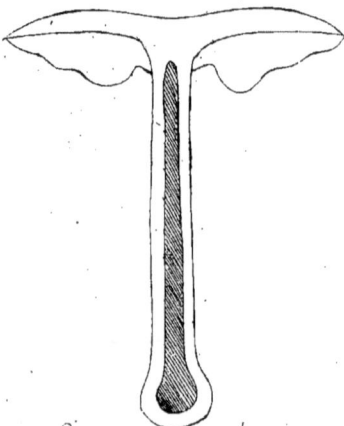

Lames émarginées
5

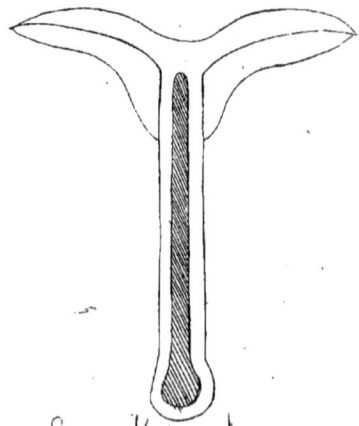

Lames décurrentes
6

BIBLIOTHÈQUE · NATIONALE

Amanita Muscaria, V.
(Fausse Orange)

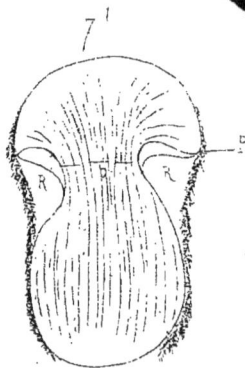
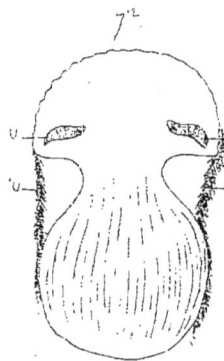
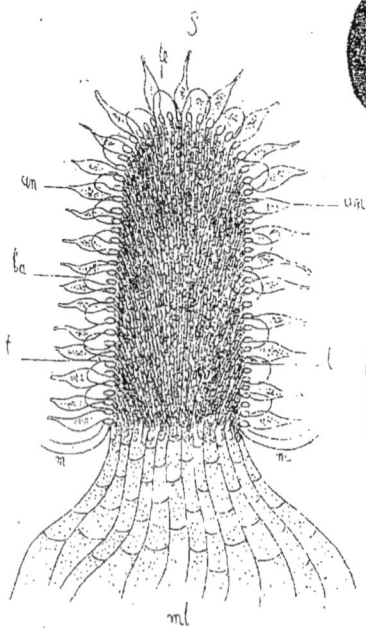

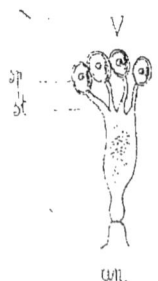
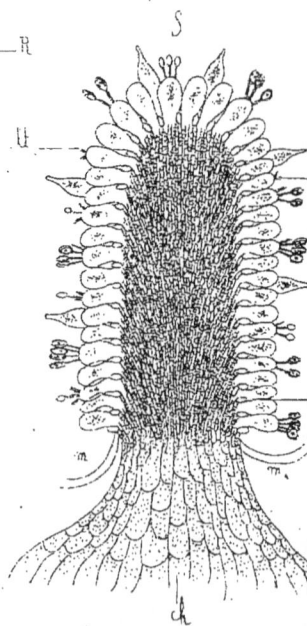

BIBLIOTHÈQUE NATIONALE R.F.

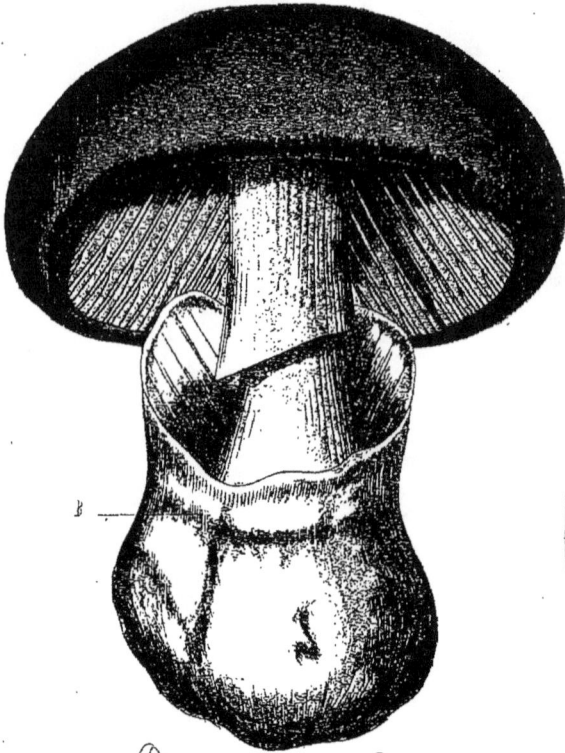

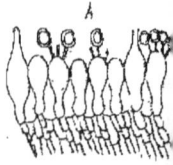

Oronge Cæsarea, C
8

Olif (Coupe)
9

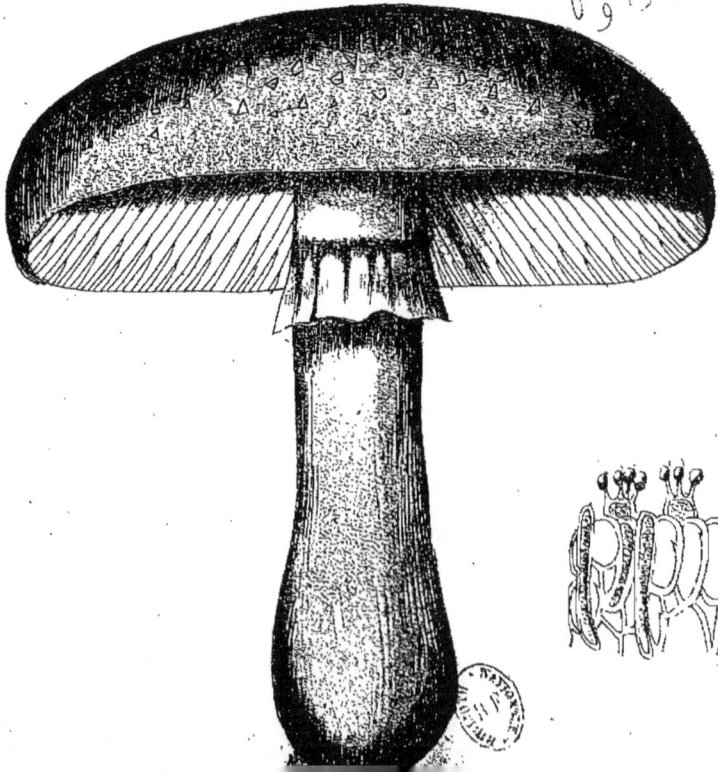

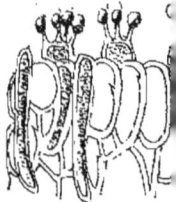

BIBLIOTHÈQUE NATIONALE

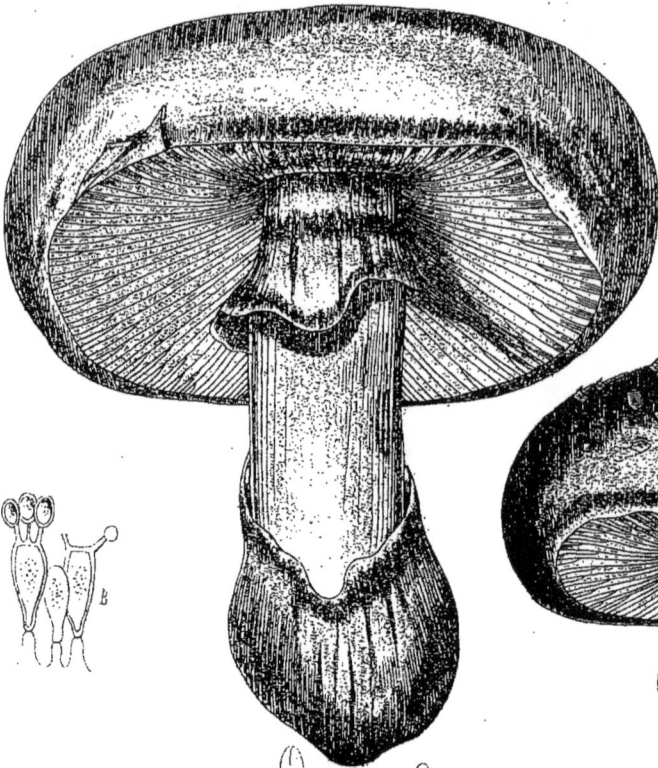

Ovoideus, C.
11

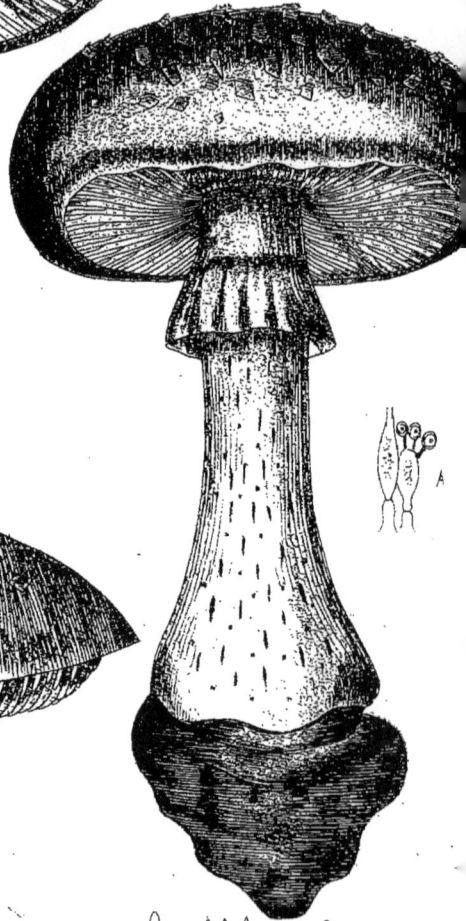

Strobiliformis, N.
12

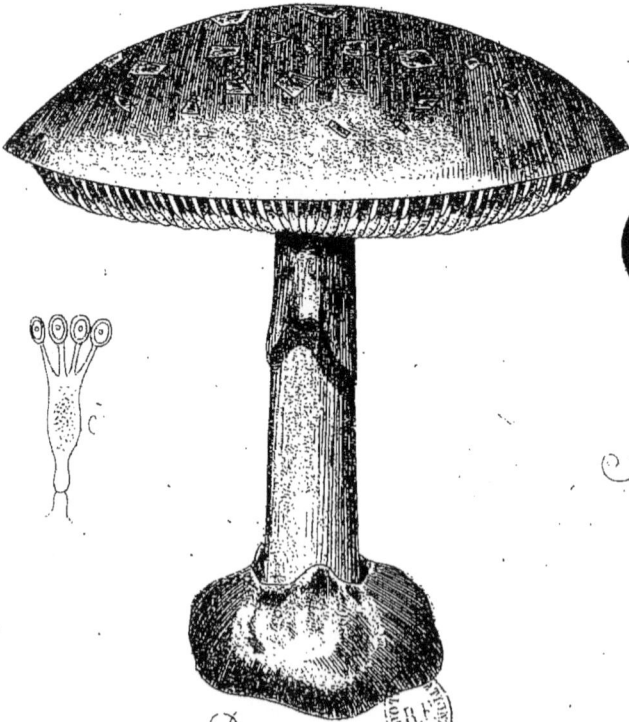

Reculitus, V.
13

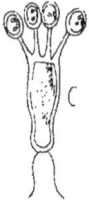

C

D

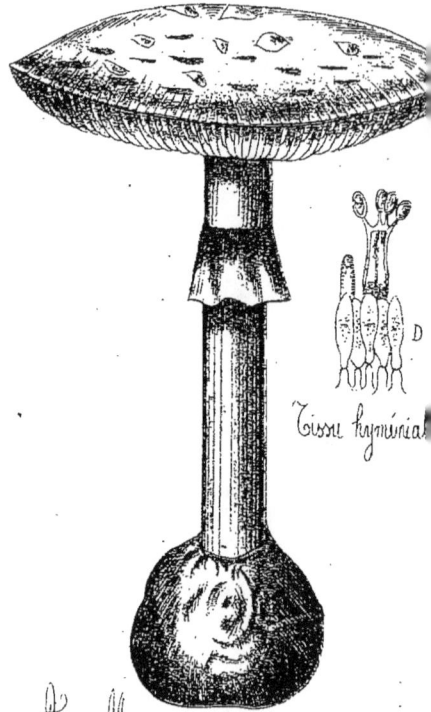

Tissu hyménial

Am. Bulbosus. V
14

Am. Mappa. V
15

F

G

Am. Volvaceus minor. V
17

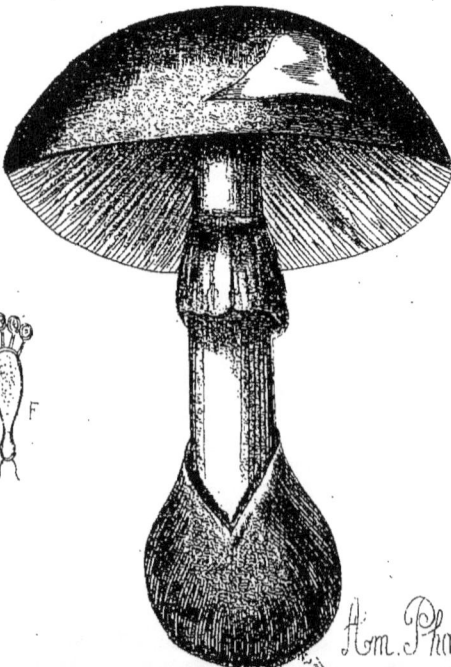

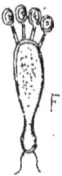

Am. Phalloides. V

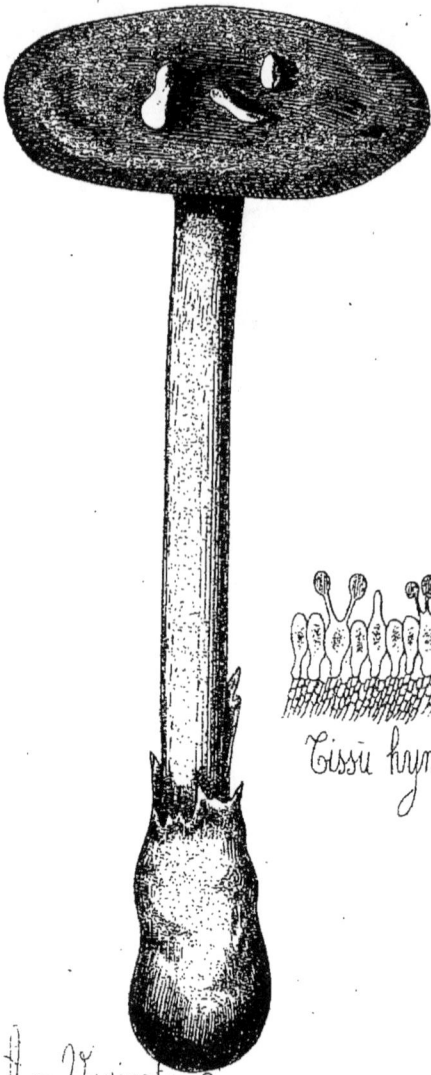

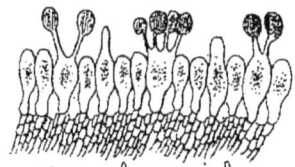

Tissu hyménial

Am. Vaginata. C.
19

Am. Vaginata. C.
18

Am. Vaginata
20

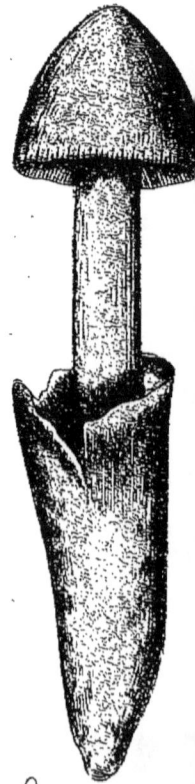

Am. Vaginata

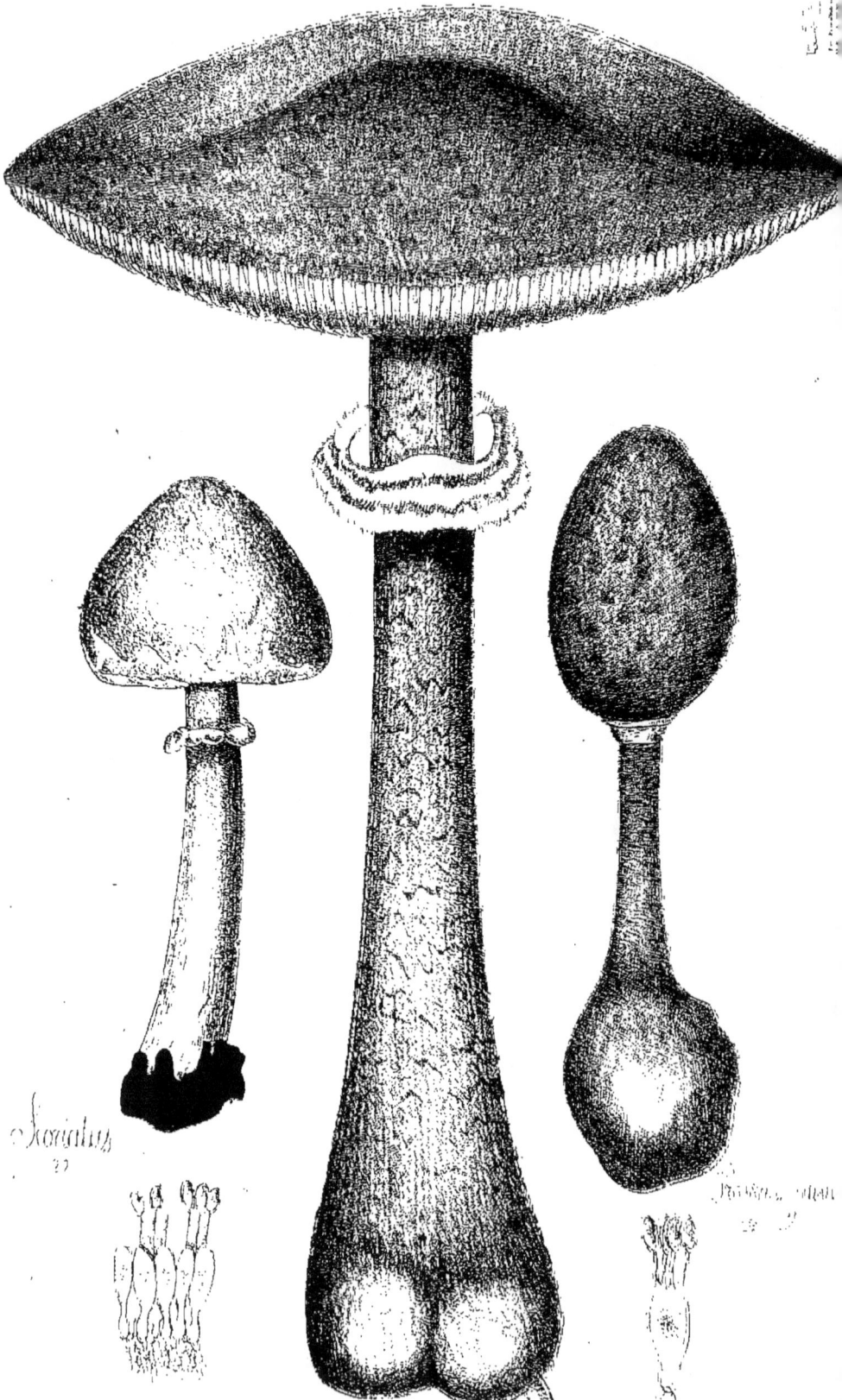

VIII

Clypeolarius. C
25

Mesomorphus. C
26

Amianthinus. C
24

Murinaceus. V

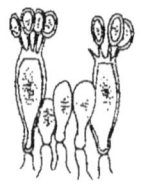

Melleus, C

Ramentaceus, V

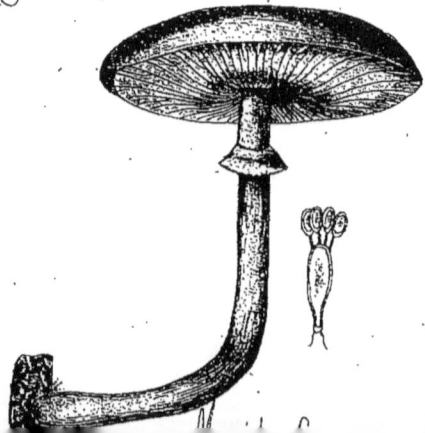

X

Repandus, C
36

34

35

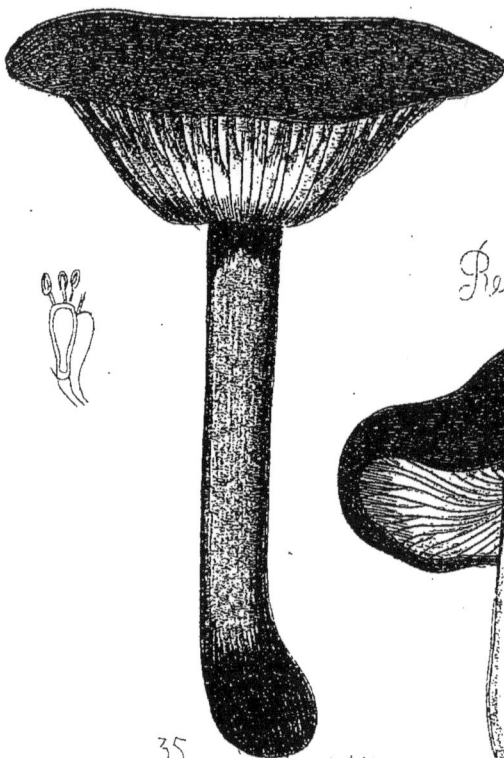

Nictitans, C

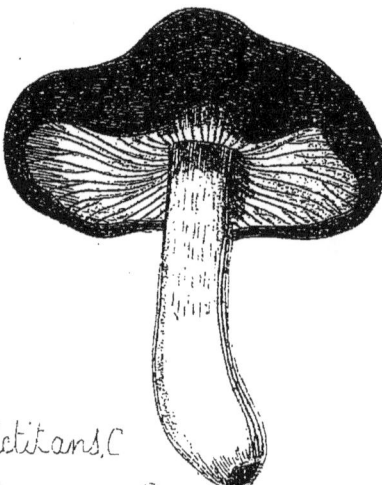

Cartilagineus, C
33

Fusipe

Cinerascens, S

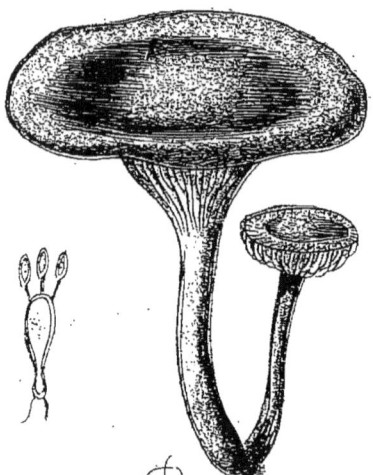

Pruinosus, C
40

Geotropus, C
38

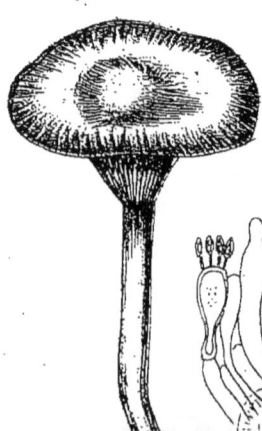

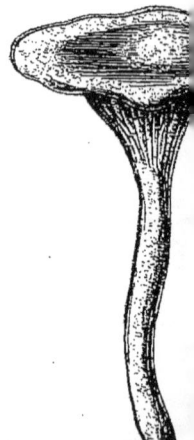

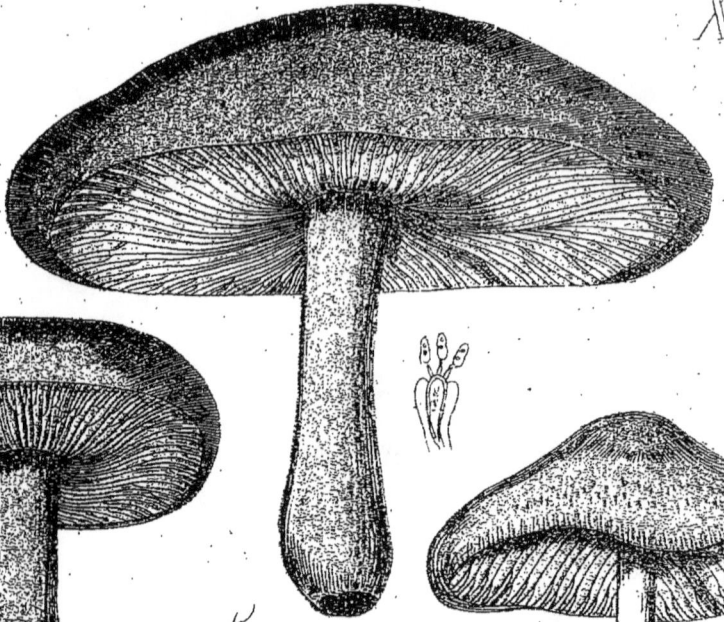

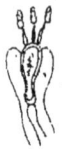

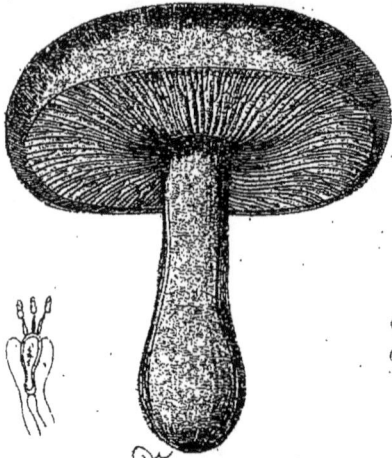

Frumentaceus, C
42

Nudus, C
43

Pyriodorus, C
46

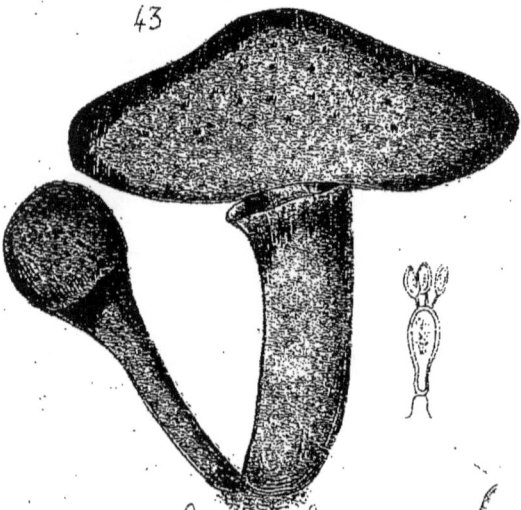

Spectabilis, C
47

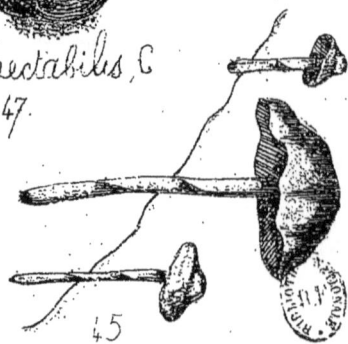

45

Oreades, C
44

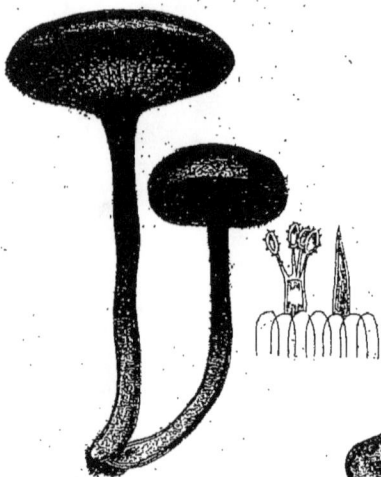

Laccatus, C
52

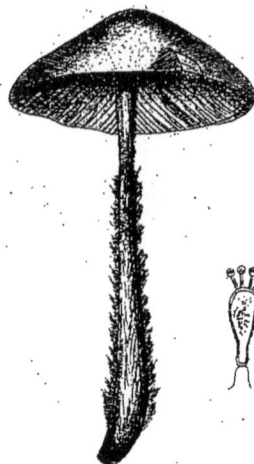

Urens, V
54

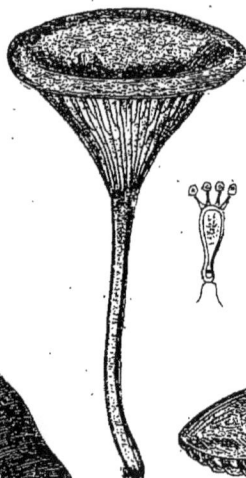

Obatus, C
53

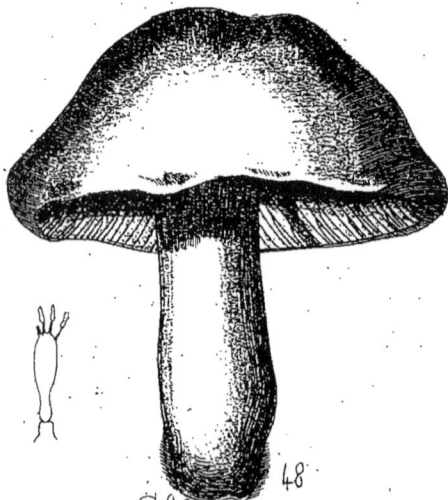

48
Albellus, C

Brevipes, C
49

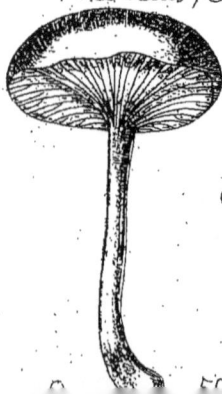

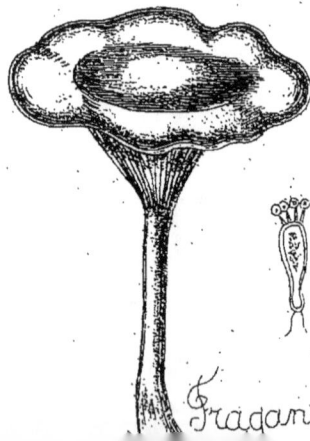

Fragans, C

XIV

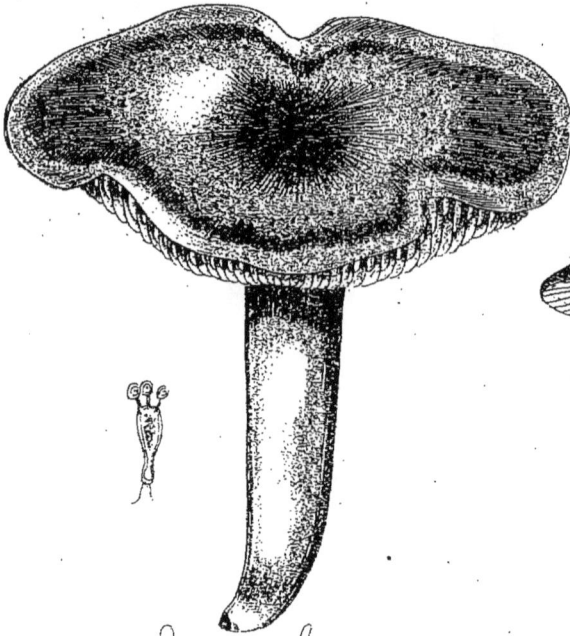

Graveolens, C
55

Sulfureus, V
56

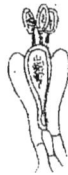

Molibdinus, S
57

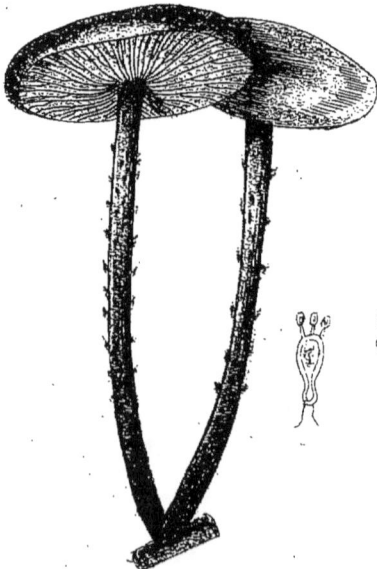

Velutipes
58

Adematopus, C
59

XV

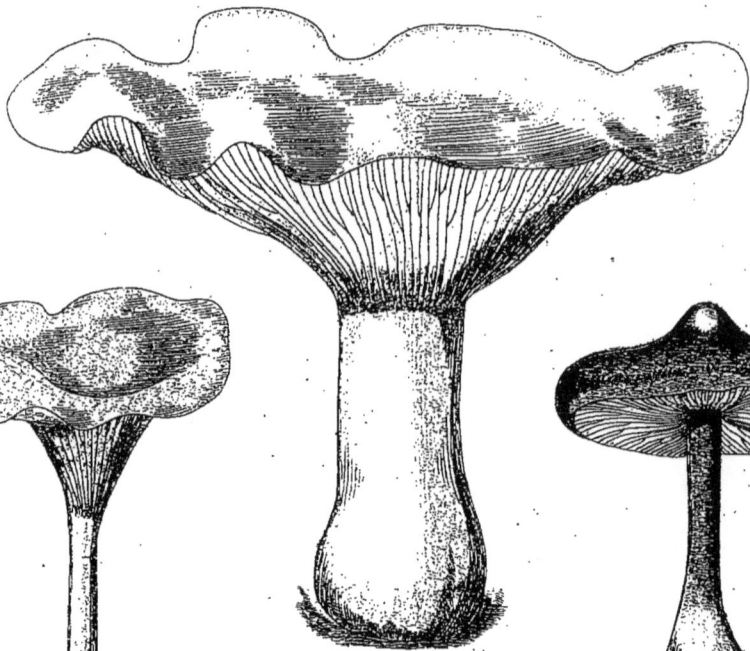

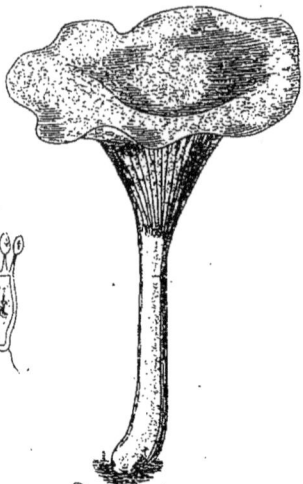

Gjiganteus,C
60

Suaveolus, C
61

Butyraceu
62

Sordidus, C
63

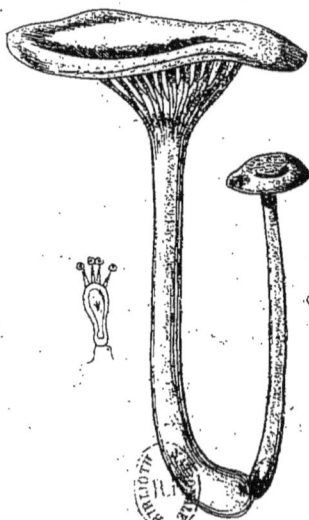

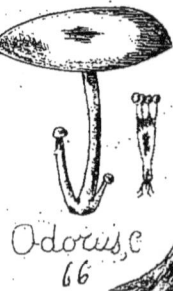

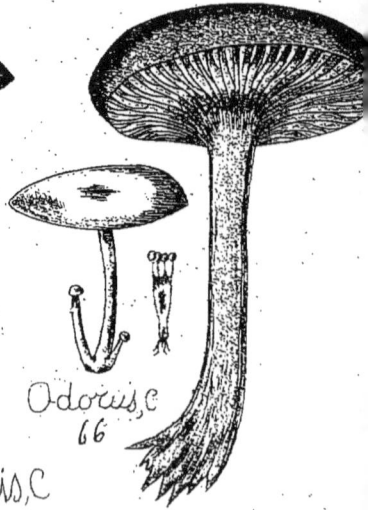

Odorus,C
66

Brumalis,C
64

Odorus, C
65

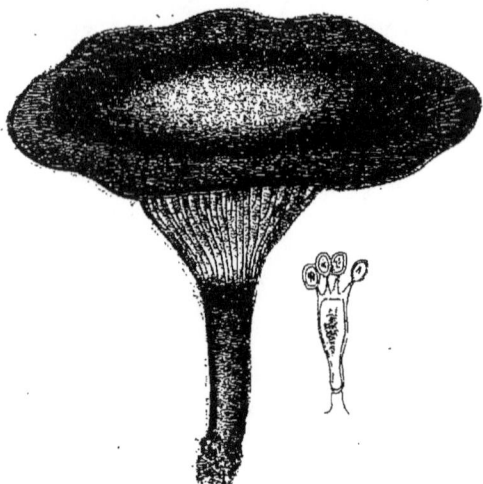

Inversus, C
67

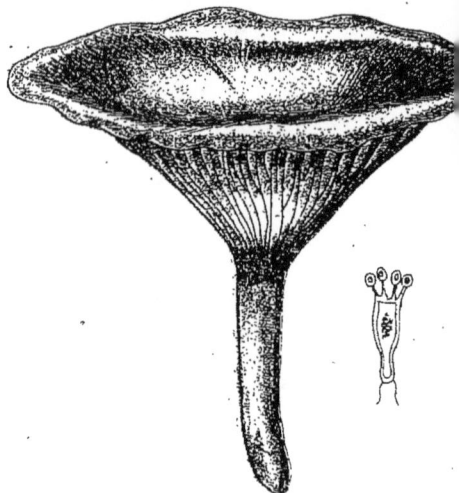

Catinus, C
68

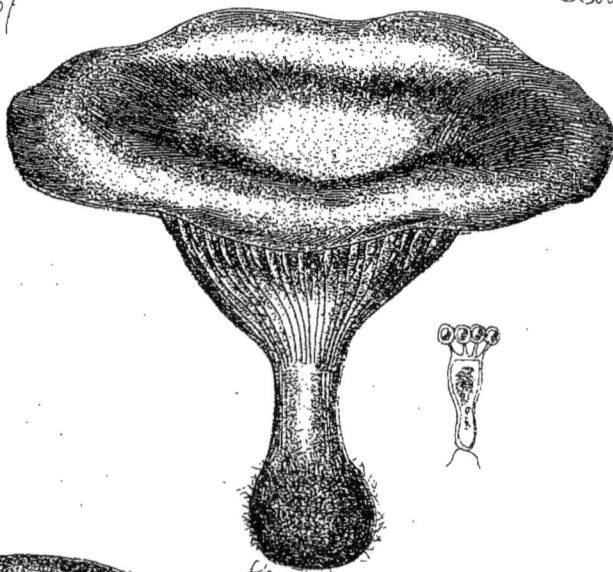

Flaccidus, V
69

Dryophilus, C
70

Erytropus, C
71

BIBLIOTHÈQUE NATIONALE R.F.

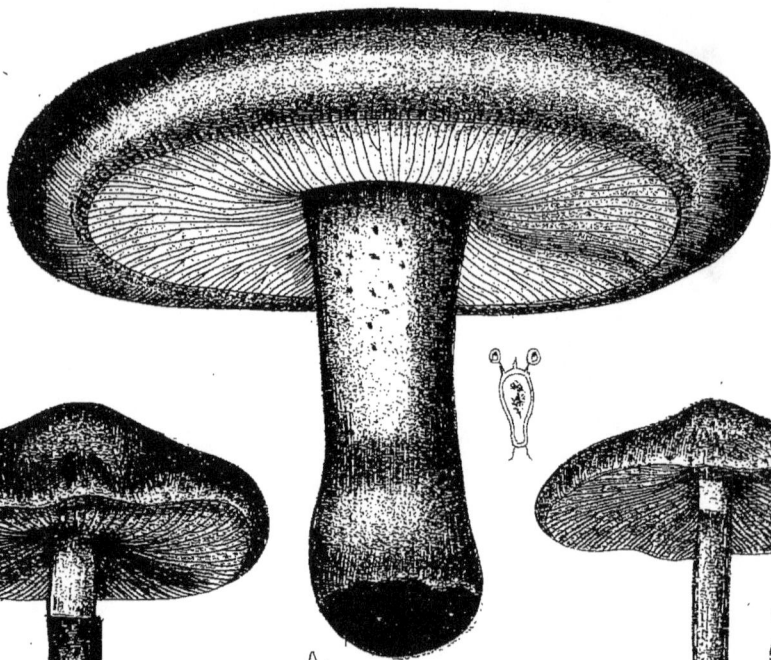

Acerbus, C
72

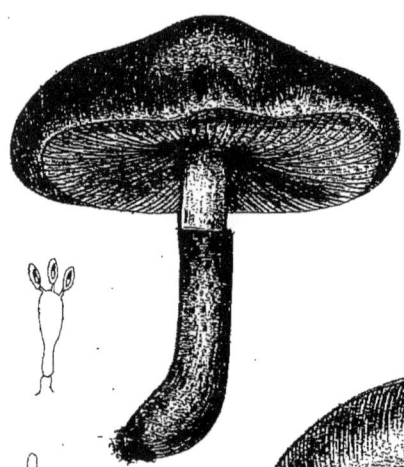

Arenatus, C
73

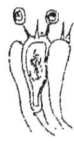

Tabularis,
74

Nebularis, V
75

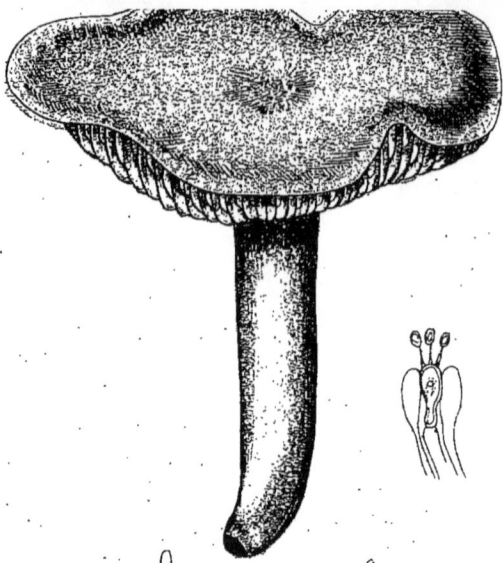

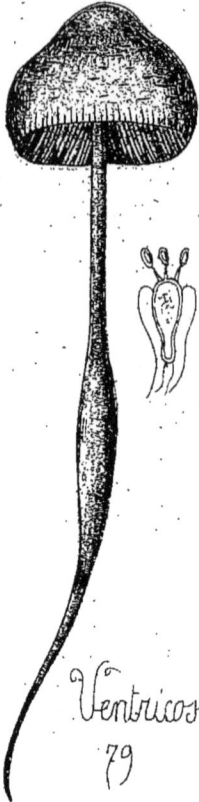

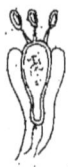

Saponaceus, S
78

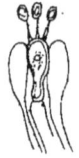

Ventricosus, C
79

Clusilis, C
80

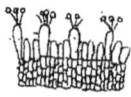

Aquosus, C
81

82

Contortus, C

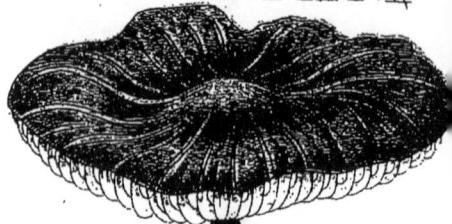

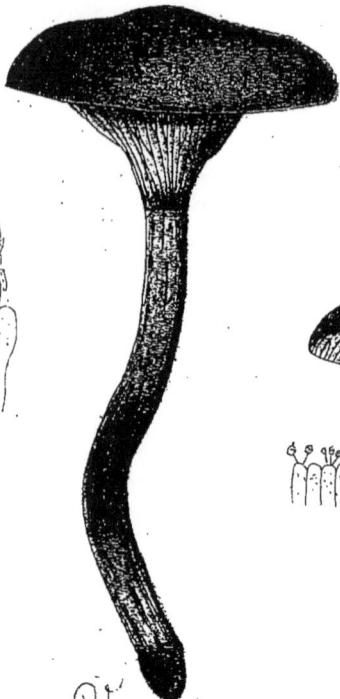

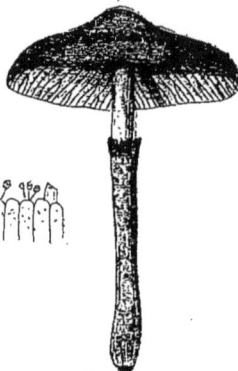

Viscidus, C
83

Aruginosus, V
84

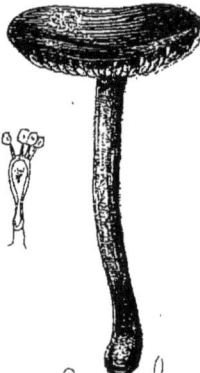

Ericaeus, C
86

Arvalis, C
87

Longipes, C
85

88

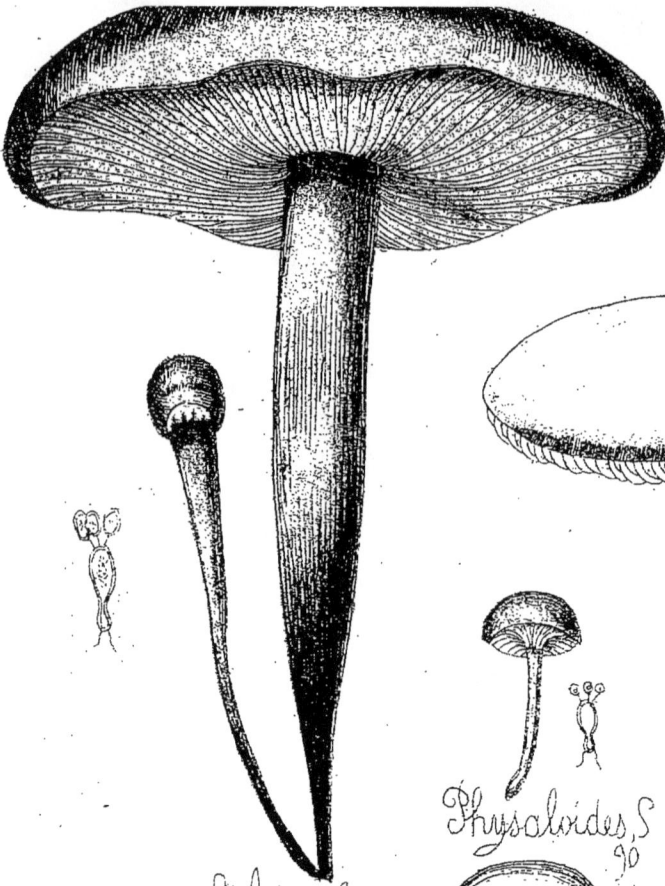

Physaloides, S
90

Alnicola, C
89

91

Leucocephalus

93

Lustratus

Chrysantherus, S
92

Tonides
94

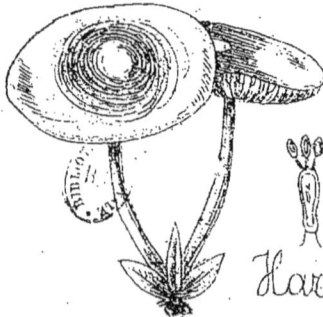

Hariolorum, C

XX

XXI

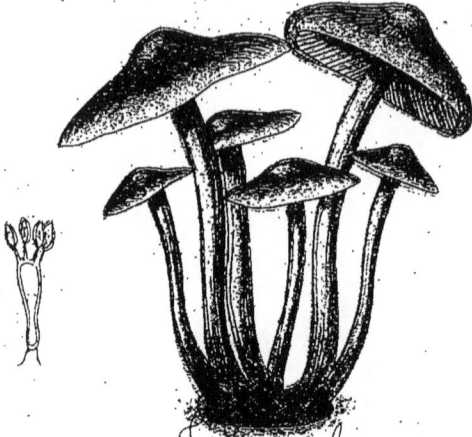

Fasciularis, V
96

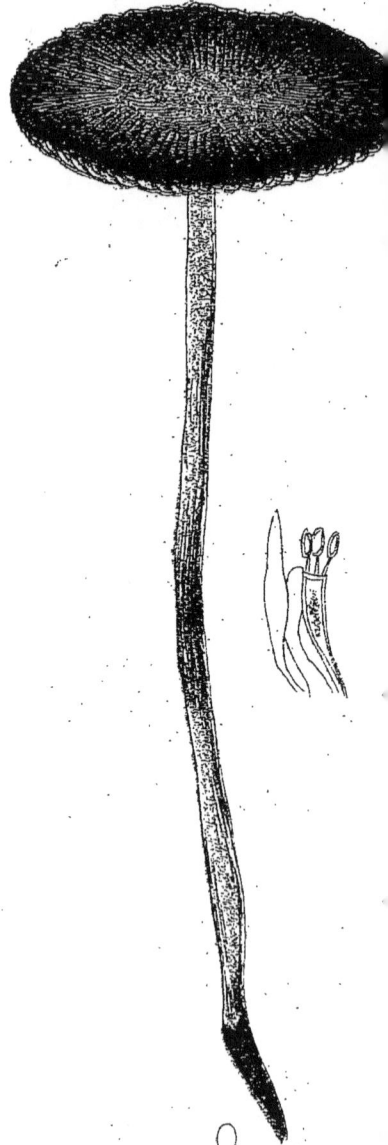

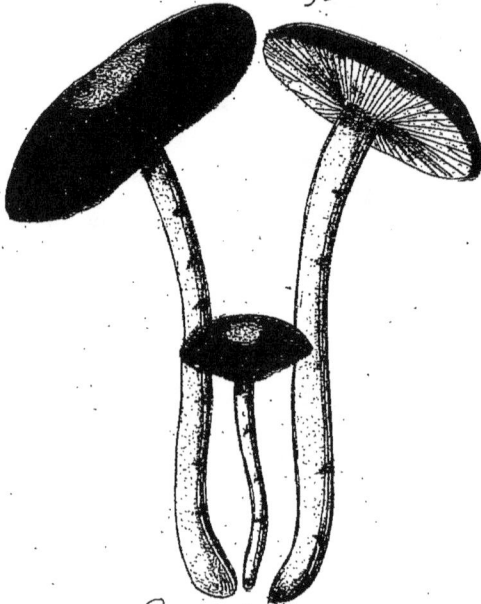

Candollianus
98

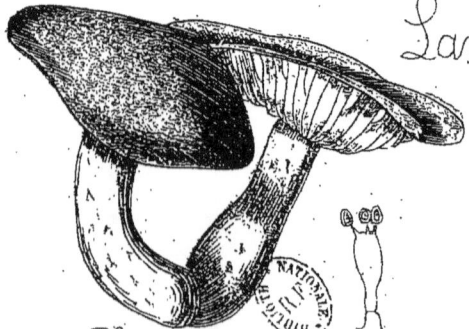

Lancipes,
97

Clavipes, S

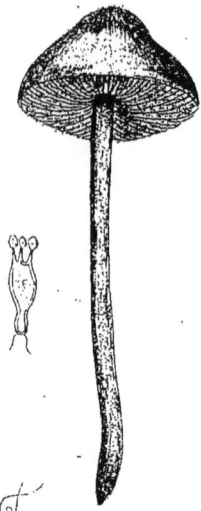

Foraminosus
100

Conocephalus
101

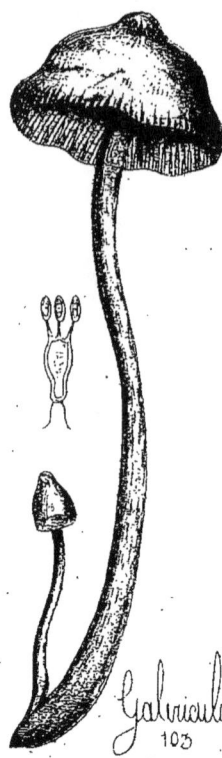

Galericulatus
103

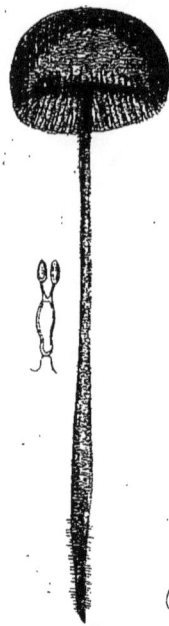

Collinus
102

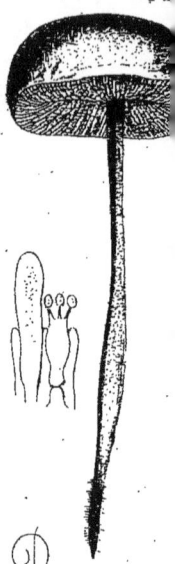

Roseus
104

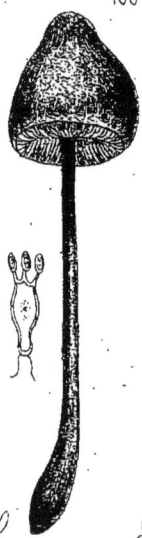

Tener
105

Epiphyllus
106

Pirus
107

Sideroides
108

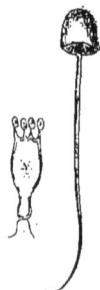

Lineolus
109

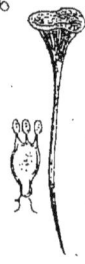

Fibula
110

Inodorus
111

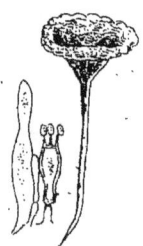

Umbeliferus
112

Pellucidus
113

Pituliformis
115

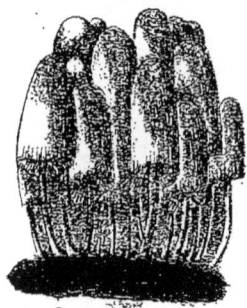

Conjugatus
114

Ramealis
116

Horizontalis
117

Gyroflexus
118

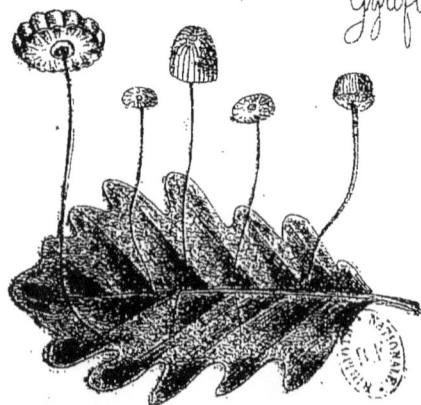

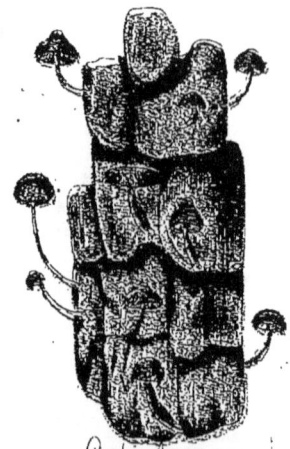

Flavo-albus
120

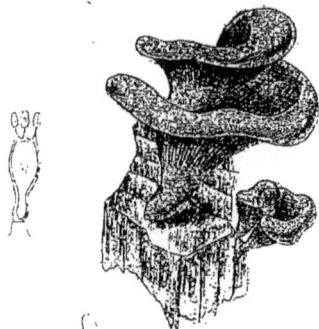

Stypticus
122

Variabilis
123

Amadelphus
130

Clarus
124

Pygmœus
129

Arachnostephus, C
128

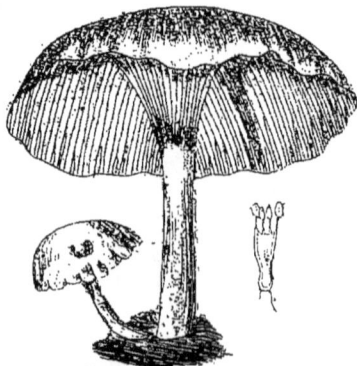

Kallis, C
125

Myomyces, C
126

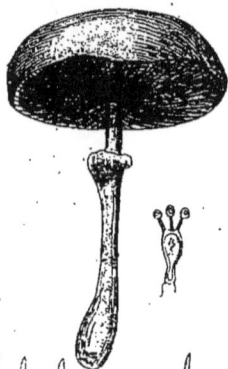

Sphaleromorphus, C
131

Melaspermus
132

Radicosus, C
133

Esculentus, C
131

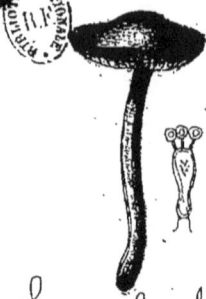

Semi-orbicularis, C

Mammosus
136

XXV

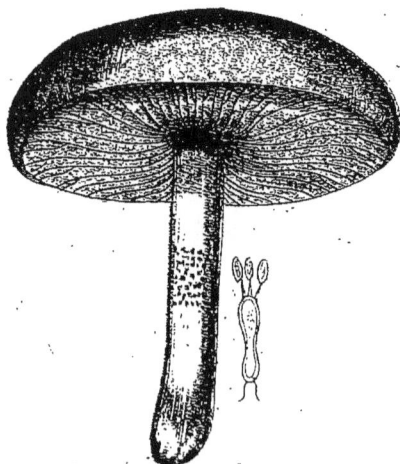

Crustuliniformis, V
137

Sinuosus, V
138

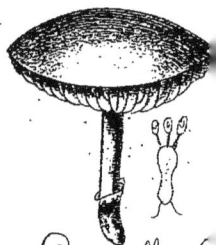

Coronilla, C
139¹

Tessellatus, C
141

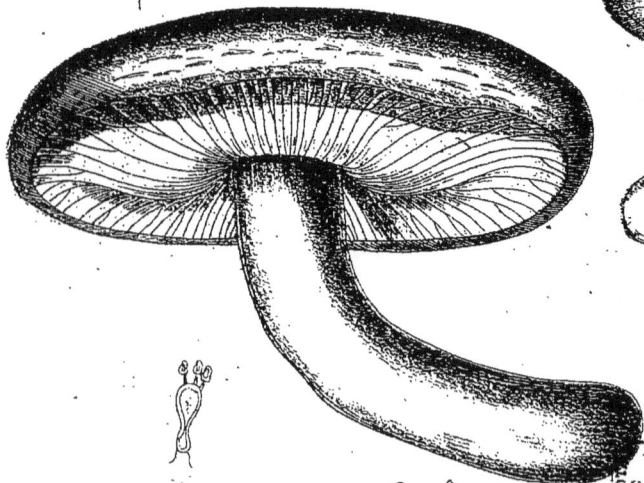

Ulmarius, C
140

BIBLIOTHÈQUE NATIONALE

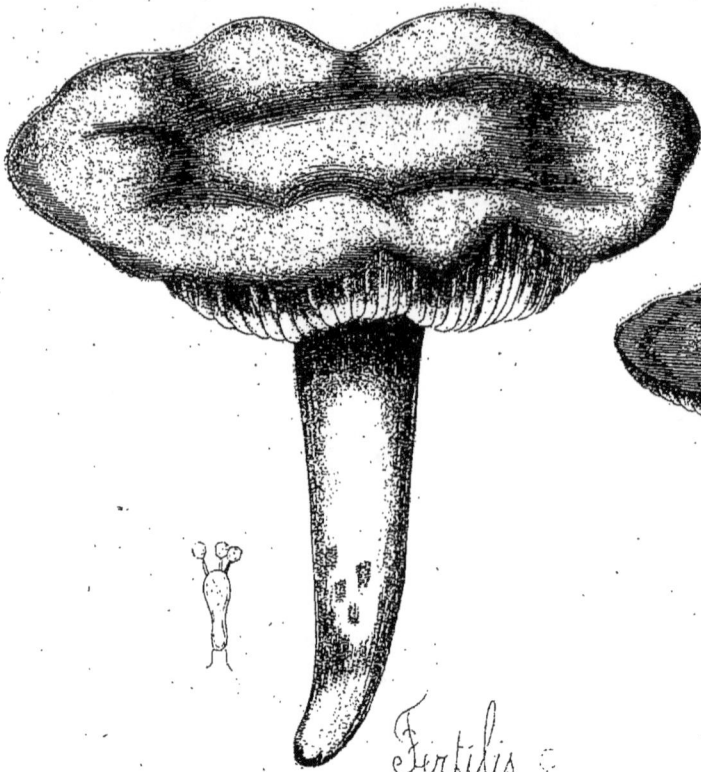

Fertilis
142

Nanus, S
143

Sinuatus, C 144

Lampuosus, S
146

Ardrosia
145

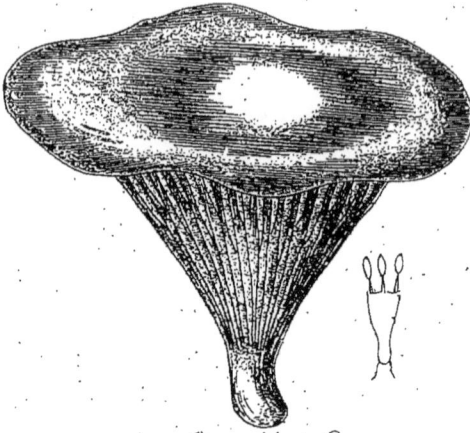

XXVIII

Oreella, C
147

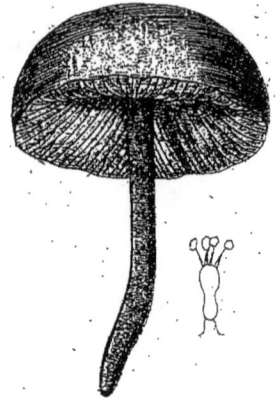

Serrulatus
148

Prunulus, C
149

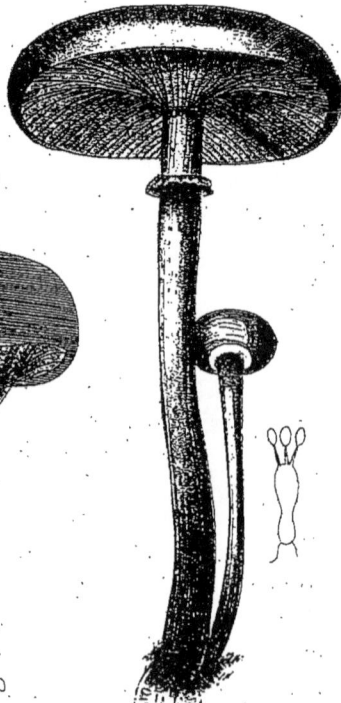

Mutabilis
150

Sericeus
151

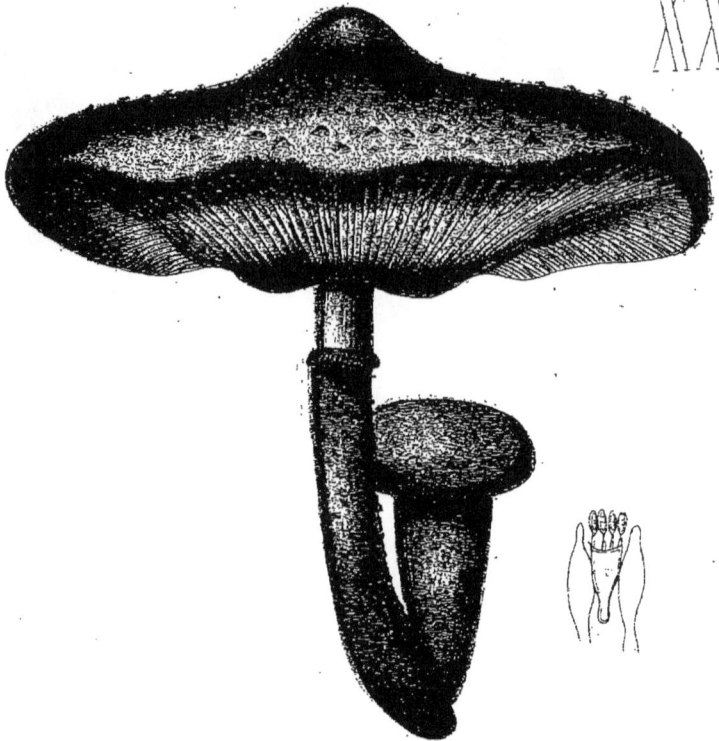

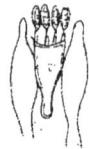

Squarrosus. C.
152

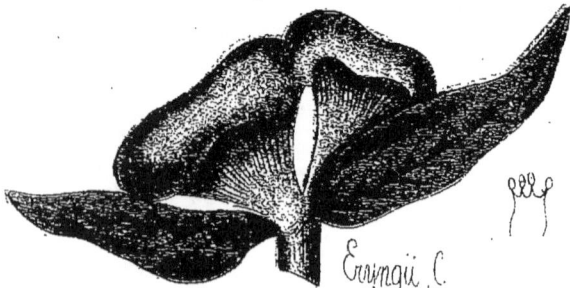

Eringii. C.
153

Eringii. C.
153

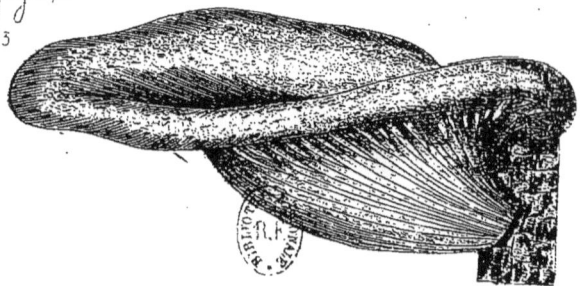

Ostreatus. C.
155

Thucosmemus. C.

XXX

Pyrotrichus, S
156

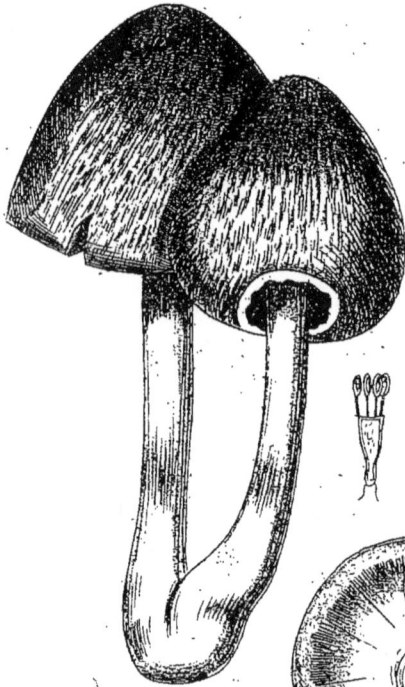

Velutinus, S
157

Appendicula
158

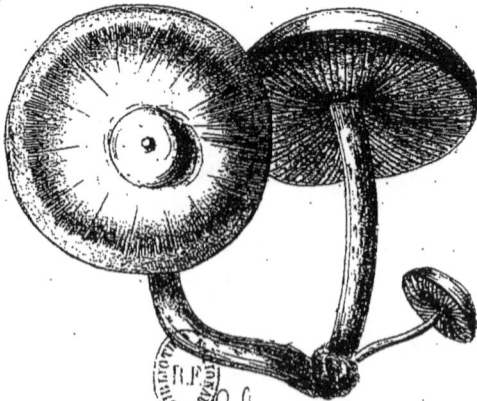

Elaeodes, V
159

R.P.

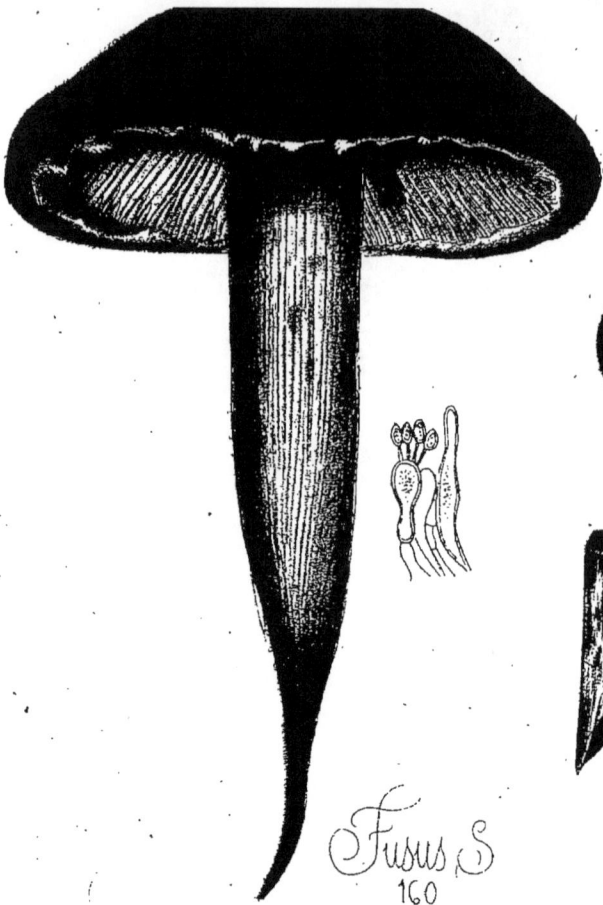

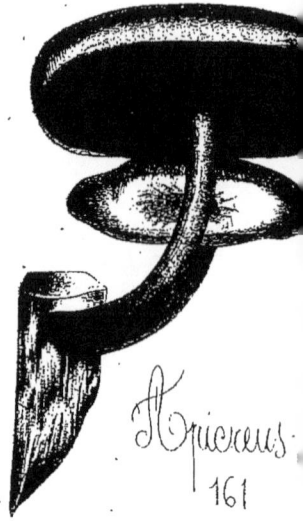

Apiceus
161

Fusus S
160

Cupu

XXXIII

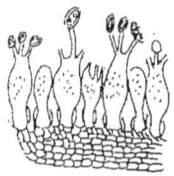

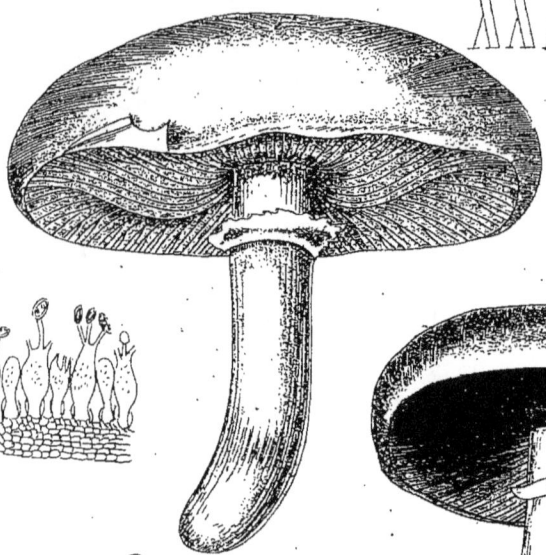

Campestris, C
165

Pudicus, C
167

Attenuatus,
166

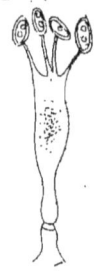

Obturatus, C
169

Silvicola, C
168

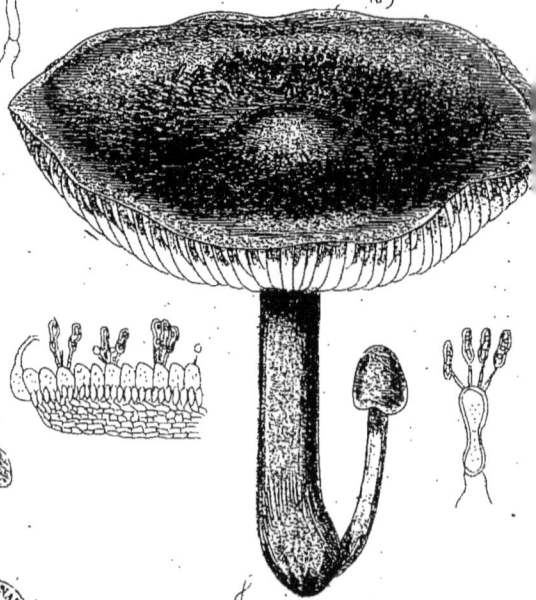

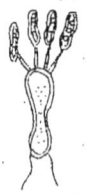

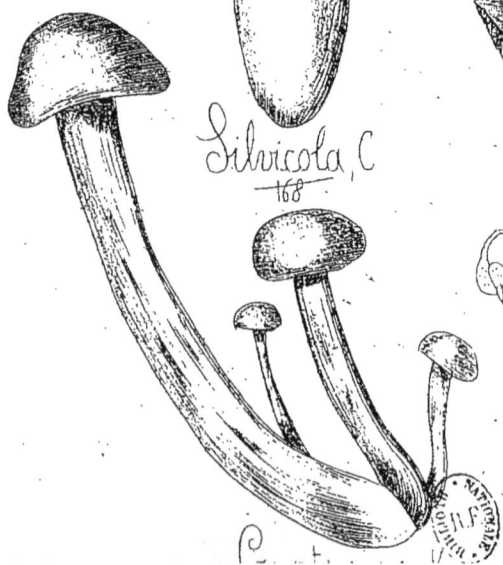

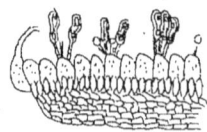

Terreus, C
171

XXXIII.

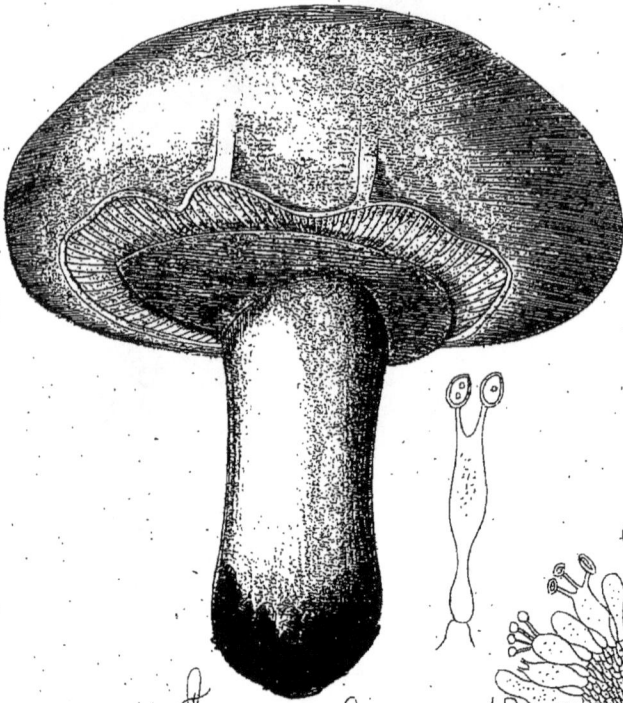

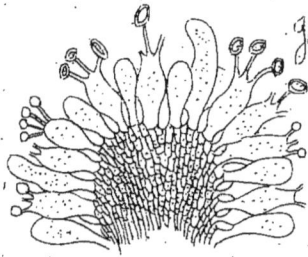

Arvensis, C.
172

Hæmatospermus
173

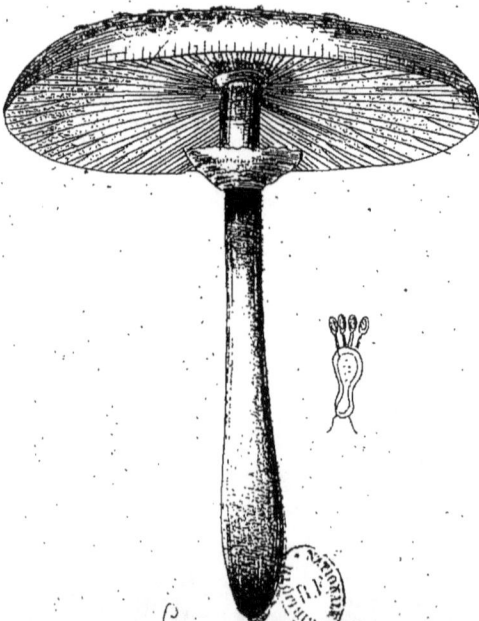

Edulis, C.
176

MUSÉE NATIONAL

Psittacinus, S
176

Lividus, V
177

Conicus, C
178

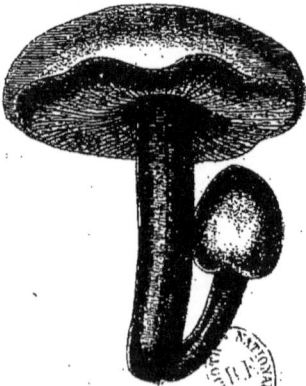

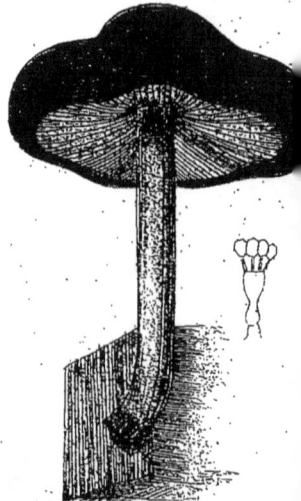

Miniatus
180

Hydrophilus, S
179

Erubescens, S

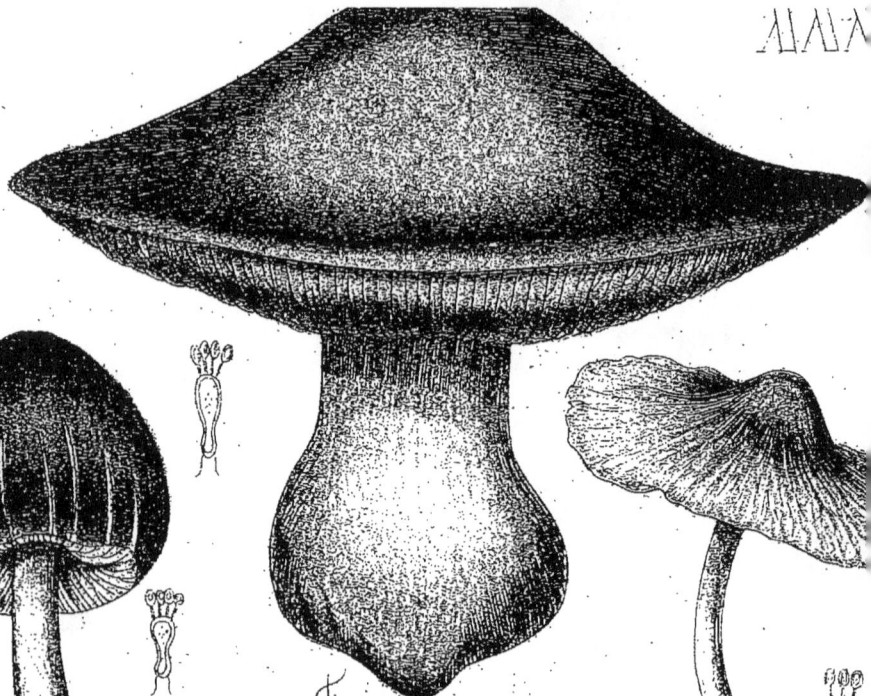

XXXX

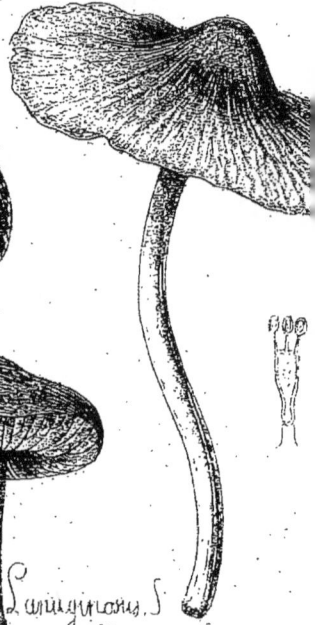

Districtus. C
79

Firmus. S
182

Laniginous. S
185

Rimosus
184

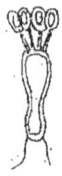

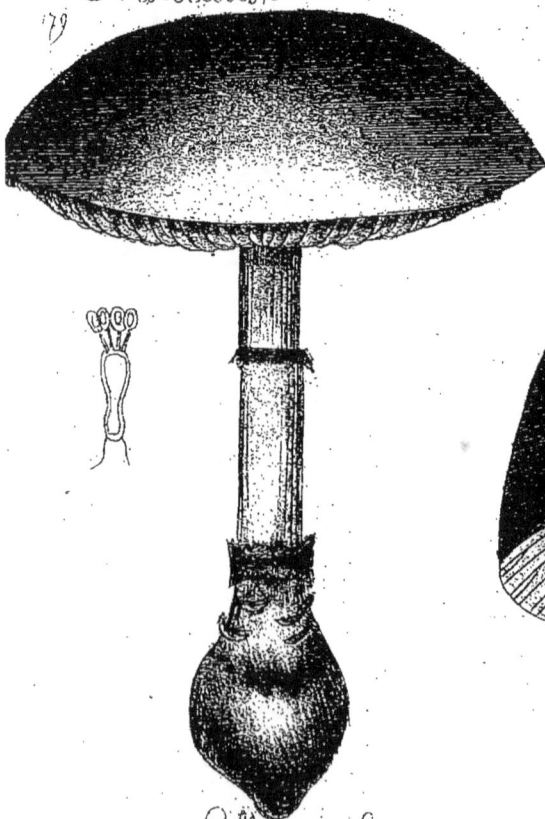

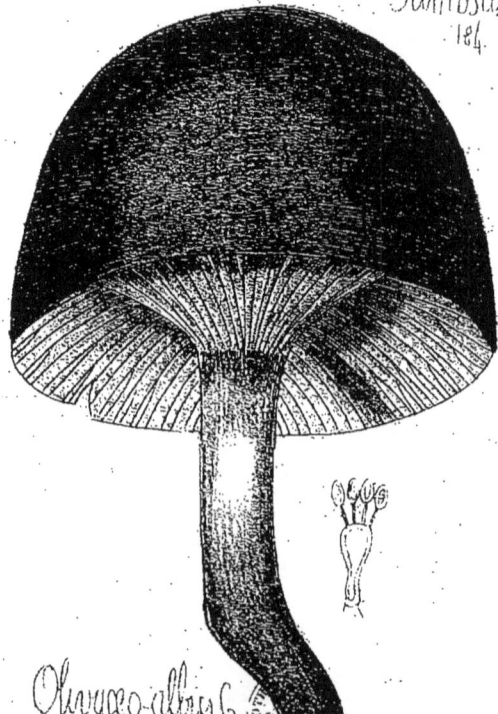

Collinitus. S
186

Oliuaceo-albus. C

Vibratilis, C.

Violaceus, C.

189

Jubarinus, C.
190

Caninus, C.
191

BIBLIOTHÈQUE NATIONALE

XXXV

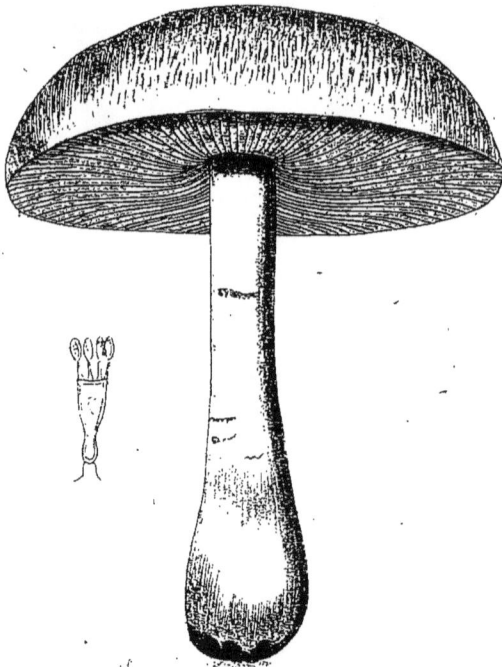

Haematochelis, C.
193

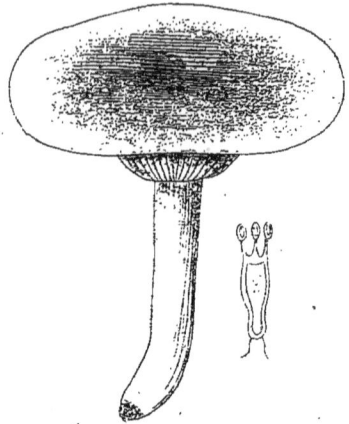

Vitellinus, C.
194

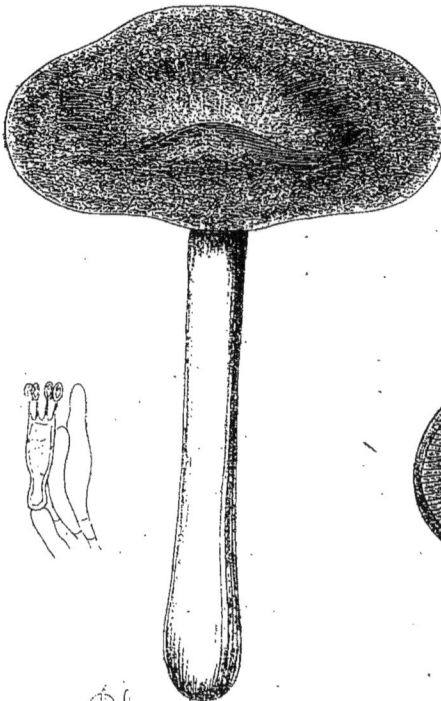

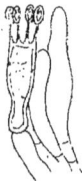

Phaeopodius, C.
195

Castaneus, C.
196

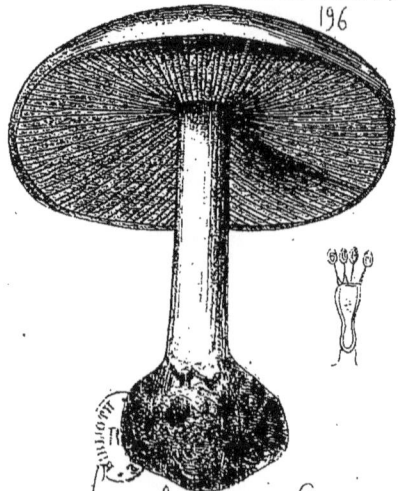

Turbinatus, C.
197

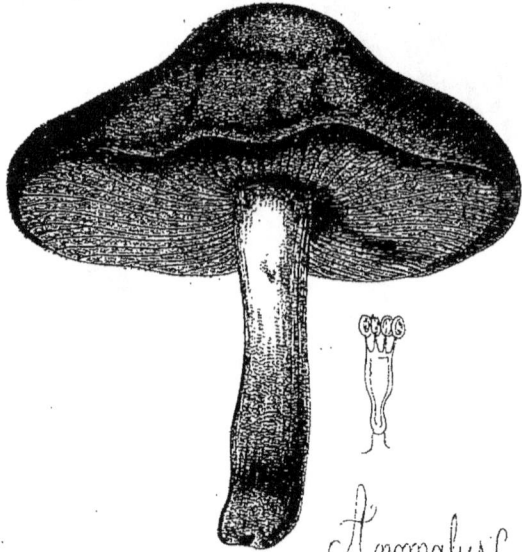

Cinnamomeus C.
198

Anomalus C.
199

Incisi
200

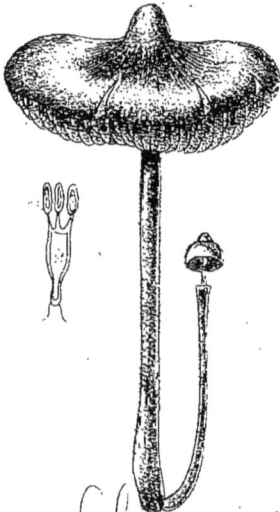

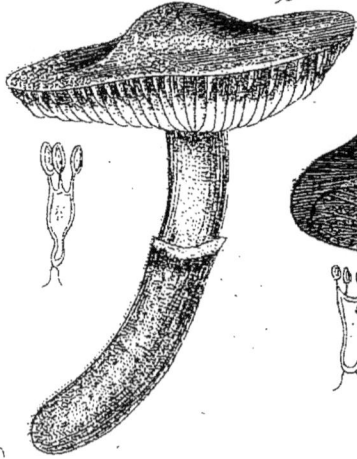

Leveillei C.
202

Bu

Cleopodius C.
201

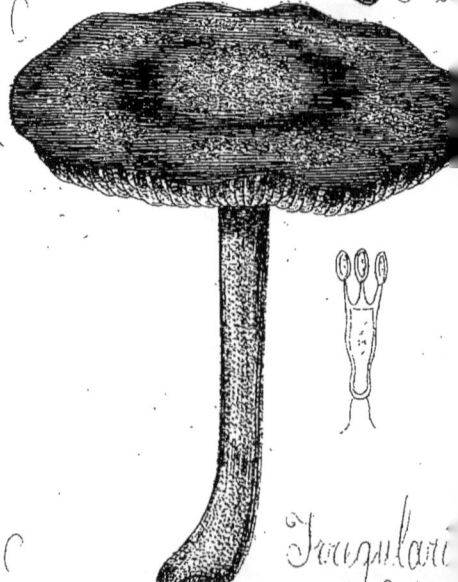

Sicinipes C.

Irregulari

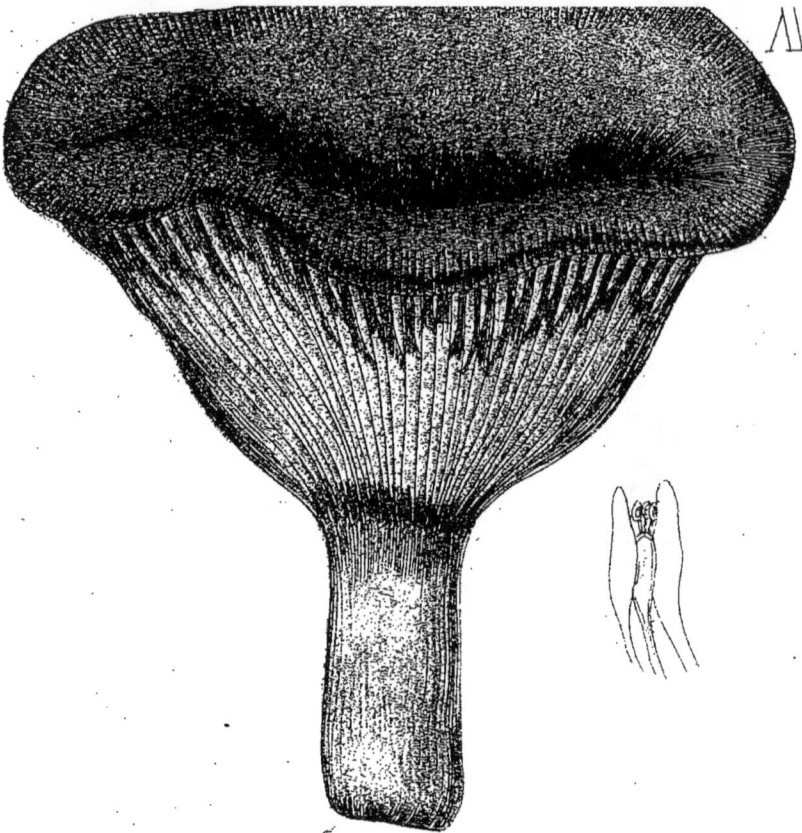

Involutus, C
206

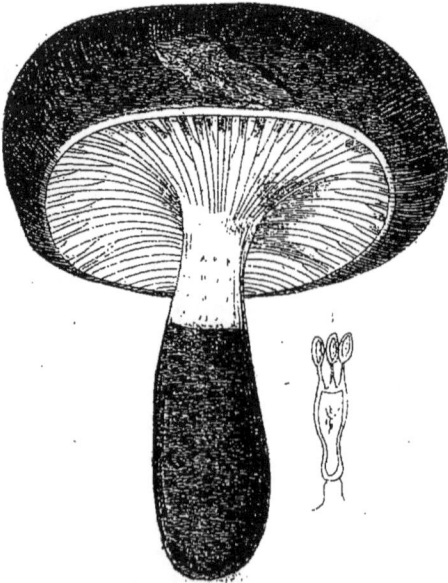

Glutinifer, C
207

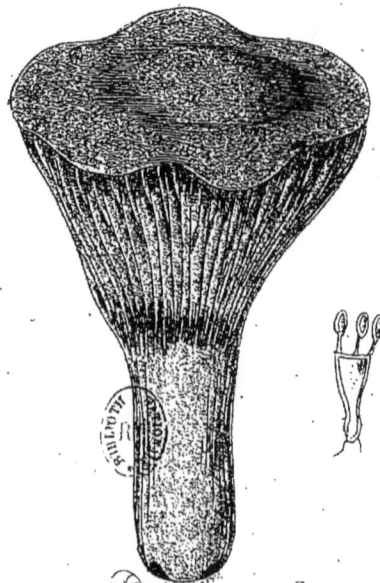

Pratensis, C
208

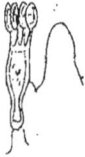
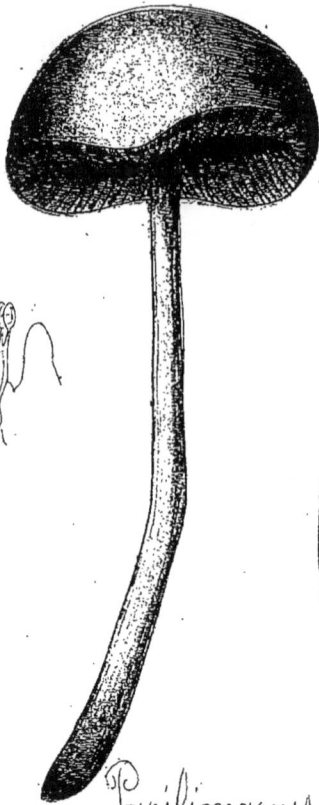

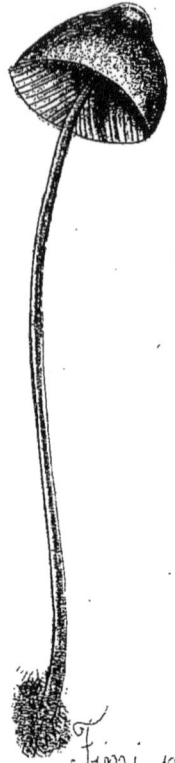

Papilionaceus
209.

Picaceus, S.
210.

Fimi-putris
211.

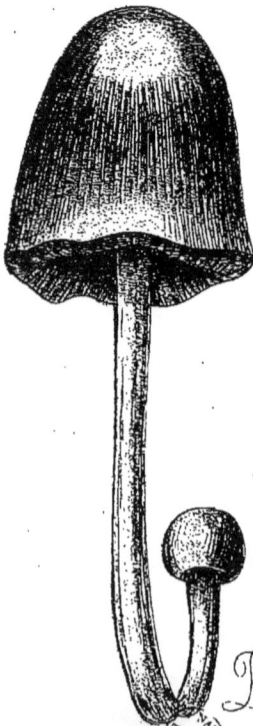

Deliquescens, S.
212.

Micaceus, S.
213.

Comatus, C.
214

Astramentarius, C.
215

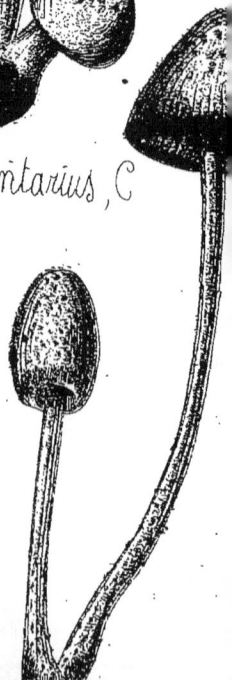

NATIONAL...

Montanus
218

Extinctorius
219

Tomentosus
220

Titubans
221

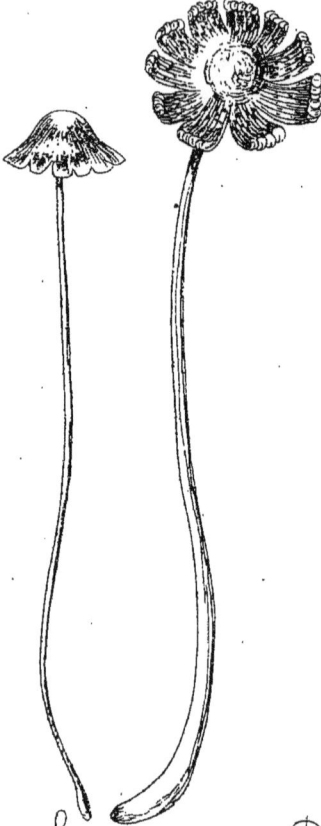

Stercorarius
222

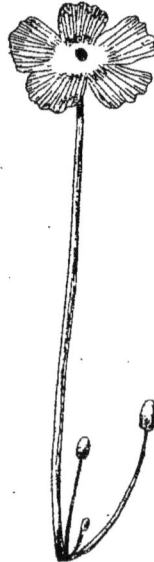

Ephemerus
224

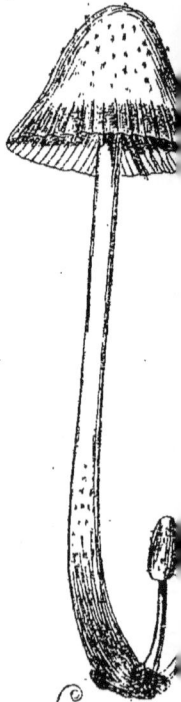

Cinereus
222

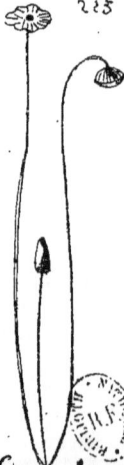

Disseminatus
223

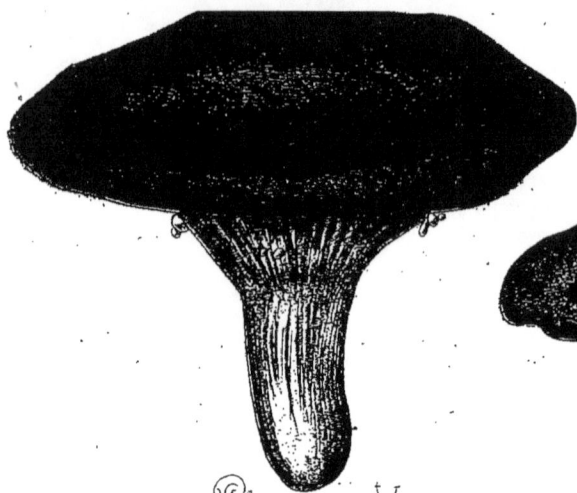

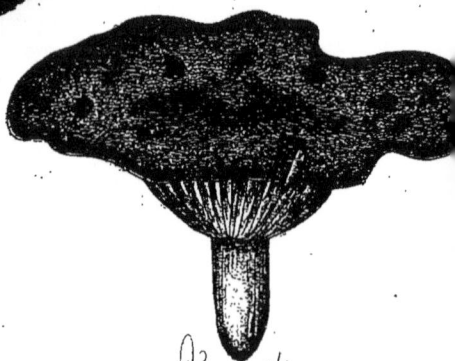

Plumbeus, V
230

Azonites
231

Torminosus, E
232

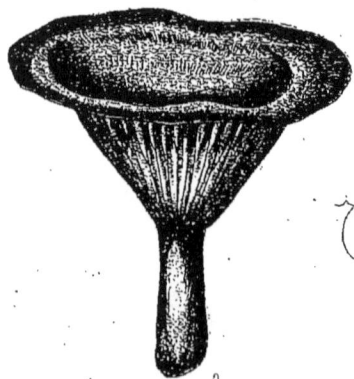

Thejogalus, C
233

Camphoratus, C

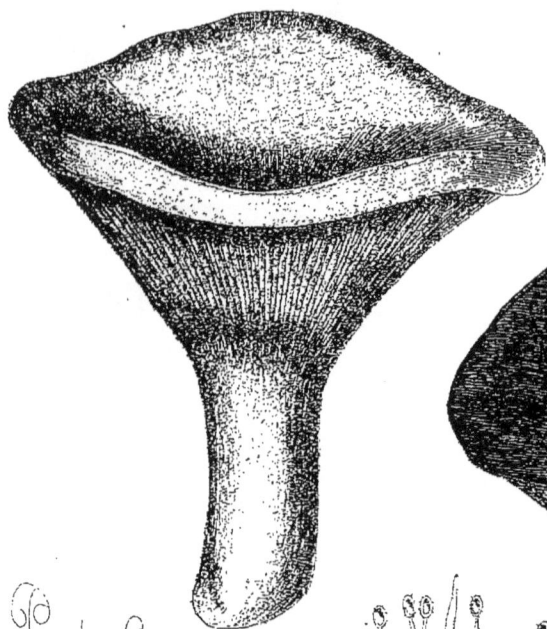

Piperatus, C.
235

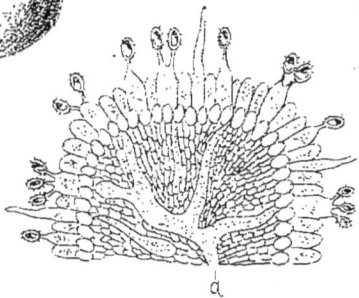

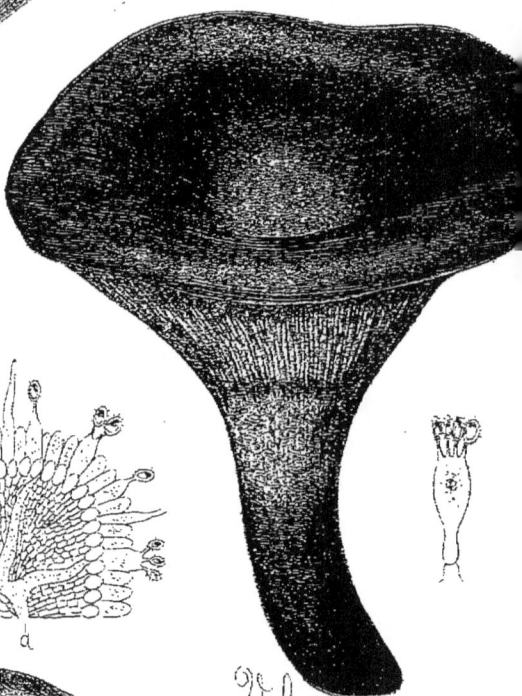

Volemus, C.
236

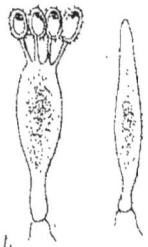

Deliciosus, C.
237

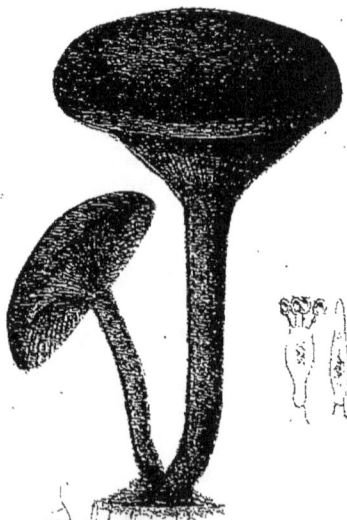

Fuliginis, C.

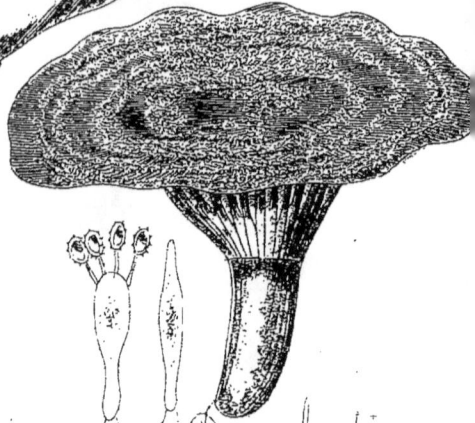

Velleus, C.
239

Pyrogalus. V
240

Ablutareus. C
241

3meticus. V

Galochroa
244

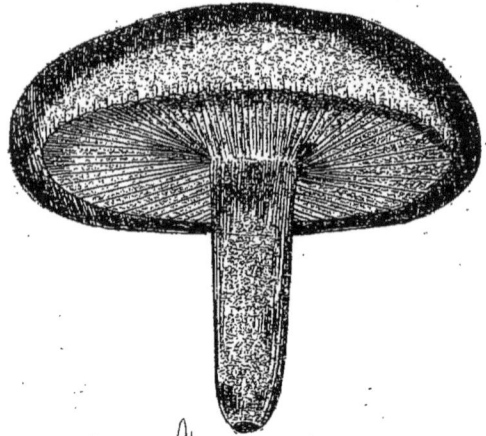

Aurata. C
245

Ravida. C
246

Fragilis. V
247

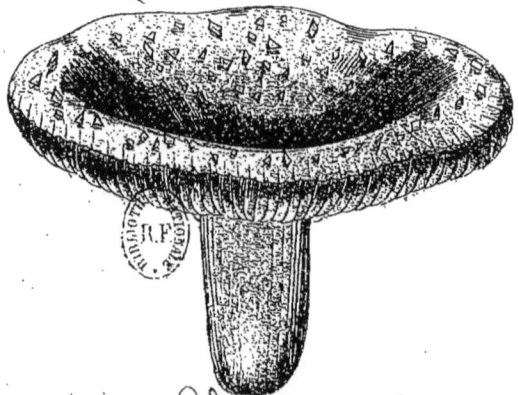

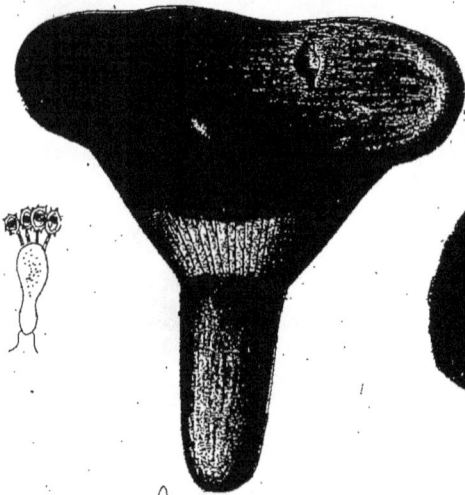

Sanguinea, V.
249

Foetens, V.
250

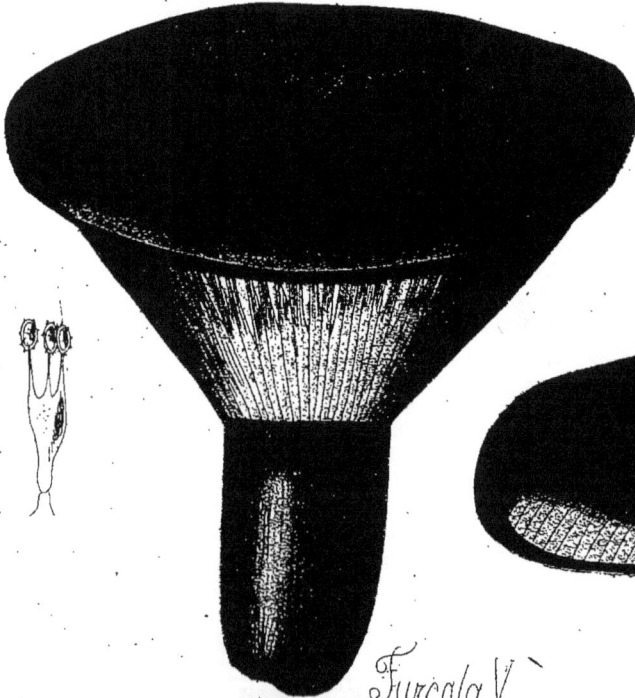

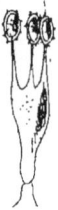

Furcala, V.
251

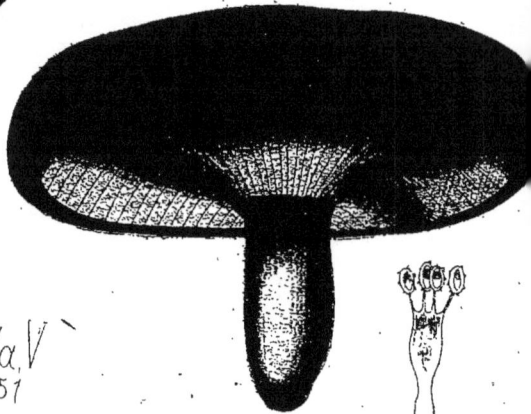

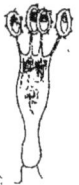

Cyanoxanta, C.

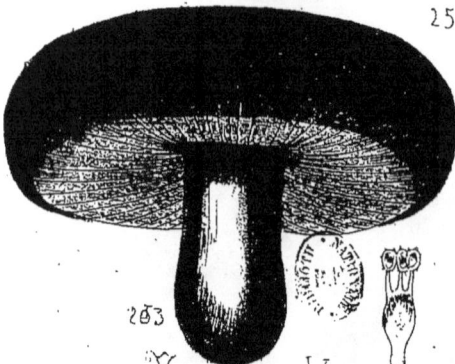

253

Nigricans, V.

Cibarius, C
254

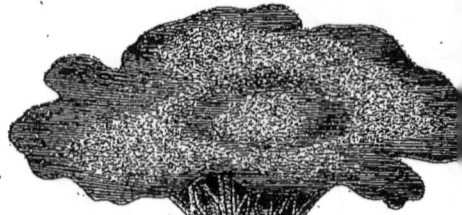

Muscigenus, C
257

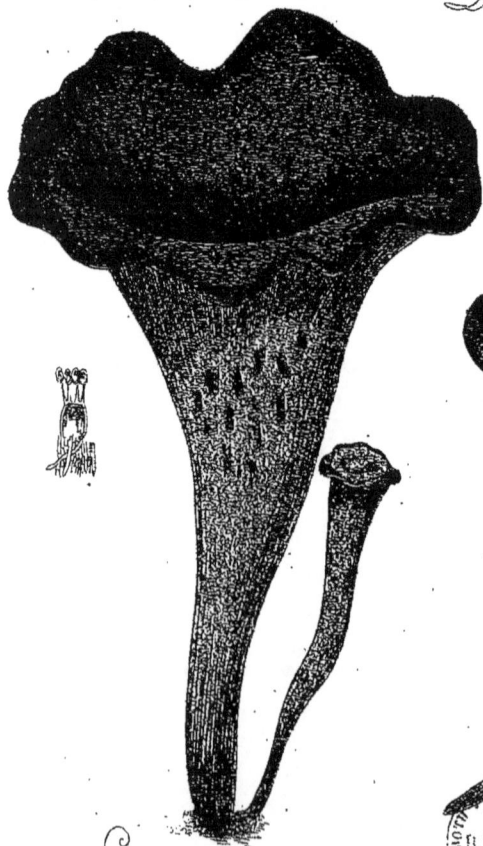

Dentatus, C
255

Aurantiacus, C
256

Cornucopioides, C

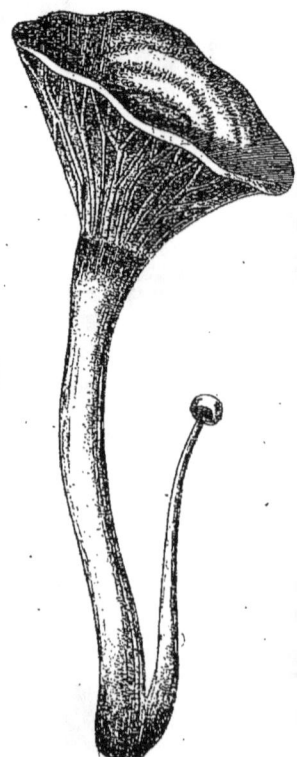

Tubæformis, C
259

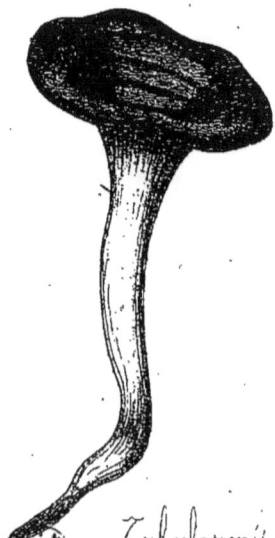

Lutiformis, C
260

BIBLIOTHÈQUE NATIONALE R.F.

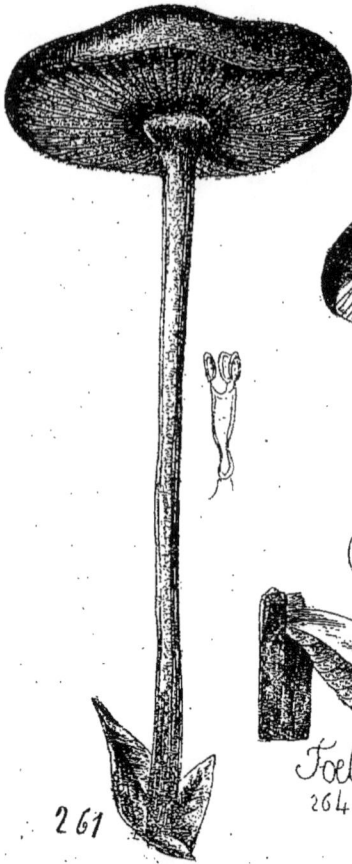

261

urens

262

Oreades, C

Foetens
264

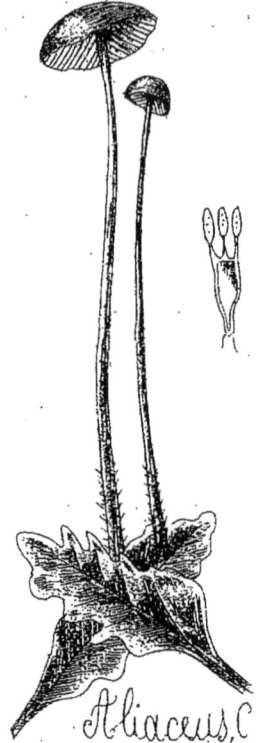

Aliaceus, C
263

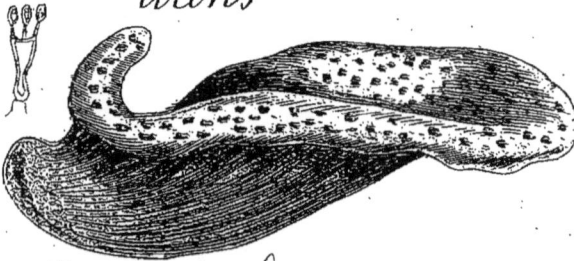

Praciomus, S
265

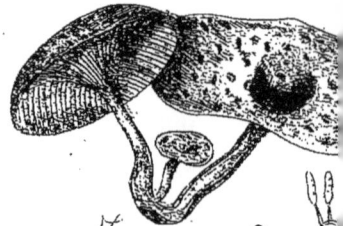

Tigrinus, C
266

Concatus, C

BIBLIOTHÈQUE NATIONALE

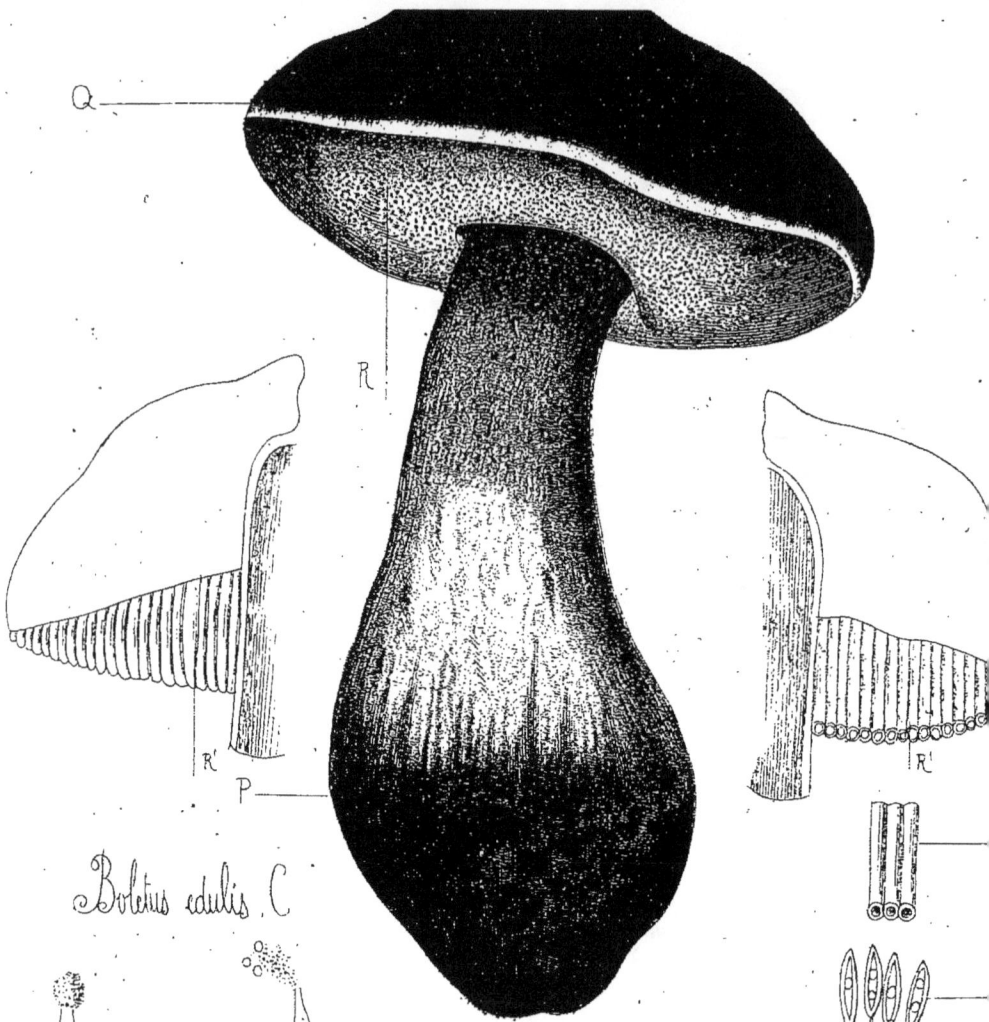

Q

R

R'

P

Boletus edulis. C

S

S

268

R'

S'

269

269

2

U

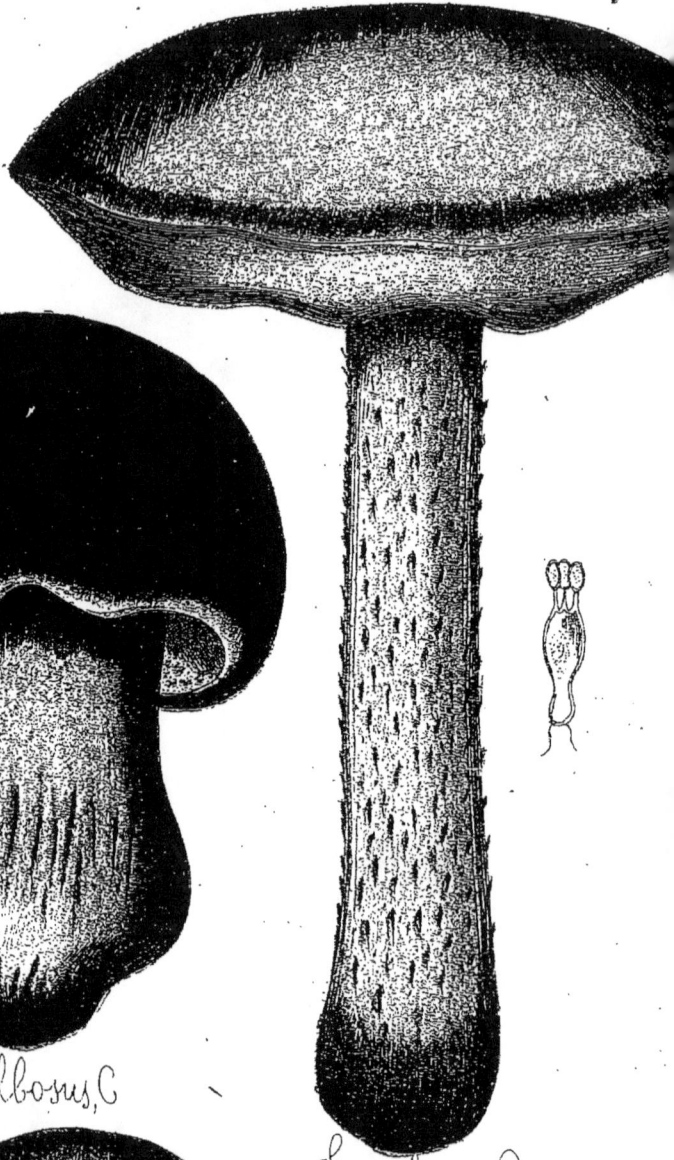

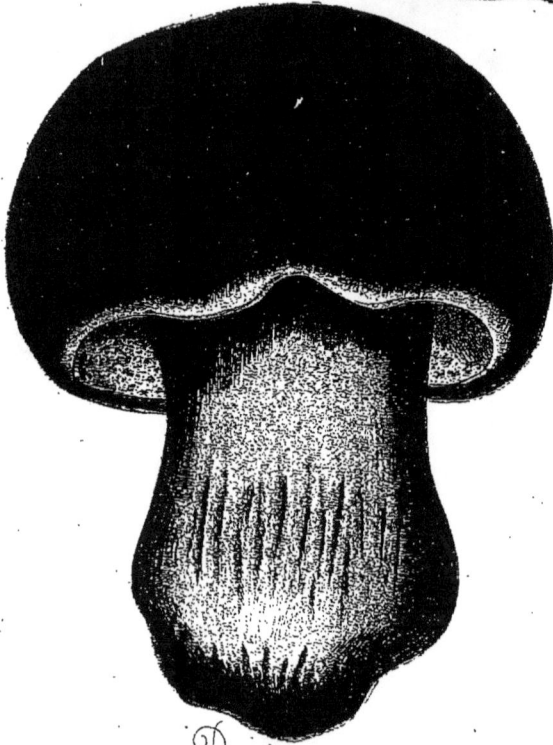

Bulbosus, C
270.

Scaber, C
271

NATIONALE

Subtomentosus, C
273

274
Aurantiacus, C

Castaneus, C
275

276

Tuberosus; V 274 bis

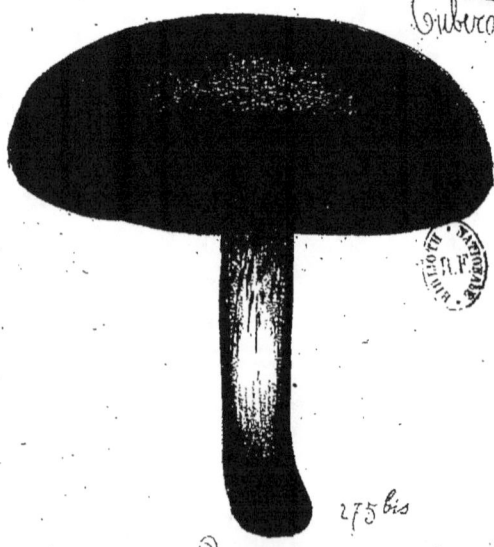

275 bis

BIBLIOTHÈQUE NATIONALE · R.F.

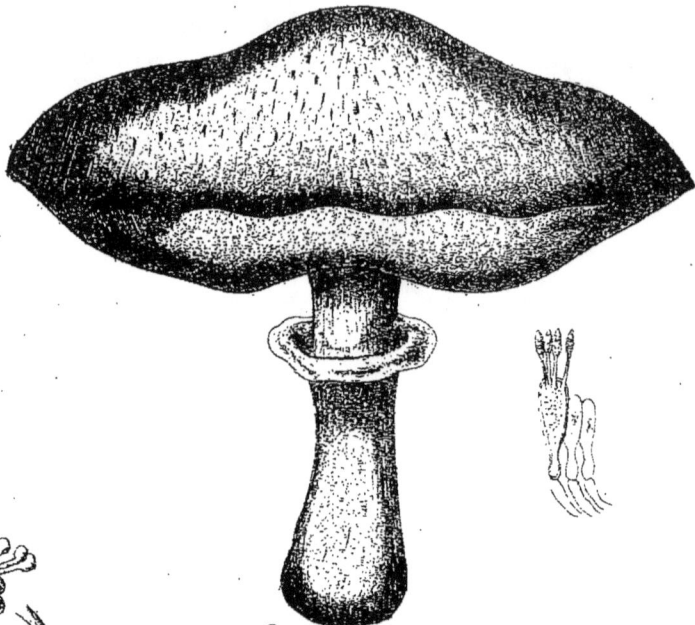

C

A

Suteus, C
277

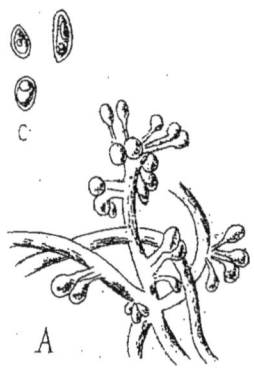

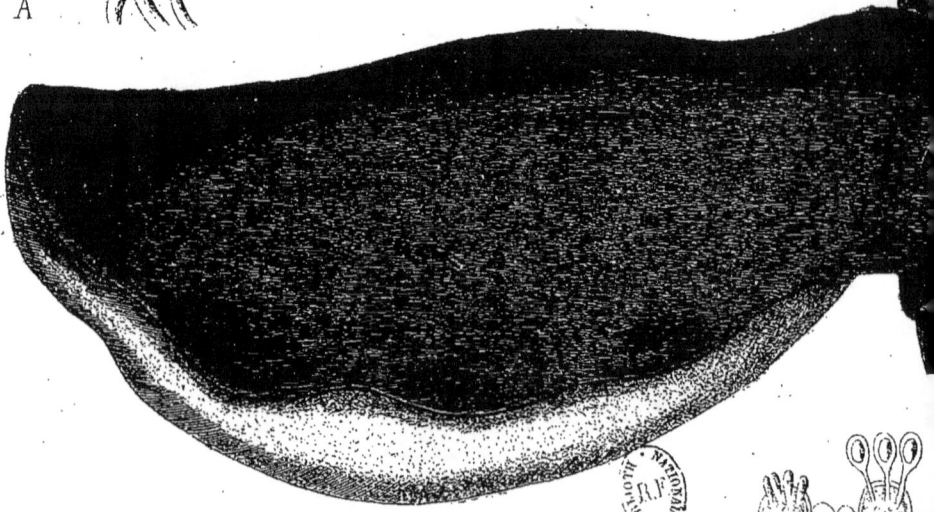

Fistulina Hepatica, C
278

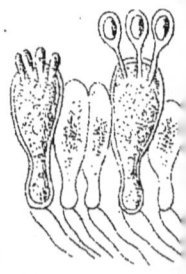

B

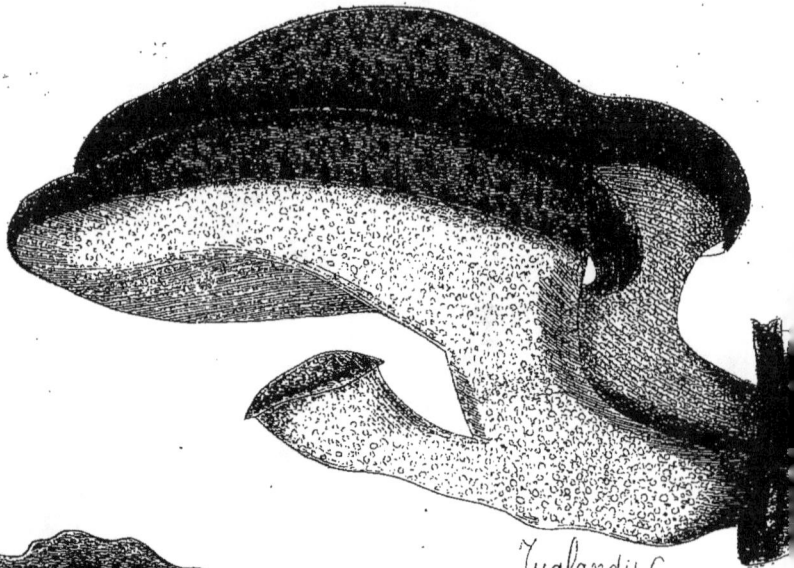

Juglandis, C.
279

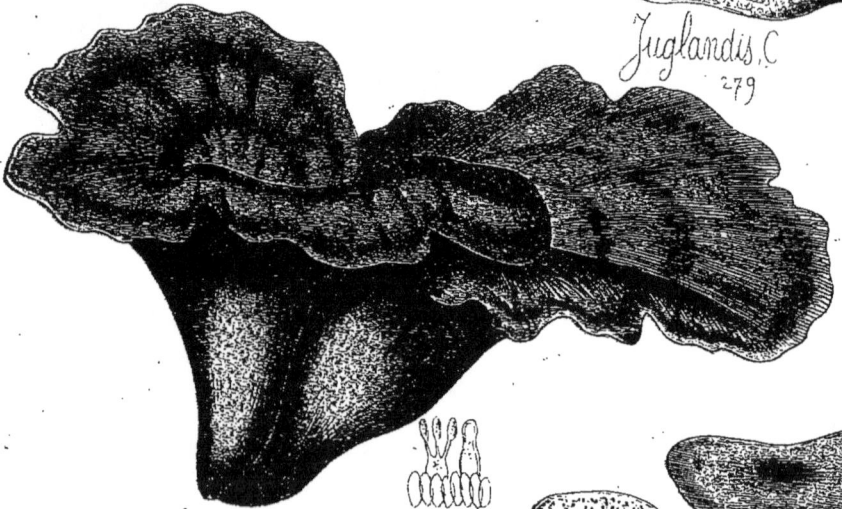

Giganteus, C.
280

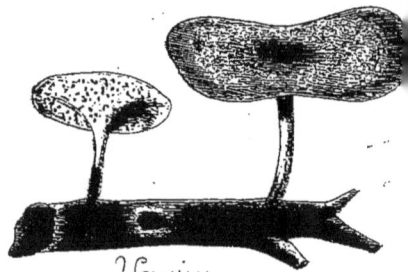

Varius

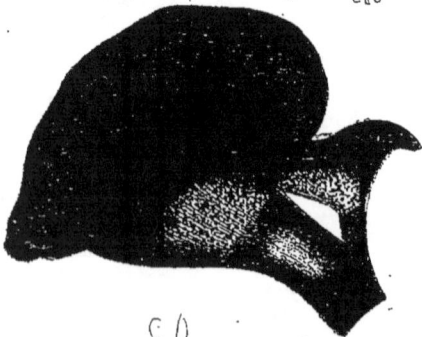

Elegans, S.
282

LVII

Sulfureus, C
284

Versicolor,
285

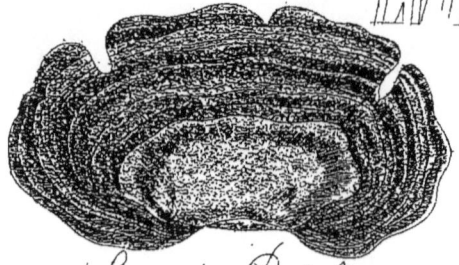

LVIII

Lenzites Betulina
288

Coupe du Lenzites

Schizophyllum commune
287

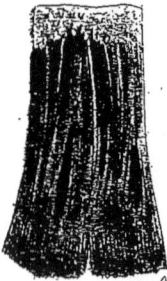

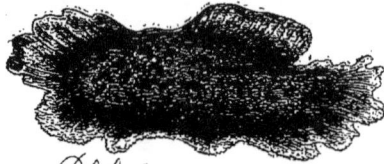

Coupe du phlebia
289, bis

Phlebia merismoides
289

Calocera palma
290

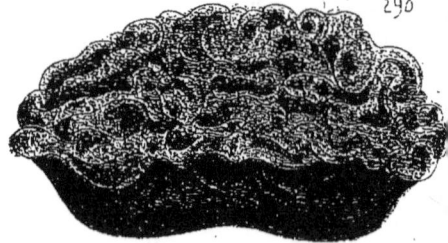

Tremella foliacea
292

Auricularia mesenterica
291

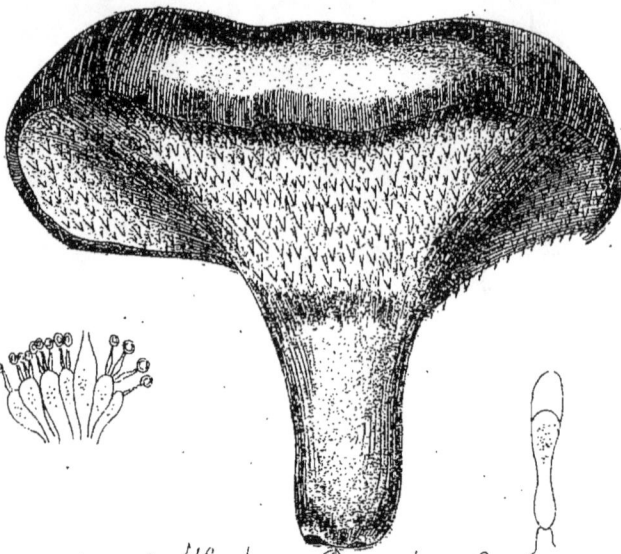

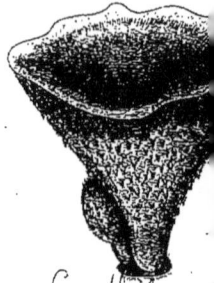

Hydnum Repandum, C.
293

Cyathiform

Membranaceum
513.   295

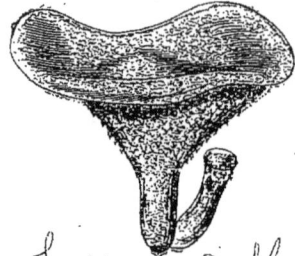

Sisostæma Confluens
296

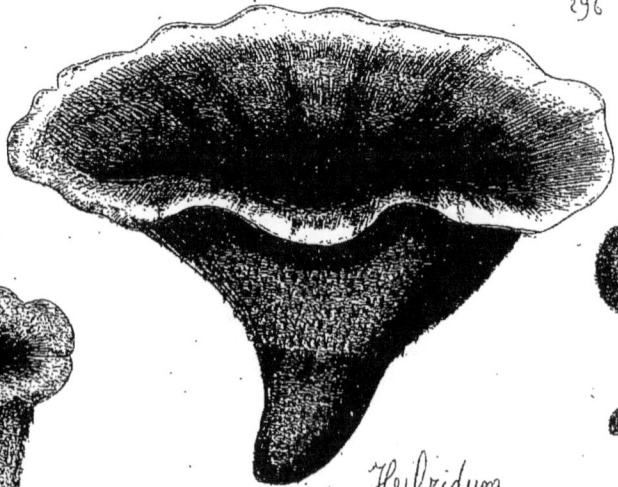

Hybridum.
298

Cinereum

Auriscolpium
299

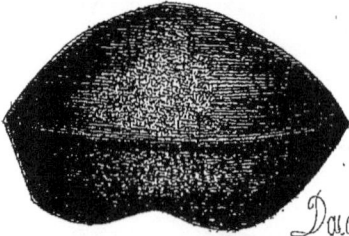

Dædalea quercina

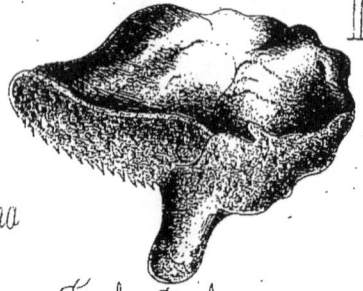

Favolus Boucheanus
301

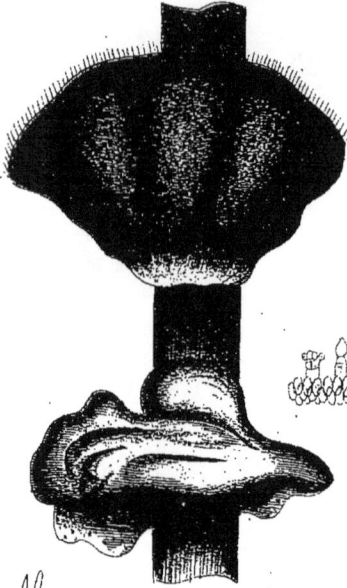

Merulius tremellosus
302

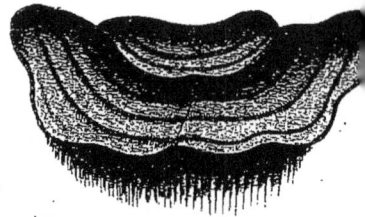

Irpex Canescens
303

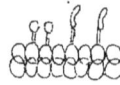

Exidia plicata
305

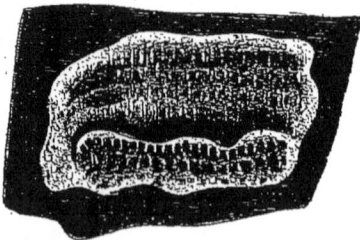

Radulum orbiculare
304

Cyphella digitalis
308

L.

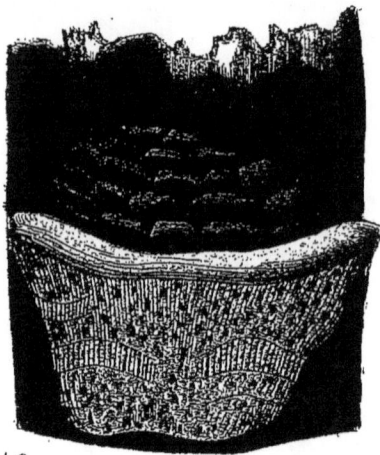

Trametes pini 307

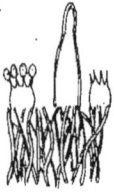

Telyphora purpurea 308

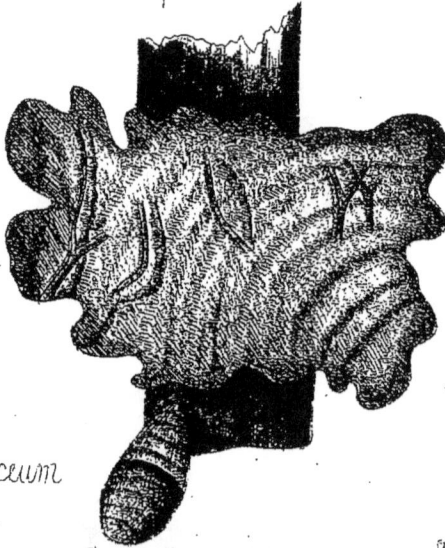

Corticium ochraceum 312

Stereum sanguinolen 370

Hirneola Judæ 311

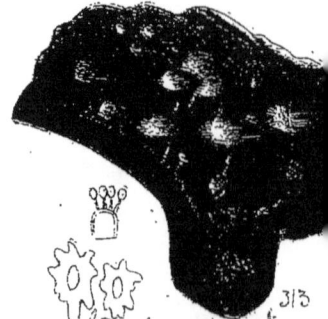

Nyctalis asterophora 313

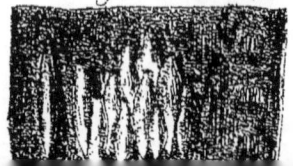

BIBLIOTH · NATIONAL · H.F.

LXII

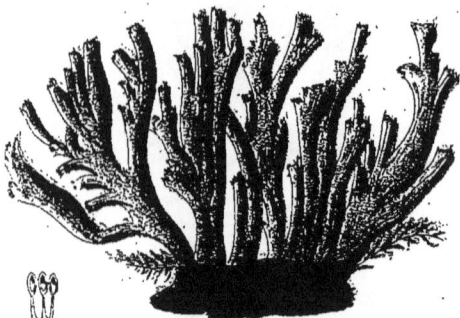

Cristata, C

315

Amethystina, C

314

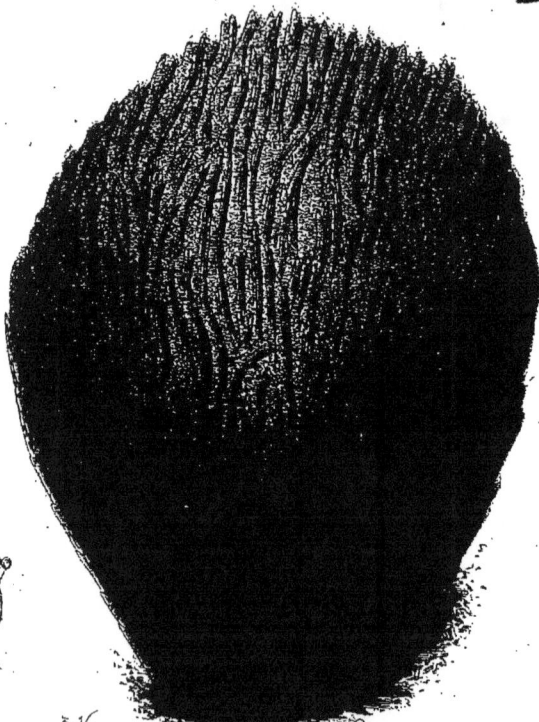

316 Condensata, C

Botrytis, C

317

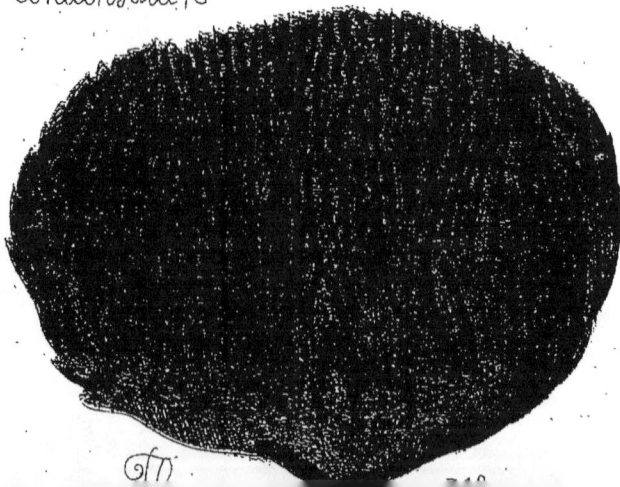

HLA

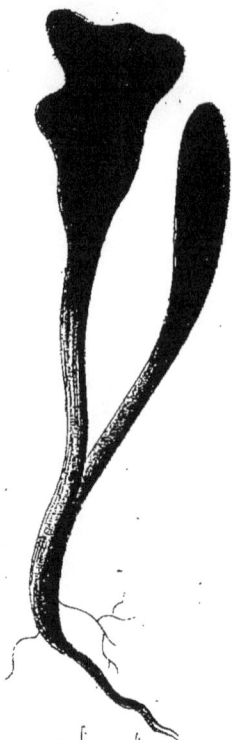

Cananiculata
319

Geroglossum Glabrum
323

Sphaia Ophioglossoides
324

Cinerea, S
320

Crispula
321

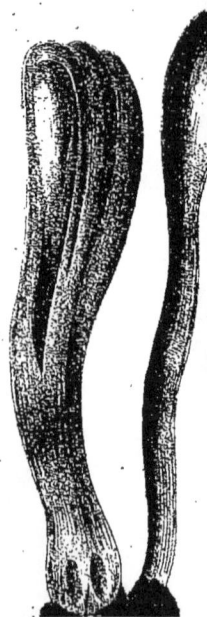

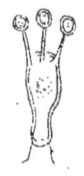

NATIONAL

Inæqualis

325

Juncea

326

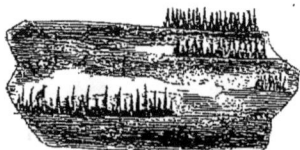

Cornea   327

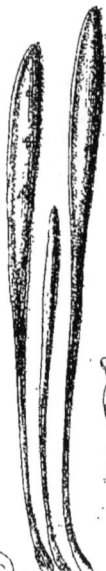

Merisma Cristatum

330

Pistilliforma

328

Helvola.

329

BIBLIOTHÈQUE NATIONALE

Hydnoides   331

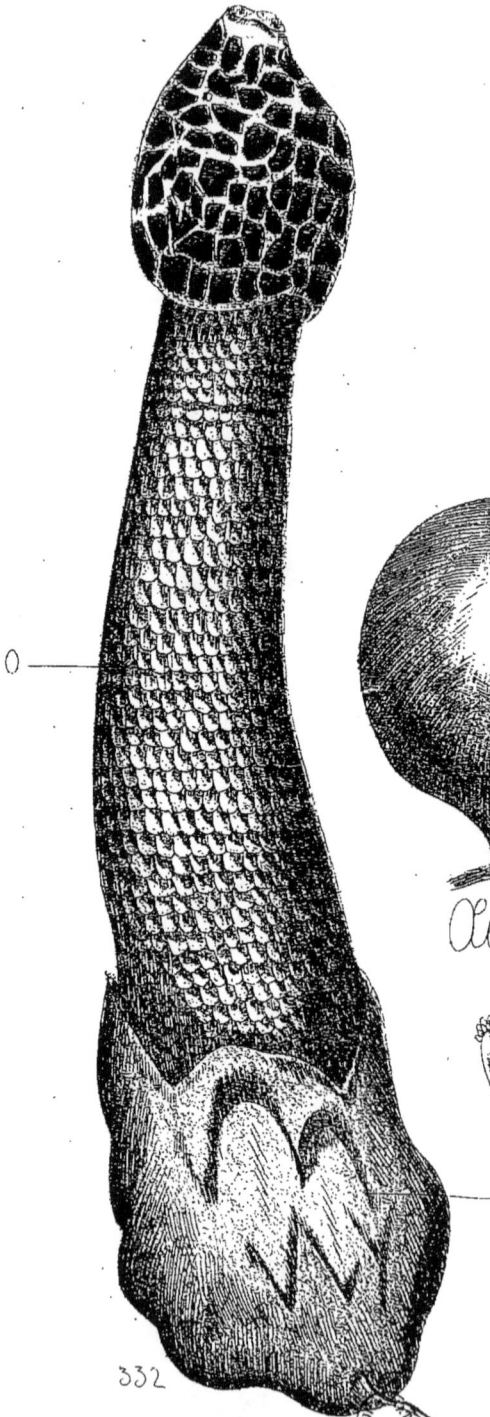

O

B

332

Phallus Impudicus

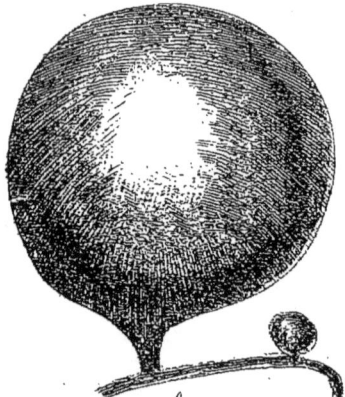

Auf 354

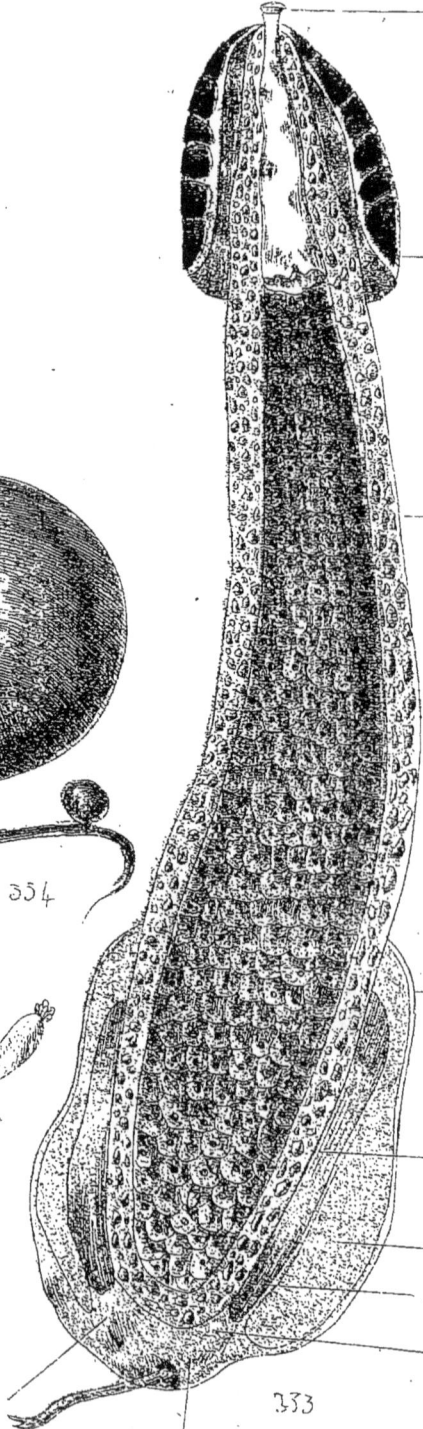

m

333

i

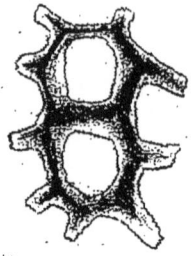

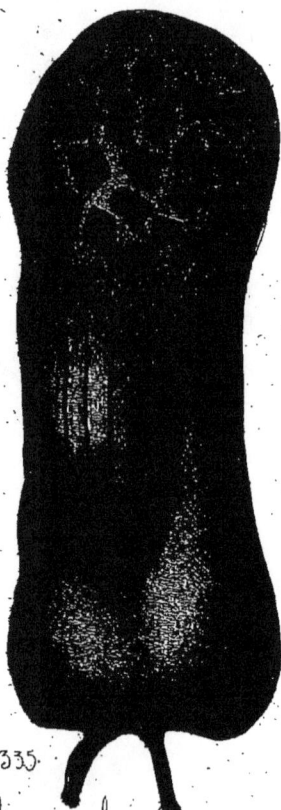

335

Simblum periphragmoides

336

a

b

Coleus hirudinosus

IL.

Lysurus

Laterna columnata

338

339

Clathrus ruber

341

Cynophallus caninus

Pratense
342

Geastrum Rufescens
343

Tylostoma Brumale
344

Sphaeria hypoxylon
345

Cyathus striatus
349

Perlatum
346

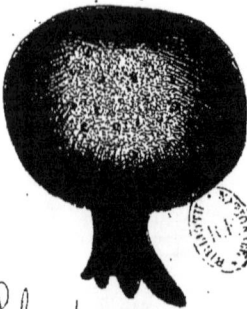

Elaphomices muricatus
348

Sclerodarma verrucosum

LXV

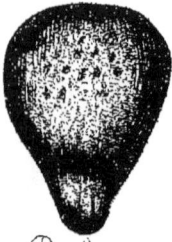

Pyriforme
350

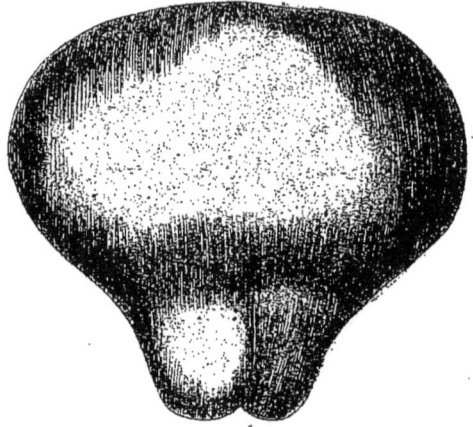

Hyemale
351

Lycogala miniata
352

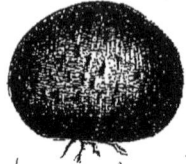

Scleroderma vulgare
353

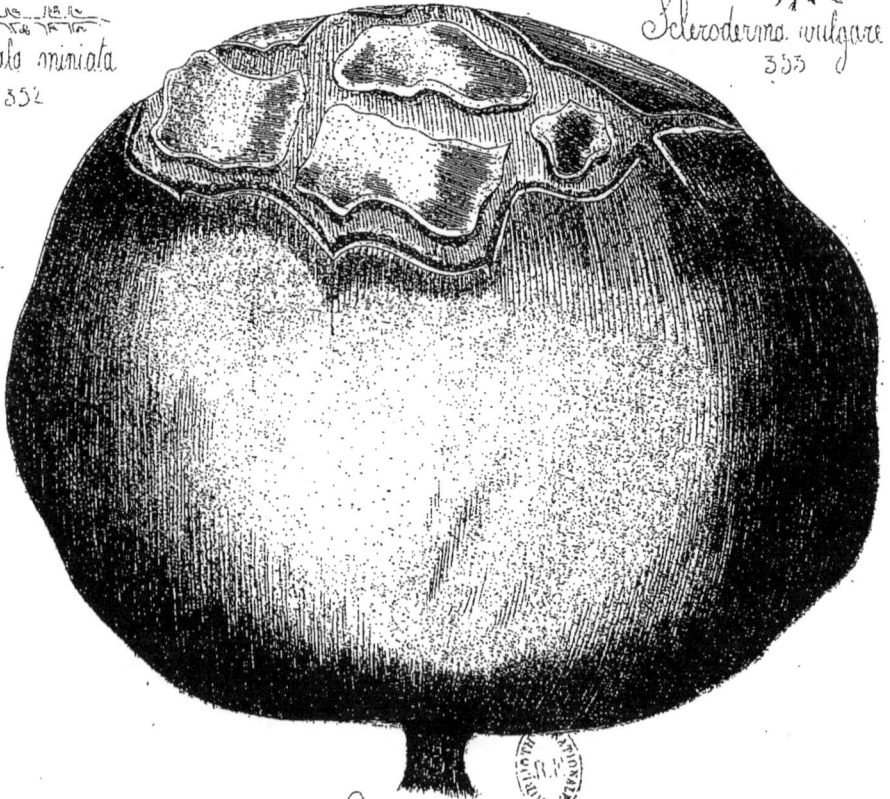

Giganteum
354

Spumaria alba
355

Aethalium Flavium
356

Lignidium vesiculiformum
357

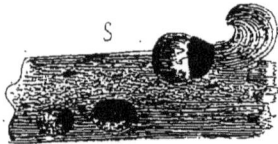

Didymium lobatum
358

Hypelia rosea
359

Trichoderma viridi
360

Stemonitis typhina
361

Cyathus striatus
362

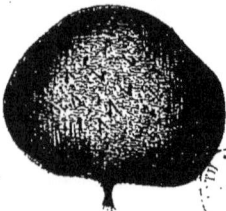

Nidularia Granulifera
365

Gautiera Morchelleformis
363

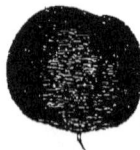

Hydnangium Carneum
364

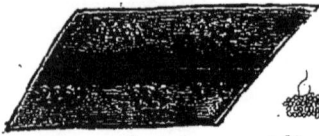

Cionium Iridis

361

F

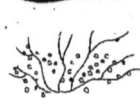

g

Craterium Leucocephalum

362

Leangium Lepidotum

363

L

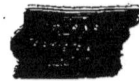

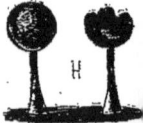

H

Physarum Bullatum

364

m

Diderma Contextum

365

n

Angioridium Sinuosum

366

q

Didymium Cinereum

367

o

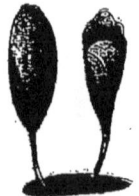

Leocarpus vernicosus

368

Arcyria incarnata

369

LXXX

Crilaria Vulgaris
375

Cirrolus Flavus
376

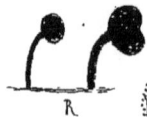

Didydum Cernuum
377

Trichia Cerina
378

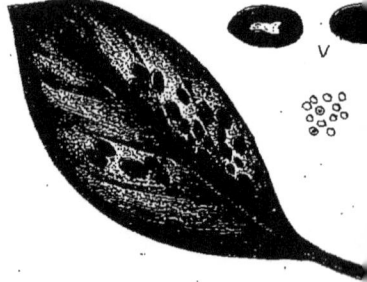

Licra strobilina
379

Clissosporium Corii
380

Aliciocarpus hypogeus
381

Polyangum vitellinum
382

Cypula erythropus
383

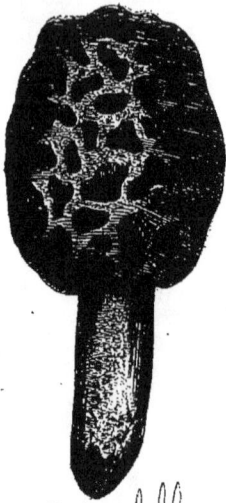

Morchella nigra, C
384

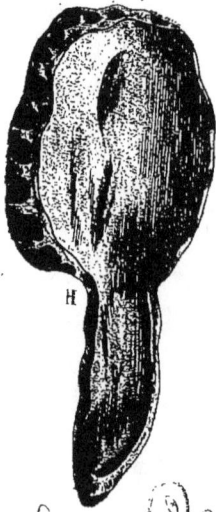

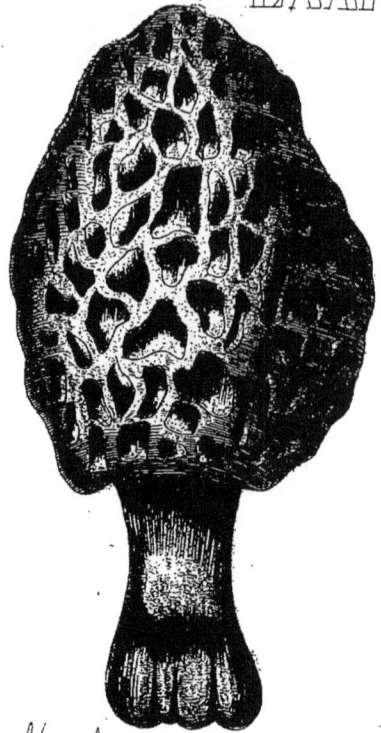

Morchella esculenta, C
385

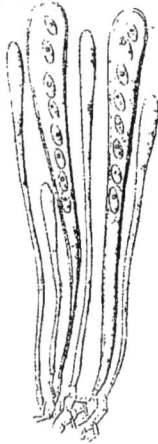

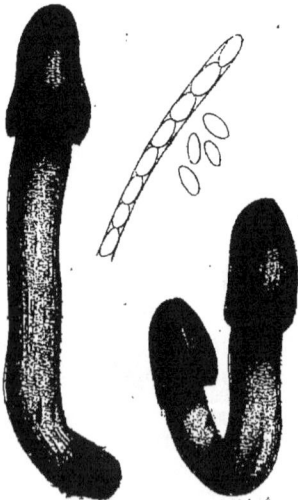

Verpa digitaliformis, C
386

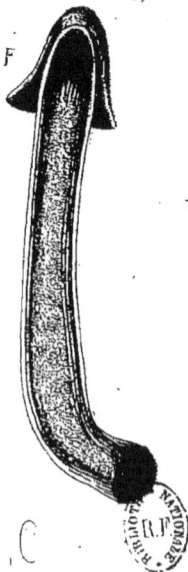

Tympanis aucupariæ
387

LXXI

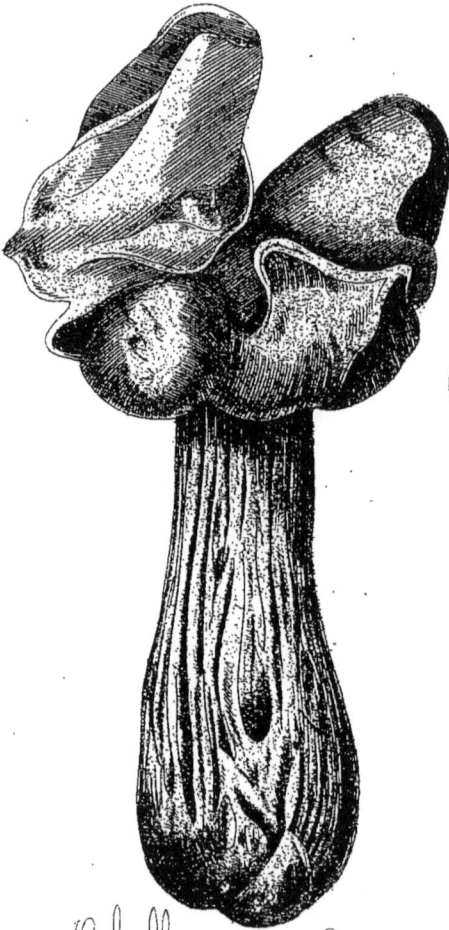

Helvella crispa, C
388

Helvella barinosa, C
389

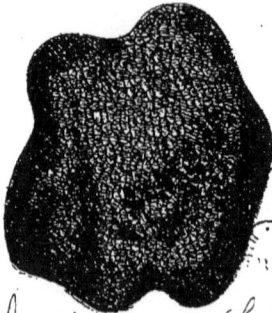

Tuber Cibarium, C (Cruffe)
390

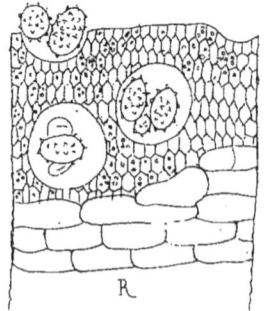

Mucor mu...
391 (bis)

Melanogaster tuberiformis, C
391

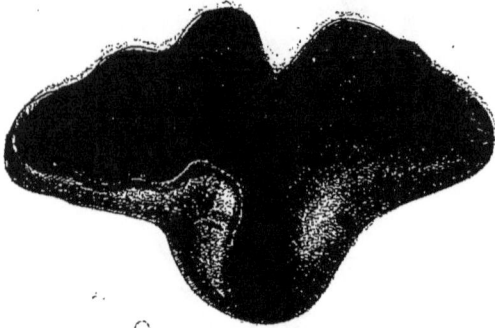

Coccinea
392

Bulgaria inquinans
393

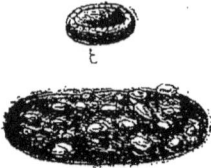

Ascobolus Furfuraceus
394

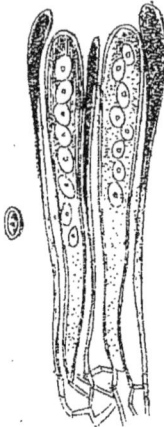

a

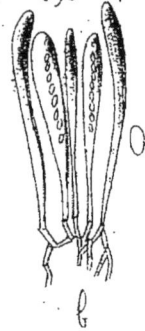

b

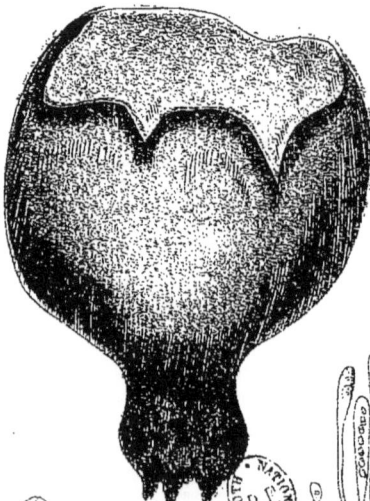

Pezize abietina
395

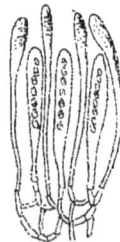

z.

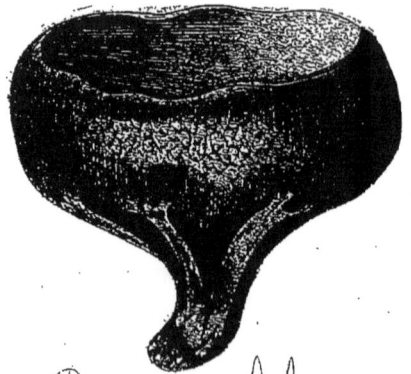

Pezize acetabulum
396

BIBLIOTHÈQUE NATIONALE

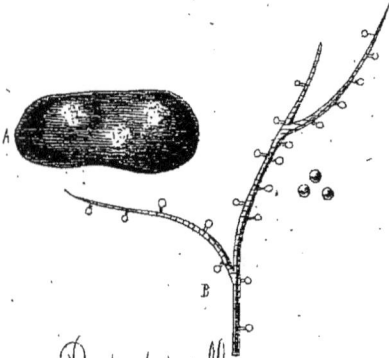

Botrytis diffusa
397

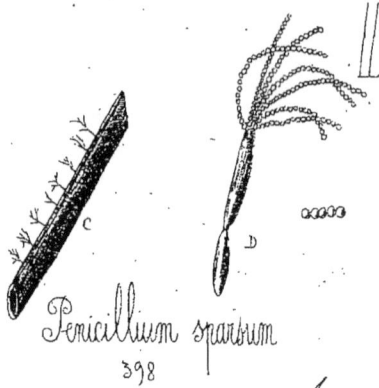

Penicillium sparsum
398

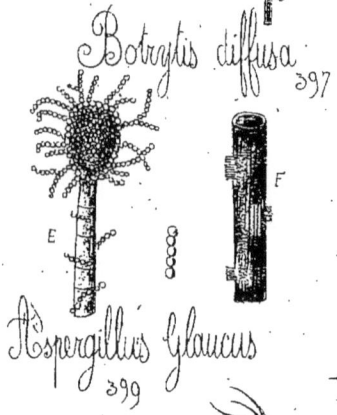

Aspergillus Glaucus
399

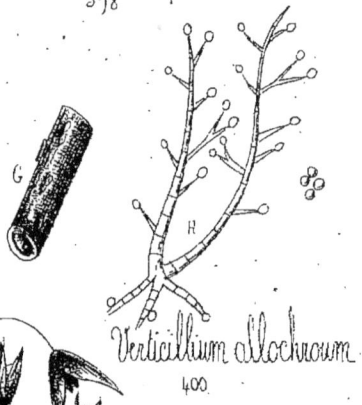

Verticillium allochroum
400

Ustilago Segetum
401

Antennaria Pinophila
402

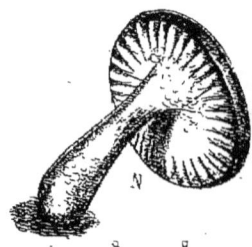

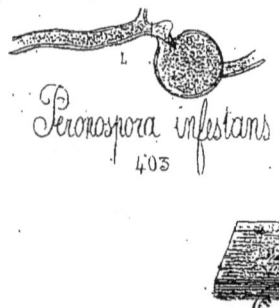

Peronospora infestans
403

Botrytis agaricina
404

R.F.

Penicillium Glaucum

Lardage de la couche
406

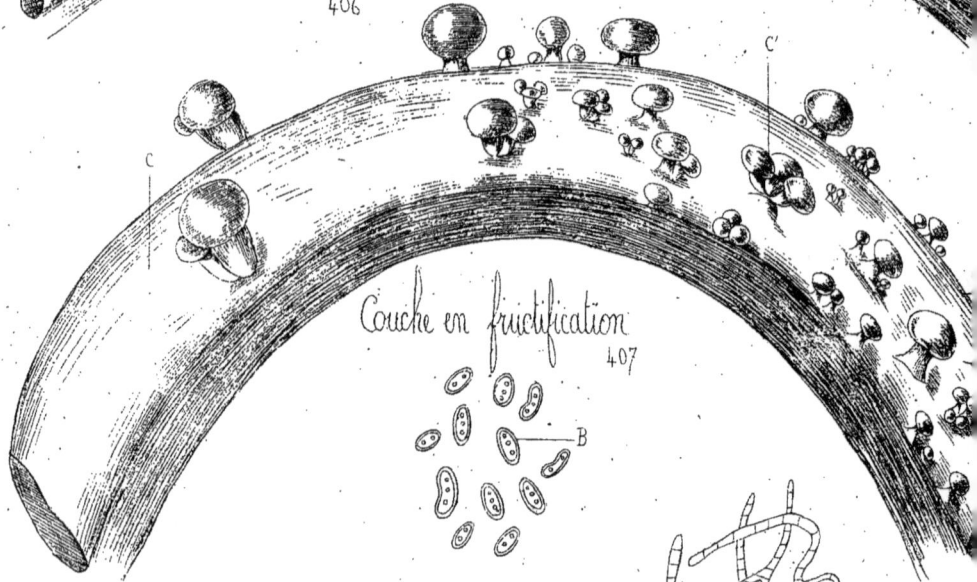

Couche en fructification
407

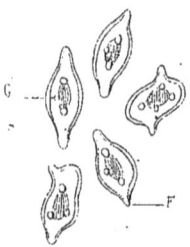

Spores en germination
409

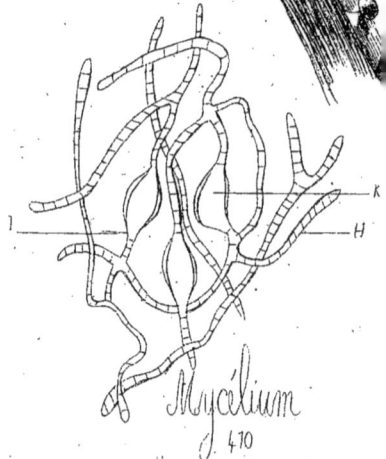

Mycélium
410

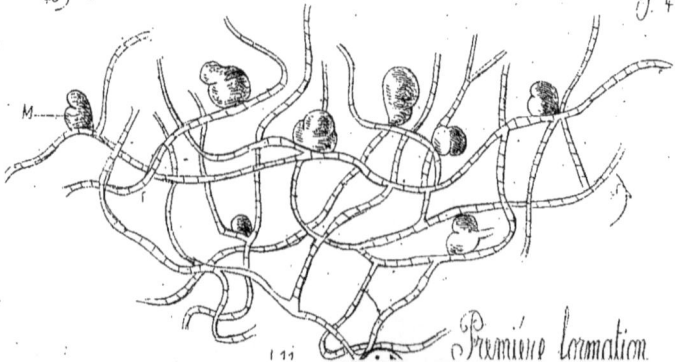

Première formation
411

IMPRIMERIE BECQUET

37 Rue des Noyers

(Boulevard St Germain)

PARIS

www.ingramcontent.com/pod-product-compliance
Lightning Source LLC
Chambersburg PA
CBHW060539220326
41599CB00022B/3548